講座 情報をよむ統計学 1

統計学の基礎

上田尚一 著

朝倉書店

講座〈情報をよむ統計学〉
刊 行 の 辞

情報化社会への対応　　情報の流通ルートが多様化し，アクセスしやすくなりました．誰もが簡単に情報を利用できるようになった … このことは歓迎してよいでしょう．ただし，玉石混交状態の情報から玉を選び，その意味を正しくよみとる能力が必要です．現実には，玉と石を識別せずに誤用している，あるいは，意図をカムフラージュした情報に誘導される結果になっている … そういうおそれがあるようです．

特に，数字で表わされた情報については，数値で表現されているというだけで，正確な情報だと思い込んでしまう人がみられるようですね．

情報のよみかき能力が必要　　どういう観点で，どんな方法で計測したのかを考えずに，結果として数字になった部分だけをみていると，「簡単にアクセスできる」ことから「簡単に使える」と勘違いして，イージィに考えてしまう … こういう危険な側面があることに注意しましょう．

数値を求める手続きを考えると，「たまたまそうなったのだ」という以上にふみこんだ言い方はできないことがあります．また，その数字が正しいとしても，その数字が「一般化できる傾向性と解釈できる場合」と，「調査したそのケースに関することだという以上には一般化できない場合」とを，識別しなければならないのです．

その基礎をなす統計学　　こういう「情報のよみかき能力」をもつことが必要です．また，情報のうち数値部分を扱うには，「統計的な見方」と「それに立脚した統計手法」を学ぶことが必要です．

この講座は，こういう観点で統計学を学んでいただくことを期待してまとめたものです．

当面する問題分野によって，扱うデータも，必要とされる手法もちがいますから，そのことを考慮に入れる … しかし，できるだけ広く，体系づけて説明する … この相反する条件をみたすために，いくつかの分冊にわけています．

まえがき

このテキストの主題　統計学では，たくさんの観察対象について観察した結果の数字を1セットの情報として扱いますから，普通の数字の扱いとちがいます．

　観察対象をいくつかの区分にわけて各区分の情報を比較します．それぞれの区分の情報を1つの平均値に表わすと比較しやすくなりますが，必ずしもそれで十分とはいえません．観察単位ひとつひとつがそれぞれ個性をもっていますから，平均値だけに注目するのではなく，傾向性では表わせない個性にも目をむけることが必要です．したがって，「平均値」の比較だけでなく，「ひろがり幅」を表わす標準偏差を比較したり，「データの分布」を比較することが必要となるのです．

　このテキストでは，これらの比較に関する基礎的な手法を説明します．

このテキストの構成　第1章で，1セットの情報の特徴を1つの指標で代表するために平均値を，また，その代表値からのへだたりを測るために標準偏差を使うことを説明した後，第2章，第3章で，これにかわる情報表現方法として1970年代に新しく提唱された5数要約やボックスプロットが有効であることを解説しています．

　「平均値を比較する」場合，観察単位を適当に区分けすると，それぞれの区分の情報を平均値で代表させてよい状態になります．第4章では，「区分けして比較する」手法に関して，分散や決定係数を使ってその有効性を評価できること，したがって，区分間の差として「情報の中から傾向性を見出す」ための分析手法として使えることを説明します．また，ある前提をみたしているなら，見出された「傾向性」が誤差の範囲をこえていることを検定する手法が使えることを説明します（第5章）．

　これらの方法を適用する場合，たとえば「比較する区分の構成のちがいによる影響」が比較を乱している場合があります．第6章では，そういう影響を補

正し，比較できる平均値を誘導する方法を説明します．

　第7章では，「各セットの情報を表わす分布形」そのものを比較する方法を解説します．形の比較を考えることからくる扱いにくさがあり，一般には取り上げられていない問題点がありますが，情報の比較という意味では適用範囲の広い手法です．

> **このテキストの説明方法**

　このテキストでは，**実際の問題解決に直結**するように，適当な実例を取り上げて説明しています．数理を解説するのですが，その数理がなぜ必要となるのか，そうして，数理でどこまで対応でき，どこに限界があるのか … そこをはっきりさせるために選んだ実例です．

　実際の問題を扱いますから，コンピュータを使うことを前提としています．

> **学習を助けるソフト**

　このシリーズでは，そのような学習を助けるために，第9巻『統計ソフト UEDA の使い方』にデータ解析学習用として筆者が開発した**統計ソフト UEDA**（Windows 版 CD-ROM）を添付し，その解説を用意してあります．

　分析を実行するためのプログラムばかりでなく，手法の意味や使い方の説明を画面上に展開するプログラムや，適当な実例用のデータをおさめたデータベースも含まれています．

　これらを使って，
　　　　テキスト本文をよむ
　　　　　→ 説明用プログラムを使って理解を確認する
　　　　　→ 分析用プログラムを使ってテキストの問題を解いてみる
　　　　　→ 手法を活用する力をつける
　　　　　→ …

という学び方をサポートする「学習システム」になっているのです．

　このテキストと一体をなすものとして，利用していただくことを期待しています．

　　2002 年 8 月

　　　　　　　　　　　　　　　　　　　　　　　　　　　　上　田　尚　一

目　　次

1. 統計的な見方 ——————————————————— 1
　　1.1　統計データと統計的見方　1
　　1.2　平均値の意義と限界　4
　　1.3　傾向性と個別性　7
　　1.4　ひろがり幅の指標による表現　11
　　　問　題　1　16

2. 情報の統計的表現 (1) ————————————————— 19
　　2.1　標準偏差の定義と計算　19
　　2.2　中位値・四分位偏差値による表現　24
　　2.3　分布による表現　27
　　2.4　分布形のモデル　35
　　2.5　平均値の分布　42
　　　問　題　2　45

3. 情報の統計的表現 (2) ————————————————— 49
　　3.1　データのバッジとしての特徴　49
　　3.2　情報の表現力　51
　　3.3　5数要約，ボックスプロット　54
　　3.4　5数要約，ボックスプロットの代案　58
　　3.5　分　析　例　63
　　3.6　補足：ボックスプロットにおけるフェンスの表現　69
　　3.7　補足：中位値，四分位値の計算　71
　　　問　題　3　74

4. データの対比 ——————————————————— 77
　　4.1　区分けする　77
　　4.2　種々の分散とその計算　80
　　4.3　分散分析の考え方　84

    4.4　分析結果の表示　87
    4.5　説明基準の精密化　90
    4.6　分　析　例　92
    4.7　主効果と交互作用効果　96
    　問　題　4　101

5. 有意性の検定 ——————————————— 105
    5.1　有意性の検定　105
    5.2　F 比の分母の解釈に関する注意　109
    5.3　帰謬法と仮説検定の論理　113
    5.4　アウトライヤー検出　117
    5.5　平均値に関する仮説検定　120
    5.6　平均値の差に関する仮説検定　124
    5.7　実　験　計　画　130
    5.8　実験計画における3条件　139
    　問　題　5　143

6. 混同要因への対処 ——————————————— 147
    6.1　混同要因への対処　147
    6.2　直接法による標準化　150
    6.3　間接法による標準化　153
    6.4　指数における標準化　156
    　問　題　6　159

7. 分布形の比較 ——————————————— 162
    7.0　分布形の比較　162
    7.1　ローレンツカーブとジニ係数　163
    7.2　分布形表現手段としてのローレンツカーブの位置づけ　167
    7.3　累積分布図の表現法　172
    7.4　適合度の検定　179
    7.5　ローレンツカーブにおける観察単位のサイズ差の扱い　183
    7.6　基礎データの表現に関する問題　187
    　問　題　7　190

付　録
  A.　図・表・例題の資料源　195

　　　　　　　　　　　　　目　　　次　　　　　　　　　　　　　v

　　B.　付表：図・表・問題の基礎データ　　198
　　C.　統計ソフト UEDA　　213

索　引　215

● スポット
　　偏差，残差，誤差　　142
　　一様分布　　165
　　統計学で扱う数は，具体的な意味をもつ数的情報　　189

《シリーズ構成》

1. 統計学の基礎 …………………… どんな場面でも必要な基本概念．
2. 統計学の論理 …………………… 種々の手法を広く取り上げる．
3. 統計学の数理 …………………… よく使われる手法をくわしく説明．
4. 統計グラフ ……………………… 情報を表現し，説明するために．
5. 統計の活用・誤用 ……………… 気づかないで誤用していませんか．
6. 質的データの解析 ……………… 意識調査などの数字を扱うために．
7. クラスター分析 ………………… ⎫ 多次元データ解析とよばれる
8. 主成分分析 ……………………… ⎬ 手法のうちよく使われるもの．
9. 統計ソフト UEDA の使い方 …… 1〜8 に共通です．

1 統計的な見方

たくさんの数字を1つのセットとして扱う…，そのことから「統計的な見方」が必要とされることを指摘し，いくつかの基本用語を説明します(1.1)．つづいて，「1セットの数字の代表値」として平均値を使う場合に注意すべき前提を説明し(1.2)，実際のデータに適用するときには，傾向性を計測する指標として使えるが，誤用もありうることを注意します(1.3)．また，平均値では計測できない「個別性」をみるために標準偏差を併用すべきことを指摘します(1.4)．

▶1.1 統計データと統計的見方

① **例1** ある人が「私の給料は月23万円だ．他の人と比べて，少ない」と言ったとしましょう．

この発言における

「私の給料」は，その人に関する固有の情報，すなわち，「一定の数値」

であるのに対して

「他の人と比べる」ためにアタマにえがいているものは，「統計データ」

です．

ここで「統計データ」というコトバを使ったのは，そのデータの特性に関して，いくつかの区別を要する点があるからです．

まず，特定の(1つの)数値ではありません．他の大勢の人々の情報です．当然，たくさんの数値で記録されることになります．それらを1つの数値で代表させることを後で考えるにしても，はじめから特定の数値をアタマにえがいているわけではありません．

ただし，「私と比べる」という意図をもっているわけですから，その観点で求められた「1セットのデータ」です．そうして，それらは，「比べる」ために適した定義づけがなされているものです．たとえば，同期入社で同職種などと，「ある範囲を想定」

し，その範囲の何人かのデータを求めるのです．
　これら1セットの情報を使って
　　　　「条件が同じだから差がないはずなのに，差がある」
という論理の運びをとります．
　したがって，
　　　　「条件が同じだとしても，個人差がある」
ことを問題にしようとするのですから，他の特定の人と比べる域にとどまらず，
　　　　「同じ条件をもつ他の人々の情報」
を求めて，それと比べることを考えるべきです．こう考えて，「だから平均値を使うのだ」ということになるのですが，その前提として，「同一条件にある人々の値だ」とみなせることが，必要です．
　条件が著しくちがうなら，「条件がちがうからね」で話は終わりです．したがって，全く同じとまではいわない（いえない）にしても，「同じとみなせる」ことが必要です．そうして，
　　　　「条件が同じでもありうる差」を測り，
　　　　「その範囲をこえているか否か」を判断する
方法を採用する … それが，統計手法の論理です．
　② **基本概念と用語**　　私，他の人，同じ条件，平均値といういくつかのキイワードが登場しています．そして，2つの数字の比較という域をこえる問題になっていることに注意してください．したがって，統計的な見方や数理を学ぶことが必要ですが，まず，この例で使われている「統計的な思考」の基本概念と用語とを説明しておきましょう．
　　観察単位──情報を対比する単位，たとえば人，事業所，地点など．
　　集　団──比較するために想定した条件をみたす「観察単位のあつまり」．
　　等質化──集団に属する各メンバーの値について，ひとつひとつちがうが，
　　　　　　その差が「想定した条件下でも起こりうる差とみなせる」ようにす
　　　　　　ること．たとえば，そうみなせるデータを求めます．
　　統計データ──各観察単位について求めた観察値．ただし，これについては，⑤
　　　　　　で，いくつかの場合にわけて細かく定義しなおします．
　③ **統計的比較**　　集団の情報を扱うことにともなって，「差の有無」に関する発言が特別の論理構成をとることになります．
　条件のちがいをもつ情報（いわば個人差をもつデータ）と比べるのですから，比較の結果については「個人差を考慮に入れた形」を採用すべきです．たとえば
　　　　「差はない」という発言は，
　　　　「この程度の差はよくあることだ，とりたてていうほどの差ではない」
という言い方に，
　　　　「差がある」という発言は，

　　　　「こんなに大きい差はめったに起こらない」
という言い方にかえるべき場合があるでしょう．
　このように，
　　　　「大きい，小さい」という言い方に可能性の程度を表わす形容詞をつける
ことになります．また，
　　　　同じ条件下でも起こりうる個人差
をこえる差だけが検出できることになります．
　数学的な意味で「大きい，小さい」といえるのは特殊な場合です．したがって，数値の大小比較において，
　　　　「可能性の大小を考慮に入れた比較」のための論理と数理が必要
となるのです．
　④　**例2**　ここで，①の例といくぶんちがう例を取り上げましょう．
　ある人が「わが社は他社と比べて賃金水準が低い」と言ったとしましょう．①で取り上げた発言例とちがうのは，「私」のところが「わが社」となっているところです．
　この場合，比較しようとする「わが社の情報」や「他社の情報」は，個人ごとに決まる「個人を単位としてみた情報」を「企業を単位とする形にまとめた情報」です．そうして，個人のレベルでの比較ではなく，「企業にかかわる要因（たとえば業績）によって生じる差」を問題にしているのでしょう．そうだとしても，賃金の高低について，「個人を単位」とする要因が共存していますから，個人ベースでの要因の影響は，なんらかの方法で消し去って，「企業を単位とする差として説明される部分」を把握することを考えます．
　たとえば
　　　　年齢〇〇～〇〇歳と特定してその年齢での平均賃金を比べる
とか，
　　　　年齢構成のちがいによる影響を補正した平均賃金を計算して比べる
などの方法をとることが必要です．
　①の例でも，この例と同様に，個人レベルの情報と企業レベルの情報が関与していますが，使い方がちがうことに注意しましょう．
　①では，「個人レベルの値にみられる差」を考察の対象としています．企業レベルの情報は，個人レベルの比較に影響する要因として，「個人レベルの差を説明するため」に使っています．
　これに対し，④では「企業レベルの値にみられる差」を考察の対象としています．個人レベルの情報が関与してくるにしても，比較の目的外です．また，個人ごとに調査した情報を集計して，集団レベルの情報を求めてしまえば不要な情報とされるのです．
　したがって，情報を求める単位（調査単位）と情報を比較する単位（観察単位）とは一致しません．

⑤ よって，②にまとめた概念規定を，調査単位と観察単位とを区別することに関連して，変更あるいは追加しておきましょう．

観察単位 ── 情報を対比する基本単位．たとえば，人，事業所，地点など．
調査単位 ── 情報を求めるために調査する単位．必ずしも観察単位と一致しない．
観察値 ── 各調査単位について求めた観察値．
統計データ ── 各観察単位ごとに求められた観察値，あるいは，各調査単位ごとに求められた観察値から誘導された集計値．

調査単位ひとつひとつの値を「個別データ」とよび，それから誘導された値，すなわち，統計データを「集計データ」とよぶこともあります．

▶1.2 平均値の意義と限界

① 1.1節にあげた2つの例のどちらの場合についても，多数の観察単位の観察値を扱うことになります．ただし，多数の観察値といっても，ある集団を想定して，その範囲に属する観察単位について求めた1セットの値（ひとつひとつの値が異なるにしても，ある共通性をもつ1セットの値）だといえます．
したがって，
　　　　等質性が十分高いと判定されれば，それらを代表する1つの値
を使うことを考えられます．すべての観察値が代表値に等しいということではありませんが，
　　　　「代表値からの差を考慮外においてよい」
ということです．

② 統計的な見方で「平均値」を使うことが多いのは，そういう理由があるためですが，その前提を確認しましょう．そうしてよい場合ばかりでなく，そうできない場合，あるいは，そうしてはいけない場合があります．

いいかえると，平均値すなわち「1セットのデータを代表する1つの値」だけに注目してよい場合と，それからの差，すなわち「個性を表わす値」を無視できない場合とをみきわめることが必要です．

> 「集団の情報を1つの平均値で代表すること」は
> 「観察単位の個別性を無視すること」を意味する．
> 　　→ そうしてよい場合であることを確認する

◆注　説明の数理を明確にするために，以下では，数学的な記号を使います．
ある変数 X の値をいくつかの観察単位について求めたとき，変数を表わす記号 X と観察単位番号を表わす記号 I をセットにして X_I と表わします．
また，これらの合計を表わすには，$X_1+X_2+X_3+\cdots$ とかくかわりに，記号 Σ を用いて

1.2 平均値の意義と限界

$\sum_{I=1}^{N} X_I$ と表わします．この表現において，足しあげる範囲を示す部分を省略して $\sum X_I$ と略記することもあります．足しあげる範囲を限定するときには，その範囲を明示することが必要ですが，「たいていの場合は全部だから，省略しよう」という趣旨です．

先へいくと，X_{IJ} のように2つ以上の添字を使う場合がありますが，その場合には，$X_I = \sum X_{IJ}$ のように略記できます．左辺右辺を比べて，足しあげるのは J についてであると判断できるから，省略してよいのです．

③ 説明を具体的に進めるために，統計手法を適用しようとする問題分野をいくつかにわけて考えましょう．

④ 最も説明しやすいのは，「実験データ」を扱う場合です．

計測しようとする値を μ と表わします．精密に観察すればその値が得られるはずだが，若干の観察誤差が生じる … そういう場合は，観察をくりかえして（観察回数を N とする）N 個の観察値 X_I を求め，それらの平均値 $\bar{X}$ を使えば

$X_I = \mu + e_I$ ひとつひとつの観察値
$\bar{X} = \mu + \bar{e}$ 平均値

について，$\bar{e}$ の分散は，e_I の分散の $1/\sqrt{N}$ のオーダーで小さくなることが証明されていますから，それが許容限度以下になるように N を定めれば，$\mu \fallingdotseq \bar{X}$ とみることができる … これが，平均値を使うことの根拠になっているのです．

実際の実験では，計測しようとする値が1つではなく，種々の条件に対応する値 μ_J ですから，上の数式表現にそれぞれの条件に対応する添字 J をつけて

$X_{IJ} = \mu_J + e_{IJ}$ ひとつひとつの観察値
$\bar{X}_J = \mu_J + \bar{e}_J$ それらの平均値

とかくことになります．以下では e_{IJ} を偏差とよびましょう．

平均値は，各条件をもつ観察値の範囲ごとに求めますから，$\bar{X}_J$ です．条件のちがいによる差は消えませんから，添字 J が必要です．同一条件下でのくりかえしに対応する添字 I の方は不要となります．よって，

$\mu_J \fallingdotseq \bar{X}_J$

だとみてよいことになります．

このような論理を適用するには

条件のちがいを可能な限り考慮に入れる	局所管理
同一条件下での観察をくりかえす	反復

の2つの原理を取り入れて，観察値の求め方を計画することが必要なのです．

局所管理と反復は，あとで説明するランダミゼーションとあわせて，Fisher の3条件とよばれています．実験計画の分野で強調されていますが，その分野に限らず，統計手法の適用にあたって考えるべき基本概念です．

これらの条件をみたしているなら

観察値＝真値＋誤差

だという解釈にもとづいて，観察値の平均値＝真値とみなして，平均値を使うことになるのです．

⑤ 種々の要因が関与している，そうして，観察値はそれらの影響を受けていますから

$$X_{JI} = \mu_J + e_{JI} \qquad \text{ひとつひとつの観察値}$$

と表わすことができるにしても

多種多様な要因が相互に関連しあう形で関与しており，
それらを特定した形での観察値が得にくいこと

から，実験データの場合のように局所管理やくりかえしの原理が働くとは限りませんから，「平均値を使うことの根拠づけ」は得られません．

条件のちがいに対応する添字 J と個々の観察単位に対応する添字 I が区別されないのだと考えればよいでしょう．このために，平均を計算すると，条件の相違を度外視して平均することになります．いいかえると，この場合の平均値は

$$\bar{X} = \mu \qquad \text{条件の異なる観察値の平均値}$$

になり，区分 J によるちがいが消されたものになってしまいます．

このことから，「1セットの観察値についてみられる共通な側面」を測ったものと解釈できますが，「測られた共通な側面をどう説明するか」という問題が残ります．また，それで計測されない「偏差の部分を考慮外におく」ことの根拠づけは得られません．したがって

観察値＝傾向性の計測値＋個別性の計測値

とみなすことになります．

なんらかの方法で「傾向性と個別性とを識別できるならば」という条件をつけた上で，傾向性を測るために平均値を使う効用は認められます．

条件がついていますから

平均値だけを使わず，個別性を測る偏差にも注意を向けよ

ということです．

⑥ 社会科学の分野では「同一条件にそろえて観察しにくい」ことからくる注意点を⑤で強調しましたが，「実験を計画する場面で採用される考え方を適用すること」はできます．

たとえば，人々の意識は1年や2年で変化するものではない，10年ぐらいの間隔をおいてはじめて検出できるものだ… そう判断できるならば，あいつづく2年の観察結果を「同じ条件下でのくりかえし観察値」とみなすことができます．

したがって，1980年，1981年，1990年，1991年のデータを分析すれば，10年間のちがいが，「調査の仕方などから起こる非本質的な差」の域をこえているか否かを判定することができます．

要は，小さい影響しかもたらさないと判断できる区分を「同じ条件とみなす」ことによって，統計的比較の論理を適用できるようにする… こういう意図で「分析計画

をたてる」のです．

　条件を制御しにくいことからくる問題はほかにもありますが，ここでは，条件のちがいに注意することの必要性と有効性を指摘することで終えましょう．

　⑦　以上をまとめて，平均値でみてよい場合は…

　まず第一は，偏差を「誤差」とみてよい場合です．

　誤差というコトバは，偏差が「とりたてて論ずる必要のない事情によって起こったものだと確認できる」とともに，「それが小さくて，比較に影響をもたらさない」場合を指すのだと了解しましょう．自然科学の実験データではたいていそうなっているでしょうが，社会科学の領域では，そうみなせる場合ばかりではありません．

　第二は，偏差が小さくて無視できる場合です．第一のようにきびしく考えなくても，小さいからよしとする（あまりきびしく考えると使えるデータがないので）ということです．条件を制御して観察することの難しい社会科学の分野で平均値を使えるのは，この場合です．

> 「集団間の差として説明されるべき差」が
> 見過ごされる可能性がある
> 平均値を使う場合には注意すること

▶ 1.3　傾向性と個別性

　①　前節では，平均値を使ってデータの傾向を見出すことができるが，「傾向からはずれた個別性を無視すべきではない」ことを強調しておきました．その指摘の重要さを理解してもらうために，ここでは，いくつかの例をあげておきましょう．その意味では前節のつづきですが，この節の例示を追うことによって，平均値を比較する上での注意点を具体的に把握しましょう．

　②　観察単位がたとえば地域区分の場合，それぞれある大きさをもち，その大きさのちがいが異なる場合があります．そういう観察単位について求められた観察値を比較するとき，大きさの相違をどう扱うかという問題があります．

　特に，地域データの場合，情報を求めるための区切り（調査単位）は自由に決めることができますから，分析するときに，「その区切りどおりでよいかどうか」を考えることが必要となるのです．

　たとえば，人口密度を比べるためには，「面積あたりの計数」の形の指標を使えばよい…　それでよさそうですが，そう簡単にはいえません．

　次の図 1.3.1(a) をみてください．これで人口密度を比べることができるでしょうか．

　人口密度の計算やグラフの書き方の問題ではなく，データの取り上げ方の問題です．

図 1.3.1(a)　人口密度の比較(1)　　　　図 1.3.1(b)　人口密度の比較(2)

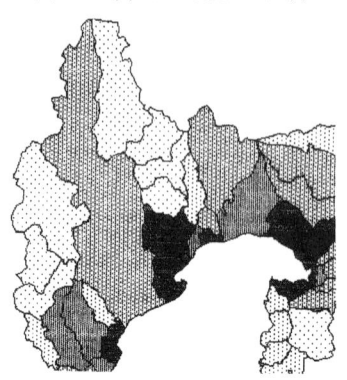
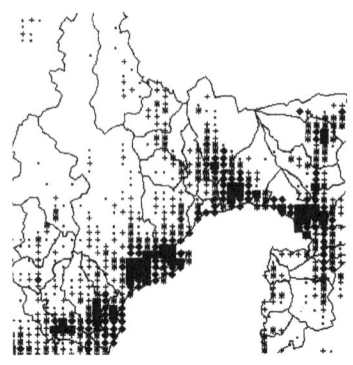

各市町村の人口密度を計算して，5段階に区分して濃淡模様で図示したものです．

図のマークひとつひとつが「2 km×2 km の地域区分」に対応しています．このような小地域区分（地域メッシュとよびます）別に種々の統計データが求められています．

③　大きい静岡市に注目しましょう．人口密度の高い中心部と人口密度の低い山間部とが「1つの区分」にくくられています．その情報を1つの平均値で代表させると，中心部では周辺部の低い値にひかれて実態より低い値になり，周辺部では中心部の高い値にひかれて実態より高い値になります．どちらにしても

　　　　「ゆがみ」をもつ情報表現

になっているのです．

　より小さい地域区分を観察単位として情報を求めると図1.3.1(b)のようになり，実態を正しく把握できる表現になります．

　図1.3.1(a)では，この情報を「市町村区分」別平均値に集約したときに市町村区分のサイズが異なるために「ゆがみ」が生じたのです．

　こういう不適当な平均化は，この例に限らずよくみられる「誤用」です．

　集団のサイズのちがいがもたらす影響を「サイズ効果」とよびましょう．

　「サイズがちがうなら $1\,km^2$ あたりに換算すればよい」と，簡単に，考えてよいでしょうか．一般化していうと，「集団のサイズを分母にとった相対値」にすることでサイズ効果を消去できるとは限らないのです．

　「条件のちがう地域区分の情報の平均をとる」ことによって条件のちがいとして説明されるべき有意な差がかくされてしまった … こう考えると，平均値の誤用例です．

> 区分が大きいほど，両極端の値の影響が消されて，平均値は中庸に近い値になる．ただし，そのことと，平均値を使うことの利点・欠点は別である．

この例では，地域区分を小さくすることによって，それぞれの区分については区分内での条件のちがいは考慮しなくてよい状態になった，よって，それぞれの区分の情報を平均値で代表させてよい … こういう考え方が必要なのです．

県別あるいは市町村別の統計データは豊富にあって気軽に利用できますが，種々の情報の地域差をみる問題では，どういう地域区分によって情報を表現するかが大きい問題です．これは，そういう問題の典型例です．

④ 図 1.3.2(a) は，ある新聞記事の引用です．もっともらしい見出しがついていますが，どうでしょうか？

この例では，血圧の平均値（X と表わす）を歩く距離による区分（A と表わす）別に求めて比較しています．この図によると，歩く距離の長い区分（図の横軸の右の部分）ほど X が小さくなっていますから，見出しのように結論づけてよさそうです．

図 1.3.2(a)　歩くことは健康によい

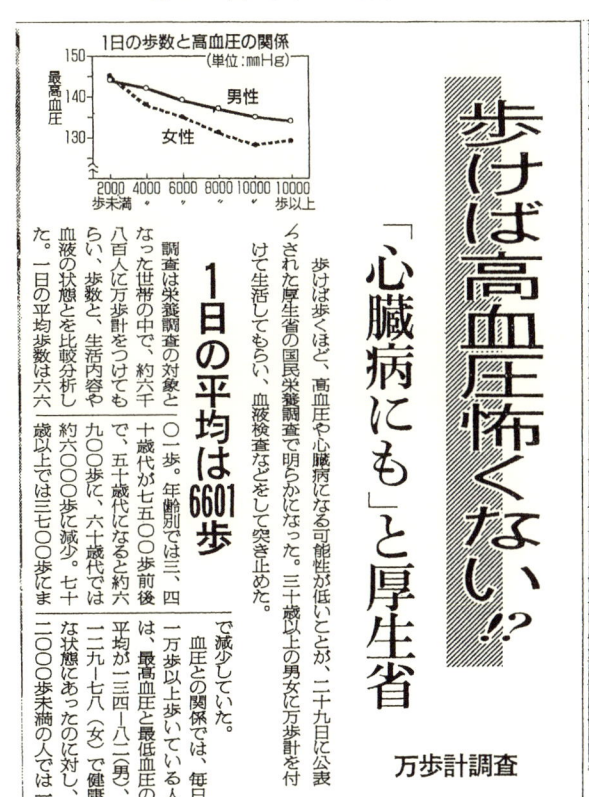

左上のグラフから見出しの説明につながるでしょうか．これを考えてください

しかし，これをうのみにしてはいけません．統計データで裏づけされた結論か，そうでない仮説かをはっきり区別しましょう．

Xの大小には「年齢」が大きく影響しています．多分，「歩く距離」以上に大きい要因でしょう．この大きい要因の扱いは，どうなっているのでしょうか．

年齢(以下Cとかく)の高低と歩行距離(以下Aとかく)の長短とは相関関係をもっています．したがって

　　　Aの大きい区分 → Cの値が低い
　　　Aの小さい区分 → Cの値が高い

となっているかもしれません．もしそうなら

　　　Aの大小 ────┐
　　　　　　　　　　├──── Xの大小
　　　Cの大小 ────┘

の2つの因果関係のどちらが効いているのか判断できません．

こういう場合，Cの扱いを確認しないで，AとXとの関係に関する結論を出すことはできません．

この例の場合は，年齢を考慮に入れず，歩行距離だけでわけた数字を使っていますから，「このグラフからは何ともいえない」とするのが正しい結論であり，「歩くことは健康によい」ということは，立証されていないのです．

もう一段くわしい情報が必要です．

原報告書をみると，年齢別にわけた数字が掲載されています(付表M参照)．

次の図1.3.2(c)はそれを使って書き換えたものです(第6章参照)．

図1.3.2(a)でみられたほどはっきりした差は認められません．これが統計データからいえることです．

⑤　**重要な注意点**　結論の当否が問題視されるのは当然ですが，統計の問題としては，結論を誘導する論理も問題視すべきです．

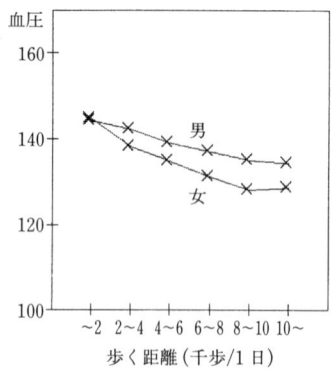

図1.3.2(b)　図1.3.2(a)中のグラフ

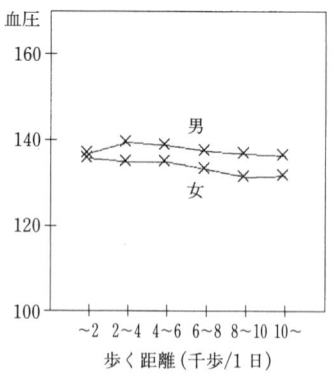

図1.3.2(c)　図1.3.2(b)のおきかえ

データによって裏づけられた結論と，裏づけのとれていない結論(仮説)とを区別するという趣旨です．

　もちろん，「立証されていない」ということは，必ずしも，否定することではありません．データによって裏づけできないときには，「肯定も，否定もできない」とするのが，統計手法側の答えです．一見するとあいまいな結論のようですが，実証を担当する統計手法としては，理にかなった結論です．

　　　「差があるとはいえない」という結論を，「差がない」といいかえてはいけないのです．

　　　立証されていないことを立証されているかのごとく説明するのも，「誤読」です．

　データにもとづく立証を目的とするのが統計手法ですから，ここは，きびしく考えねばなりません．

　ある要因(分析対象要因)の効果を把握しようとしている場合，それに匹敵する大きさの効果をもつ別の要因を無視すると，観察された差が，「分析対象要因による差」か，「無視された要因による差」かが識別されません．

　すなわち

> 要因 A に注目して集団を $A_1, A_2, \cdots$ に区分して比較したとき，「差がみられた」としても
> 「よってその差は，A による差だ」とはいえない．

> 混同要因 C があると予想されるときには，
> 　　要因 C による区分 $C_1, C_2, \cdots$ にわけた上，
> 　　その各区分ごとに，A による区分を適用して比較する．

「A による区分に C による差が重なっている」ことに気づかないために発生する誤読を「シンプソンのパラドックス」とよんでいます．一方が誤読であり，一方が正しい読み方ですから，パラドックスではありませんが，誤読であることに気づかないと，「パラドックスにみえる」のです．

> シンプソンのパラドックス
> 混同要因を見過ごしたために起きる誤読

▷1.4　ひろがり幅の指標による表現

　①　平均値による表現を適用するにあたっての問題点が「平均値からの偏差を考慮外におくこと」からくるものだとすれば，「偏差を表わす指標」にも注目したらどうか…これが，重要な，そうして，有効な考え方です．平均値の簡明さを考慮してそれ

が使えるような状態にする（それが前節）ことを考えるにしても限度がありますから，偏差を表わす指標の重要性は，かわりません．

このテキストの主題は，このことに関連しています．第2章以下で，その定義や使い方などを順を追って説明していきますが，まず，偏差自体が重要な情報である例をあげておきましょう．

② 図1.4.1では，平均値 $\bar{X}$ の年齢別差異をみるために「平均値を線でむすぶ」形を採用しています．しかし，この線を過信して，図に付記したような誤解はないでしょうか．

図1.4.2のように，ひろがり幅を示す形にしましょう．

平均値をつらねる線の上下に，

  （平均値＋標準偏差）の値をつらねる線と，

  （平均値－標準偏差）の値をつらねる線

を書き足しておくと，

  年齢とともに上昇する傾向性と，個人ごとに見出される差異とが

  ほぼ同程度の大きさである

ことがわかります．

したがって，図に付記したような説明になるでしょう．

一般化すると，

  「事実を示す」ためには「事実の一半」である平均値だけでなく，

  個人差もあわせて示すべきだ

ということです．

前節の図1.3.2(a)の場合において「歩行距離の他に年齢も考慮せよ」といいまし

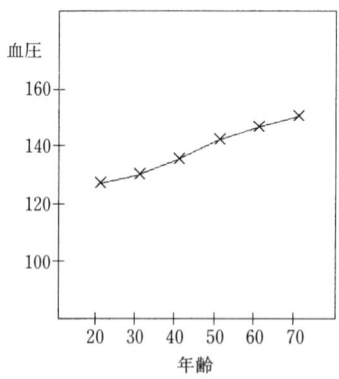

図1.4.1 血圧の年齢別変化(1)
   平均値の推移

年齢とともに血圧が上昇することは誰にもみられる傾向だ．

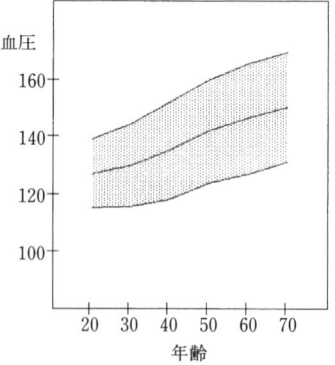

図1.4.2 血圧の年齢別変化(2)
   ひろがり幅も示す

これだけ大きい個人差があるのだから，健康に注意すれば，歳をとっても….

図 1.4.3 賃金の年齢別推移

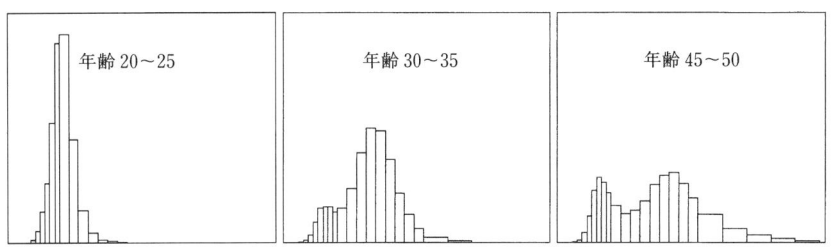

たが，さらに大きい個人差があるのですから，まず，そのことを示すこの図をアタマにえがきましょう．そうして，カミにかきましょう．

③ 個人差の表わし方はいろいろあります．このテキストで順を追って説明していきますが，典型的な例をあげておきましょう．

図 1.4.3 は，賃金に関して階級区分を設け，各区分に属する人数を示す「分布図」とよばれる形式です（注1, 2）．

たとえば

「どのくらいの賃金をもらっている人が多いか」，

「どのくらいのひろがりがあるか」

などをよみとることができます．図のピークの位置および幅に注目すればよいのです（もちろん，図は同じスケールでかいてあります）．

当然，年齢によってちがいますから，図は，年齢層でわけてあります．

ピークの位置が年齢とともに右にずれています．すなわち，「年齢が高くなるにつれて賃金が高くなる傾向」（注3）がよみとれます．しかし，高年齢でピークが2つになっていることにも注意しましょう．

このような分布図は，1つのピークをもつ形になるのが普通ですが，この例の場合，年齢の高い層では，そうなっていないようです．その理由は … 章末の問 8 (1)〜(5) としてあります．気をつけさえすれば簡単なことです．

◆**注1** この分布図において棒の幅がそろっていないことに注意しましょう．基礎データがそのように与えられているのです．こういう場合に関する注意は後述します．

◆**注2** この図は，棒グラフではありません．形として棒を使っていますが，値 X の大きさを棒の長さで図示する棒グラフとちがい，X の値域に属するデータ数を棒の面積で図示するものですから，別のタイプのグラフです．

◆**注3** 図 1.4.3 の例では，ひろがり幅が大きくなったことから，平均値が大きくなったのですから，「誰もがそうなった」わけではありません．

④ このように個人差，いいかえると，平均的な傾向とのちがいが「意図しないときに現われる」，そうして，それが貴重な情報だとみられることがあります．

平均値からの外れすなわち「誤差」ではありません．

図 1.4.4 出生率の推移

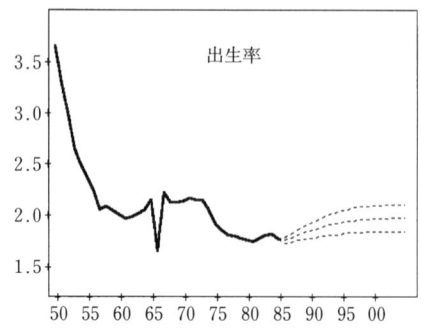

右の方の点線は，将来人口を推定するために想定された3とおりの値です．これらの想定値を設定する際に「ヒノエウマの状態を考慮に入れているか否か」が問題点です．

図 1.4.4 は，その例です．

ヒノエウマの年に出生率が「異常に下がっている」ことをどう解釈しましょうか．もちろん，「迷信を信じている人が多い」という解釈はあたりません．

出産や育児に対して種々の考え方があって，それが，「ヒノエウマをきっかけにしてゆれた」のだとみられます．気持ち次第でこのくらい動く，そうみれば，この情報は，

　　　今のところ異常現象のようだが，将来このレベルまで下がる可能性がある，
　　　そういう変化の前兆だ

とよめるでしょう．

⑤ **情報表現手段としての効用**　これらの例からわかるように，集団を考察単位とする以上，平均値とともに，それからの偏差をみるのは当然だといえます．

　　　平均値を比較するにしても，偏差の存在を考慮する

ことによってはじめて，現象の全貌を把握できるのです．

平均値だけに注目する，あるいは，平均値だけしか使えない… そういう場合には，そのことによる限界を考慮に入れて説明しなければなりません．

また，「個性に注目する」という意味では，偏差そのものが，主たる考察対象だとされる場合もあるでしょう．たとえば，図 1.4.4 のように，状態変化の前兆だと解釈できることがあります．

　　　偏差は，有意な情報である

というべきです．

したがって，

> 分散が大きいことは，
> 有意な情報を多く含んでいること

だといってもよいでしょう．

平均値は，その有意な情報をかくしてしまうのです．

⑥ **情報誤読の一因**　これらの説明からわかるように，「統計手法」では，それが当然のように平均値が使われていますが，「個人差を無視してよい」というわけではありません．

統計数字を使った議論に関して，「個性を無視している」といった批判がなされることがありますが，それは，平均値だけに注目していることに対する批判でしょう．

平均値だけでなく，それからの偏差の両面に注目しましょう．

> 平均することによって
> 　消してよいのは「誤差」
> 　消していけないのは「個性」

● **問題 1** ●

問1 入学試験のために試験結果を分析する場合と，教育方法を検討するために在学生の試験結果を分析する場合とのちがいはどこにあるか．

問2 次の2つのグラフは，いずれも週休2日制の普及状況を1970年と1980年について示したものだが，ちがった印象を与える．その理由を考えよ．また，図に注記した資料を参照して，考えた理由を確認せよ．

図 1. A. 1　週休 2 日制の普及率 (1)　　　図 1. A. 2　週休 2 日制の普及率 (2)

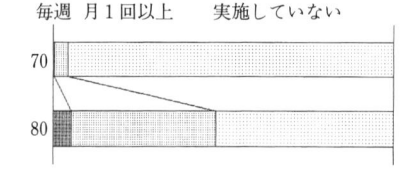

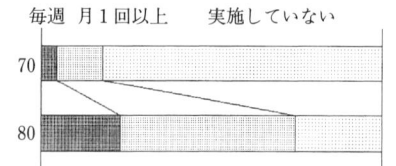

労働省：賃金労働時間制度総合調査による．

問3 図1.3.1(a)と同様の問題がかくれている地域区分は他にもあるだろう．人口密度を表わす統計地図をみて調べよ．

問4 (1) 滋賀県の人口密度を計算してみよ．その上で，資料に掲載されている数字と照合してみよ．

(2) 人口密度の計算における分母として，どんな指標が使われているかを調べよ．普通使われるのは総面積であるが，「可住地面積」を使ったものがあるだろう．

問5 県別データについては「社会生活統計指標（総務庁統計局刊）」など使いやすい形にまとめた資料が刊行されている．それを参照して，情報を「県別」に表わす基準としてどんなケースがあるかを調べよ．たとえば「〇〇県に住んでいる人」についてカウントする場合，「〇〇県に所在する施設を利用したもの」についてカウントする場合などさまざまな場合がある．

問6 各地の「暮らしやすさ」を県別データを使って比べている例が多いが，「県」を単位として扱うことに問題はないか．たとえば，京都府，大阪府，兵庫県を比べてみることは妥当といえるか．

問7 (1) 賃金に関して調べてみたいこと（何でもよい）をあげよ．

(2) (1)にあげたことを議論するために使うべき情報について（いくつかの情報を使うだろう，そのひとつひとつについて）
  a. 雇用者ひとりひとりのレベルの情報
  b. 企業レベルの情報
  c. 経済一般の情報
のいずれにあたるかを区別せよ

問 8 (1) 統計書，たとえば「賃金センサス」をみて，平均賃金の情報が，どんな区分別に集計されているかを調べよ．
(2) 種々の集団区分について，平均給与額の年齢別推移を示すグラフをかけ．
(3) 年齢別推移の形をみて，産業別あるいは企業規模別に共通にみられる傾向，共通にはみられない傾向を指摘せよ．
(4) 年齢別推移をみると，年齢層 40〜50 をピークにして，上昇から下降に転じているようにみえる．このことを，どう説明するか．
(5) 図 1.4.3 でみられた「分布形の変化」は，どう説明されるか．

問 9 統計書，たとえば「賃金統計年報」をみて，賃金に関する情報を，どのような指標（平均値以外の表わし方）で表わしているかを調べよ．

問 10 銀行業の賃金は他の産業と比べて高いといわれているが，そうだろうか．確認するためには，種々の条件のちがいを考慮に入れて比較しなければならない．

問 11 (1) 図 1.3.2 (a) の情報は新聞記事の引用であるが，基礎情報は，厚生省の「国民栄養の現状，平成 3 年版」に掲載されている．これをみて，「歩くことと健康との関係」に関してどんな情報が求められているかを調べてみよ．
(2) 種々の新聞に同じ記事が掲載されていたが，見出しの付け方がそれぞれちがっていた．新聞の縮刷版をみて，調べてみよ．
見出しをみてそうだと思いこむのは危険なので注意すること．

問 12 新聞やテレビでは，統計数字をグラフに表わして説明していることが多いが，統計数字の取り上げ方に疑問をもたせる例があるかもしれない．そういう例をあげよ．

問 13 統計データを収録したデータベースについて，収録したデータに関する定義や求め方などに関する説明が与えられているかどうかを調べよ．

問 14 (1) 時系列データに関して○年分，○月分という表示があるだろうが，それらの時間属性の定義に関して，たとえば，「月初分」，「月末分」，「月間分」，「年間各月分の平均値」…などの区別が明示されているかどうかを調べよ．
(2) 生産指数，出荷指数，在庫指数における「○年○月分」ということの定義を調べよ．
(3) 地域区分別のデータに関して，たとえば「県別」がどういう意味の県別であるか（問 6 参照）を示す説明が収録されているかどうかを調べよ．

問 15 たとえば 1980 年の GNP の数字を検索してみよ．1980 年とは「その年の経済

情勢に関する情報である」ことを意味するが，検索システムによっては，さらに，何年の価格を使った評価値であるか，何年の報告書に掲載された数字であるかを指定するように求めてくるかもしれない．それに応じて，使いたいものを指定すること．

こういう問い合わせが出てこないデータベースもあるだろう．その場合は，検索された数字の属性に関する説明がついているか否かを調べ，その数字について

○年の事実に関する

△年になされた推計値であり，

□年の価格を使って評価されている

ものかを答えよ．

問題について

(1) 問題の中には，UEDA のプログラムを使って，テキスト本文での説明を確認するための問題や，テキストで使った説明例をコンピュータ上で再現するものなどが含まれています．

したがって，UEDA のプログラムを使うことを想定しています．

(2) UEDA の使い方については，本シリーズの第 9 巻『統計ソフト UEDA の使い方』を参照してください．

(3) 問題文中でプログラム○○という場合，UEDA のプログラムを指します．

(4) 多くのデータは，UEDA のデータベース中に収録されています．そのファイル名は，それぞれの付表に付記されていますが，それをそのまま使うのでなく，いくつかのキーワードを付加したものを使うことがありますから，問題文中に示すファイル名を指定してください．

(5) プログラム中の説明文や処理手順の展開が，本文での説明といくぶんちがっていることがありますが，判断できる範囲のちがいです．

(6) コンピュータで出力される結果の桁数などが本文中に表示されるものとちがうことがあります．

2

情報の統計的表現（1）

　この章では，まず，1セットのデータの特性を表わす平均値・標準偏差あるいは中位値・四分位偏差値などの指標，つづいて，分布形による表現を説明します．また，分布形のモデルとして想定される正規分布について説明します．
　これらは統計学の基本概念としてどんなテキストでも説明されていることですが，このテキストでは後の章とのつながりを考慮に入れて，少しちがう展開になっています．

▷ 2.1　標準偏差の定義と計算

　①　標準偏差は，偏差の大きさを測る指標として普通に使われているものです．
　観察値 X_I について平均値 μ からの偏差 $D_I = X_I - \mu$ に注目するのですが，それらの大きさについて，「ほぼこの範囲にある」という見方を採用できるでしょう．
　基準とする μ と比べて大きい値，小さい値がありますから，たとえば，「平均値 140 に対して ±10 の範囲だといった見方をしよう」ということです．いいかえると，偏差はひとつひとつの観察単位ごとに異なるが，「この程度が標準だ」という見方です．「偏差の平均的な大きさをみる」のだといってもよいでしょうが，平均すなわち「足して N でわる」，ということではなく，そう理解できるように定義するということです．
　統計学では，偏差の標準的大きさを測る指標として，次のように定義される「標準偏差」を使います．

$$\sigma^2 = \frac{1}{N}\Sigma(X_I - \mu)^2 \tag{1}$$

σ^2 を分散とよび，その平方根 σ が標準偏差です．
　②　偏差そのものの平均でなく，まず偏差を「2乗した値の平均」を求めた上で「平方根をとる」… それが標準偏差だと了解すればよいでしょう．なぜそういう回り道を

表 2.1.1 平均値，標準偏差の計算フォーム 1 と計算例

ID	観察値	平均	偏差	ID	観察値	平均	偏差
1	X_1	μ	$X_1-\mu$	1	34	39.8	-5.8
2	X_2	μ	$X_2-\mu$	2	38	39.8	-1.8
				3	35	39.8	-4.8
I	X_I	μ	$X_I-\mu$	4	42	39.8	2.2
				⋮	⋮	⋮	⋮
N	X_N	μ	$X_N-\mu$	12	38	39.8	-1.8
計	T		S	計	478		119.67
平均	μ		σ^2	平均	39.8		9.97
標準偏差			σ	標準偏差			3.16

基礎データは，問題 2 の問 3 に示してあります．計算して，例示どおりになることを確認してください．

した形をとるのか気になるかもしれませんが，説明を省略します．

表 2.1.1 の左側がこの式による計算フォームであり，右側が計算例です．

まず，観察値を表の 2 列目に転記します (1 列目はデータ番号)．そうして，これらの計を求めて観察単位数でわれば，平均値が得られます．例示では，39.8 です．これが偏差を測る基準値ですから，各観察値の横に転記します．そうして，偏差を計算します．当然，正の値と負の値が現われます．平均値を基準とした偏差については，それらの計が 0 になるはずですから，検算しましょう．

分散は，偏差を 2 乗し，その合計を求め，観察単位数でわって求められます．

最後に平方根をとって (2 乗をとっているので，もとの単位にもどすため)，標準偏差が求められます．

③　なお，計算の過程で「ひとつひとつの観察値 X_I の偏差を求めて記録しておく」ことは，必要です．標準偏差は，これらの偏差を代表する指標ですが，データの中に他と同一には扱いにくい「外れ値」(アウトライヤーとよびます) が混在している可能性があり，その場合には，もとにもどって，ひとつひとつの観察値 X_I に注目することになります．

また，表 2.1.2 のように，偏差の 2 乗の欄を用意しておくことも考えられます．そうすればたとえば偏差平方和に対してどの偏差が効いているかがわかりますから，アウトライヤーを指摘する参考となるでしょう．たとえば観察値の 1 つが偏差平方和の大半を占めるときに，標準偏差が「偏差の標準だ」とはいえません．それを除いて，標準偏差を再計算すべきでしょう．

表 2.1.2 の例の場合，偏差平方和は 296 ですが，そのうち 121 すなわち 41% はデータ 7 の偏差が影響していることがわかります．いいかえると，この例では，「データ全体を 1 つのバッジとみて個別変動を測ったもの」とはみなしがたいのです．

このデータを除いて計算した偏差平方和 157.72 によって，「データの多数部分でみた個別変動を測る」のが，この例では当を得た扱いといえるでしょう．

2.1 標準偏差の定義と計算

表 2.1.2 平均値，標準偏差の計算例

ID	観察値	偏差 D	D^2	ID	観察値	偏差 D	D^2
1	40	−7	49	1	40	−5.4	29.16
2	38	−9	81	2	38	−7.4	54.76
3	50	3	9	3	50	4.6	21.16
4	52	5	25	4	52	6.6	43.56
5	48	1	1	5	48	2.6	6.76
6	46	−1	1	6	46	0.6	0.36
7	58	11	121	⋮	⋮	⋮	⋮
8	44	−3	9	8	44	−1.4	1.96
計	376		296	計	318		157.72
平均	47		37	平均	45.4		22.53
標準偏差			6.1	標準偏差			4.75

データ 7 を除いて計算した場合．

なお，データ 7 を除くことに関する根拠づけについては，後述します．

④ この例からわかるように，計算は，「最後の答えが出さえすればよい」というものではありません．たとえば，ひとつひとつの観察値に対応する偏差は，標準偏差の計算結果の妥当性をチェックするために必要な情報です．したがって，計算手順は有用な情報を記録しておき，必要に応じて参照できるように組み立てるべきです．
表 2.1.1 の計算フォームは，その観点を考慮に入れています．

⑤ 分散の計算式を

$$\sigma^2 = \frac{1}{N}\sum X_I^2 - \mu^2 \qquad (2)$$

と書き換えることができますが，この式を使って計算すると計算誤差が大きくなることがあります．章末の問題 2 の問 9 がこのことを示す例です．

⑥ また，分散の定義式で，データ数 N でわったところを $N-1$ でわるように教えているテキストもあります．
これは，「データにもとづく推定」の性質に関して，かたよりのないこと，すなわち「不偏性」を重視しようという立場からきています．これに対して，「かたよりはあっても推定精度がよい」という理由で，N でわることをおす立場もありえます．
このテキストは後者の立場をとっていますが，ここでは，N が多い場合はどちらでも大差なしと考えておいてください．第 5 章で，推定あるいは不偏性という用語を説明した後，再論します．

⑦ 表 2.1.1 の計算フォームは，「データ数が少ない場合」を想定しています．
データ数が多い場合は，ひとつひとつの値を列記するかわりに，次の例示のように，値域を区切って，各区切りに入るデータ数を記録する形（度数分布表）にした上で計算
する別フォーム（表 2.1.3）を採用しましょう．
このフォームでは，値域，度数の欄が「度数分布表」です．その右側につづけた欄

表 2.1.3 平均値,標準偏差の計算フォーム 2 と計算例

値域	度数	代表値	平均	偏差	値域	N	X	μ	$X-\mu$
XX~XX	N_1	X_1	μ	$X_1-\mu$	10~20	10	15	33.5	−18.5
XX~XX	N_2	X_2	μ	$X_2-\mu$	20~30	80	25	33.5	−8.5
⋮	⋮	⋮	⋮	⋮	30~40	60	35	33.5	1.5
					40~50	30	45	33.5	11.5
XX~XX	N_K	X_K	μ	$X_K-\mu$	50~60	20	55	33.5	21.5
計	N	T		S	計	200	6700		22550.00
平均		μ		σ^2	平均			33.5	112.75
標準偏差				σ	標準偏差				10.62

が平均値,標準偏差を計算するための欄です.

計算では,各値域の観察値を「各値域の中央値とみなす」というおきかえ(近似)を適用しています(表ではこれを代表値と表示).

例示では,10~20 の区間に含まれる 10 個の値をすべて 15, 20~30 の区間に含まれる 80 個の値をすべて 25,… とみなしています.したがって,計の計算は $15\times10+25\times80+\cdots$ とします.6700 は 175 のミスプリントではありません.

偏差の 2 乗和についても同様です.度数をかけるのをわすれないこと.

⑧ 計算手順としては「観察値 X_I を値域の中央値 X_K とおきかえる」という近似を行なっていますが,データ数が多い場合この近似の影響はごく小さく(問題 2 の問 8 (1)),また,データを分布表の形に整理すること自体がデータをみる上で有用な過程ですから,これを標準的な計算フォームとしましょう.

なお,このフォームによる平均値,分散の計算式が次のように書き換えられることに注意しましょう.

平均値の定義式における $\sum X_I$ と分散の定義式における $\sum(X_I-\mu)^2$ は,それぞれ $\sum N_K X_K$, $\sum N_K (X_K-\mu)^2$ と書き換えられます(添字 I を観察単位番号,K を区分番号としています)から,

$$\mu=\frac{1}{N}\sum N_K X_K, \qquad \sigma^2=\frac{1}{N}\sum N_K (X_K-\mu)^2 \tag{3}$$

となります.

また,N_K/N は相対頻度ですから F_K とかくと,

$$\mu=\sum F_K X_K, \qquad \sigma^2=\sum F_K(X_K-\mu)^2 \tag{4}$$

となります.すなわち,計算フォームの度数を「相対頻度」におきかえてから計算するのです.

⑨ 「ちょうど 20 の場合どちらに入れるか」という質問が出るでしょう.

たとえば計算例で 10~19, 20~29,… と表示していれば,はっきりするようですが,そう簡単ではありません.「それでもはっきりしない」ことがあるのです.

また,10~20, 20~30,… と表示したいこともあります.たとえば,観察値が端数を切り捨てることによって整数化されている場合には,観察値の値域は 10.000~

19.999, 20.000〜20.999, … であり，それを 10〜20, 20〜30, … のように表示したものと解釈できます．

　これに対して，端数が四捨五入されている場合にもとの数字の範囲を示すには 9.500〜19.499, 19.500〜29.499, … とすることになります．この場合の表示は 10〜19, 20〜29, … として区別することが考えられますが，9.5〜19.5, 19.5〜29.5 とせよという異論が出るでしょう．

　表現の仕方で考えるべき点は

　　　　端数処理をした結果でみた値域を表示するか
　　　　端数処理前の値でみた値域を表示するか

ということです．端数処理が切り捨ての場合と，四捨五入の場合とをわけてかくと，次のようになります．

　　　　端数が切り捨ての場合
　　　　　　端数処理の結果を表示　　　10〜19　　　　　20〜29　　　　…
　　　　　　端数処理前の値を表示　　　10.00〜19.99　　20.00〜29.99　…
　　　　　　この表示の略記　　　　　　10〜20　　　　　20〜30　　　　…
　　　　端数が四捨五入の場合
　　　　　　端数処理の結果を表示　　　10〜19　　　　　20〜29　　　　…
　　　　　　端数処理前の値を表示　　　9.50〜19.49　　 19.50〜29.49　…
　　　　　　この表示の略記　　　　　　9.5〜19.5　　　 19.5〜29.5　　…

「この表示の略記」として示した扱いがよいと思いますが，無原則に採用されているのが現実ですから，利用するときに，適宜判断することが必要です．

　もともと端数をもたない観察値の場合は，選択の余地はなく，10〜19, 20〜29 のようにします．

　⑩ **計算結果における端数の復元**　　表 2.1.2 の例示の基礎データが年齢だとしましょう．年齢は，特にことわらない限り「端数切り捨て」で数えます．したがって，それらを使って計算した平均値は，端数の平均値 0.5 だけ低くなっています．「平均年齢」の評価では，この端数を補正して，いいかえると，基礎データで切り捨てられた端数を復元して，47.5 とすべきです．年齢に限らず，端数を切り捨てて観察されたデータについて，同様の注意が必要です．見過ごされることの多いミスです．

　⑪ **スペースフィラー**　　計算機では，数値の長さを標準の長さにそろえて計算します．標準に足りないときには，0 を補い，そこまで数値があるものとして計算します．この 0 は，いわば，穴埋め，すなわちスペースフィラーとよびます．

　0 がつづいていればスペースフィラーと気づくでしょうが，それを使って計算するため，計算結果では「0 でないスペースフィラー」となるのです．たとえば平均値の計算結果では，「意味のない数値」がつけ加わって，一見するとそこまで意味があるかのごとく表示されます．

　こういう意味のない部分を落としてよむべきです．

▶2.2 中位値・四分位偏差値による表現

① 偏差の大きさを表現する指標として，標準偏差がよく使われますが，どんな場合にもそれを使えばよいとはいえません．特に，次に述べる大きな欠点をもっていることに注意しましょう．

標準偏差の計算値は，平均値±標準偏差，すなわち，平均値を基準としてその上下にひろがり幅をつける形で使いますが，

   　　　上へのひろがりと下へのひろがりとを同じ値で評価している

ことに注意しましょう．

こうすることは，暗に，データの分布が左右対称型だという仮定をおいていることを意味します．

この仮定を受け入れてよいでしょうか．現実に扱うデータにおいては，そういう仮定を受け入れがたいケースが多々あります．

② 賃金のデータは，そういうケースの典型例です．

図 2.2.1 は 1984 年賃金センサスの報告書から引用した製造業の男子従業者の賃金の分布表と，その分布図です．

右の方へ長くひろがった「非対称な形」になっています．

初任給がほぼそろっていたものが，その後の昇給によって，大きい方へ変化する度合いが差をもたらすためだ … こう説明できるでしょうが，そういう説明をするしないにかかわらず，賃金の分布に関する事実を示すときには，この非対称性を明示しなければなりません．

図 2.2.1　賃金の分布表と分布図 (1984 年，製造業，男)

値域	度数
0〜4	0.50
4〜6	3.80
6〜8	12.10
8〜10	18.20
10〜12	15.50
12〜14	13.10
14〜16	11.20
16〜18	8.30
18〜20	5.70
20〜22	3.70
22〜24	2.30
24〜26	1.60
26〜30	1.80
30〜40	2.30
計	100.00

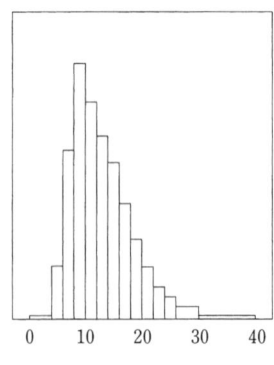

度数は，百分比にしてあります．
分布図をかくためです．
次節で説明しますがかいてみてください．右の図のようになるはずですが….

分布図ではこの事実がよみとれますが，平均値と標準偏差を使って示した場合にはこの事実がよみとれないことになります．標準偏差を偏差の大小を表わす指標として使うことに疑問をもつべきです．

> 大きい方向でみた偏差と，小さい方向でみた偏差を
> 区別して計測することが必要

③ 四分位偏差値は，こういう場合に，標準偏差にかわるものとしてよく使われる「偏差の指標」です．

中位値は，平均値にかわる指標ですが，四分位偏差値を使う場合にそれと整合性をもたせる意味で

　　　　(平均値，標準偏差) のかわりに (中位値，四分位偏差値)

と，セットにして使います．

これらの定義は，次のように「観察値の大きさの順位」に注目します．

データを大きさの順に並べたときの

　　　1/4 番目の値が第 1 四分位値
　　　2/4 番目の値が第 2 四分位値，すなわち，中位値
　　　3/4 番目の値が第 3 四分位値

です．これらを Q_1, Q_2, Q_3 と表わしましょう．これらをもとにして

　　　1/4 番目の値（第 1 四分位値）⎫
　　　2/4 番目の値（第 2 四分位値）⎬ この差が四分位偏差値
　　　3/4 番目の値（第 3 四分位値）⎭ この差が四分位偏差値

と，2 つの四分位偏差値を定義します．

これらの指標は，「データを大きさの順に同数を含むように 4 区分」したときの区切り値ですから，自然な見方になっています．

なお，2 つの四分位偏差値をわける呼び名は決められていませんが，2 つ 1 組として使いますから，区別する必要はないでしょう．

◆注　$(Q_3 - Q_1)/2$ が四分位偏差値とよばれていましたが，これは，標準偏差 σ の簡易推定値という観点でした．本文で述べた四分位偏差値は，「σ を使うことに対する代案」というちがった観点で導入したものです．同じ用語で，同じような量を使いますが，観点のちがいに注意しましょう．

④　次ページの図 2.2.2 は分布の情報を (平均値，標準偏差) で代表したものであり，図 2.2.3 は (中位値，四分位偏差値) で代表した場合です．

また，それぞれの情報を図示したものが，表の右側の図です．

分布の非対称性が図 2.2.2 の表現ではわからないのに対し，図 2.2.3 の表現ではそのことが，2 つの四分位偏差値のちがいとして把握できることに注意してください．

⑤　表 2.2.4 は，四分位値の計算例です．「観察値を大きさの順に並べる」という前処理が必要です．観察値の数が多くてこの作業を避けたいときには，27 ページの

図 2.2.2 平均値，標準偏差とその図示

```
平均値−標準偏差＝118.0
平均値        ＝135.1      標準偏差＝17.1
平均値＋標準偏差＝152.2      標準偏差＝17.1
```

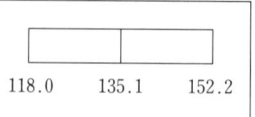

118.0　　135.1　　152.2

図 2.2.3 中位値，四分位偏差値とその図示

```
第1四分位値＝123.2
中位値      ＝133.2      四分位偏差値＝10.0
第3四分位値＝144.7       四分位偏差値＝11.5
```

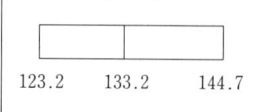

123.2　　133.2　　144.7

表 2.2.4 中位値，四分位値の計算フォーム (1)
データ数が少ない場合

大きさの順	観察値	
0	106	中位値は $6 \times (1/2)$ 番目の値 　　すなわち　156
1	128	第1四分位値は $6 \times (1/4) = 1.5$ 番目の値
2	134	1番目は　　128
3	156	2番目は　　134　中をとって
4	170	1.5番目は　131
5	178	これが第1四分位値
6	195	第3四分位値は $6 \times (3/4)$ 番目の値 　　174 と求められる

⑥ に示す別法があります．

　四分位偏差値は，前述したように，これらの差として計算できます．

　この計算フォームでは「大きさの順を0番からつけている」ことに注意してください．このため，6/2 すなわち3番目の値が

　　　「それより小さい値が3つ，それより大きい値が3つ」

だという説明につながります．

　例示ではデータ数が奇数でした．偶数のときには，たとえばデータ数6だとすれば，(最高番号/2) が 2.5 のように「.5」の端数をもちますから，3番目の値と4番目の値の平均 (一般にいえば前後の値の平均) を中位値とします．

　四分位値の場合も同様ですが，端数が 1/4 あるいは 3/4 の場合もありえます．

　その場合には，前後の値に3対1または1対3のウエイトをつけて加重平均します．たとえば，1.25番目の値は

$$\frac{(1\text{番目の値} \times 3) + (2\text{番目の値} \times 1)}{4}$$

2.3 分布による表現　27

表 2.2.5　中位値, 四分位値の計算フォーム (2)
データ数が多い場合

値域	度数	累積	百分比
80～ 90	0	0	0
90～100	5	5	0
100～110	41	46	4
110～120	128	174	17
120～130	253	427	42
130～140	258	685	67
140～150	175	860	84
150～160	69	929	92
160～170	54	983	96
170～180	23	1006	99
180～190	17	1023	100
190～200	2	1025	100

データを分布表の形に整理して
フォーム1と同様に計算する.

　値 120 までで 17%
　値 130 までで 42%
　　10 の増加 ⇔ 25% の増加
　　3.2 の増加 ⇔ 8% の増加
　値 123.2 までで 25%
よって, 第 1 四分位値は 123.2

同様に
　中位値は,　　　　　133.2
　第 3 四分位値は,　　144.7

図 2.2.6　比例配分

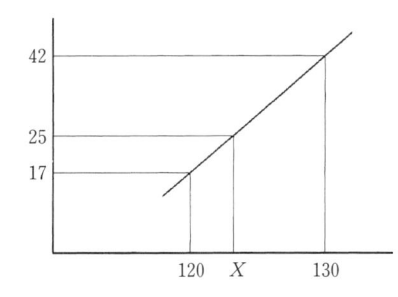

表から, $(120, 17\%)$, $(130, 42\%)$ の位置を結ぶ直線をかきます.
この線上で点 $(X, 25\%)$ の X について
$$\frac{X-120}{130-120} = \frac{25-17}{42-17}$$
となっていることから,
$$X = 120 + (130-120) \times \frac{25-17}{42-17}$$

です.

⑥　データ数が多い場合には, 計算フォーム (表 2.2.5) のように, 基礎データを度数分布表に表わした上で計算します. 度数の累積値を求めておくと, それが値域の上限以下のデータ数, いいかえると, データ番号になっていることに注意して, フォームの右に付記した説明をみてください.

要は, 図 2.2.6 に示す比例配分の計算です.

◆**注1**　図 2.2.2 において標準偏差のかわりに $(0.674 \times 標準偏差)$ を使うことが考えられます.「箱の中に観察値の 1/2 が入る」ようにするための調整です. 図 2.2.3 と比較できる図になります.

◆**注2**　中位値, 四分位値の計算式における端数の扱いについては, いくつかの観点から異なった案が提唱されています. 3.7 節で補足します.

▶ 2.3　分布による表現

①　**個別データリスト**　　観察値ひとつひとつは, 観察単位に対応する番号 I と

観察値 X_I のセットだと考えることができます。したがって，右表のように記号化できます。

表 2.3.1　個別データリスト

ID	データ本体
1	X_1
2	X_2
⋮	⋮
N	X_N

　これを，個別データリストとよぶことにしましょう。もちろん，この形式にリストされていても，ちがった形式でリストされていても，あるいは，コンピュータの記憶装置に記録されていても，本質は同じですから，観察単位ひとつひとつに対応する情報という意味で「個別データ」という呼称を使いましょう。

　統計的な見方では，これらひとつひとつの要素に注目するのではなく，全体をまとめて1つのバッジとみなし，バッジとしての特徴をよみとることを考えますから，なんらかの処理を加えることになりますが，そのための素材として，「情報価値」をもっているのです。

　個別データに処理を加えることによって，それがもっている情報を，「説明しうる形にしていく」，それが統計処理だと位置づけられるのです。いいかえると，

> データが潜在的にもっている情報を
> 「顕在化する手順」

が統計処理だということです。

　データがもっている情報を落とすことなく，表現を簡単化する… この原理を
　　　　パーシモニイ (parsimony)
とよびます。たとえば，バッジを1つの平均値で代表すると簡単化できるが，情報のロスが大きすぎる，よって，標準偏差を併用しよう，いくらか扱いがめんどうになるが個人差に関する情報のロスは防げる… こういう形で統計処理の手法を組み立てていくときの指導原理が，パーシモニイです。

② **分布表**　個別データ（たとえば試験の成績）を整理するために，その値をひとつひとつ読んでもらい，90点台，80点台，…とわけて，人数を「正」の字を使ってカウントしていく…．こういう作業をした経験を多くの人はもっていると思います。

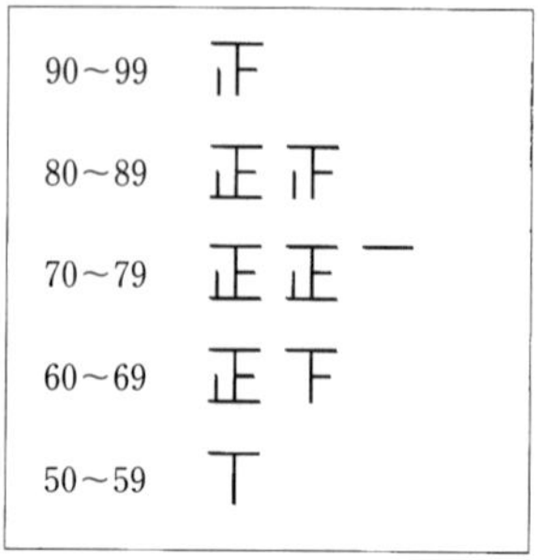

　これが，統計学でいう「分布表」を求める作業手順になっているのです。

　したがって，この作業によって，分布表という概念を意識していなくても，分布表を使ったデータ整理を，実践しているのです。

　そうして，この形に整理した結果は，統計手法として重要な基本概念であり，データの特徴を把握する手段になっているのです。

　こうして整理手順は，統計手法として重要な

図 2.3.2　慣用されるデータ整理の方法

90〜99	正
80〜89	正 正
70〜79	正 正 一
60〜69	正 下
50〜59	丅

2.3 分布による表現　　　29

表 2.3.3 (a)　分布表　　　　　　　**図 2.3.3 (b)**　分布図

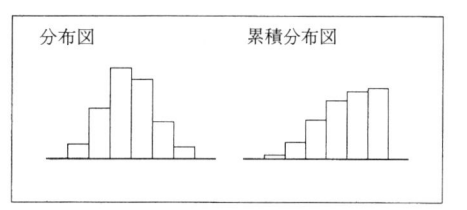

分布表		累積分布図	
値域 (範囲)	度数	値域 (上限)	累積度数
50〜59	2	59	2
60〜69	8	69	10
70〜79	11	79	21
80〜89	9	89	30
90〜99	4	99	34

注：端数を切り捨てた場合は、50〜59.99
　　のように表わします．

意味をもちますから，表2.3.3(a)に示すフォームにまとめます．
　これが，「分布表」です．
　度数は，相対頻度すなわち「総度数を100とする比率」で表わすのが普通です．
　その場合を区別するには「頻度分布」とよびます．
　累積度数については後で説明します．
　③ **分布図**　分布表を図2.3.3(b)のように図示したものを，分布図とよびます．
　表でも図でも原理は同じですが，分布の形をよみとり比較するには，図を使う方が有効です．分布図では，
　　　　　　値域の区切り幅に対応する幅，度数に対応する高さ
にとった棒を列記します．ただし，度数は，値域の幅の大小に関係しますから，値域の幅が等しくない値域がある場合には，
　　　　　　ある標準幅を想定し，標準幅あたりの度数に換算したもの
を使います．たとえば，値域の幅が2倍となっている箇所では高さを1/2とします．
　表2.3.4は，こういう調整を適用して分布図をかいた例です．図2.2.1の右側に示してあったものです．
　図の点線は，幅のちがいに対する調整をしていない場合の棒です．説明のために書き足したものですから，実際には，かきません．
　④ 分布表や分布図をかくときには，値域の数を適当に決めることが必要です．
　分布の形をよみとるために使うものですから，よみとりやすくなっているかどうかをみて，区分数を増やしたり，減らしたりして適当な区分数を探索しましょう．
　図2.3.5は，賃金のデータについて3とおりの区分数でかいた分布図です．
　もとのデータは同じでも，区分のとりかたによって，このようにちがった印象を与える図になります．区分数が少ないと，ピークの位置がはっきりつかめません．区分数が多すぎると，不規則な凹凸がめだって形をつかみにくくなります．
　「では区分数をいくつぐらいにすればよいか」ということになります．これに答えようとする公式(スタージェスの公式)もありますが，分布形に関してある仮定をお

表 2.3.4 分布図をかくための計算と分布図

値域	度数	幅2あたりに調整
0〜4	0.50	0.25
4〜6	3.80	3.80
6〜8	12.10	12.10
8〜10	18.20	18.20
10〜12	15.50	15.50
12〜14	13.10	13.10
14〜16	11.20	11.20
16〜18	8.30	8.30
18〜20	5.70	5.70
20〜22	3.70	3.70
22〜24	2.30	2.30
24〜26	1.60	1.60
26〜30	1.80	0.90
30〜40	2.30	0.23
計	100.00	

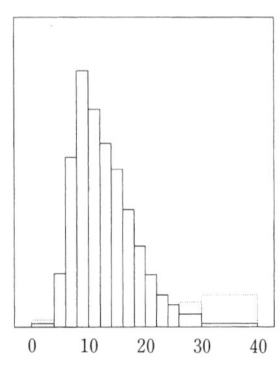

値域幅のちがいに対応する調整が必要.

図 2.3.5 区分数をかえた分布図の例

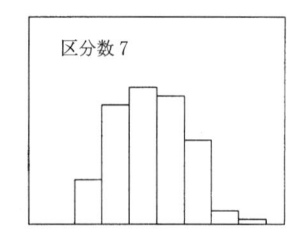

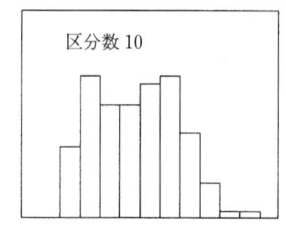

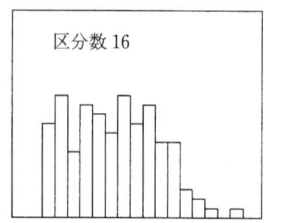

区分数 7　　区分数 10　　区分数 16

いて誘導されたものですから,「10 前後という程度で, 試してみる」という方針で十分です.

　図 1.4.3 (13 ページ) の高年齢の分布図のように, 分布形が双峰形になっていて, 異質なデータが混在している可能性があるとき, 区分数が少ないと, それを見逃してしまいます. したがって, こういう事態が予想されるときには, 区分数や区切り方を工夫しましょう.

　⑤　データの区切りを「切りのよい値にする」方針をとるのが普通ですが, 観察値自体がラウンドされている場合など,「切りのよい値が中心になるようにする」方針をとる方がよいとされる場合もあります.

　　　　切りのよい値を区切り値とした例　100〜200, 200〜300, 300〜400, …
　　　　切りのよい値を中心とした例　　　150〜250, 250〜350, 350〜450, …

値域の表示において 100〜200 とせず 100〜199 とし, ちょうど 200 の場合の扱いを明示せよというコメントがあるかもしれませんが, 2.1 節の⑨で説明したように,

種々考えるべき点が関連してきます．

区切り幅が等しくないときには「標準幅あたりの度数に換算」することが必要だと注意しておきました．統計書に掲載されている分布表には，こういう調整を要するものがよくあります．すべての範囲を等間隔に区切ろうとすると区分数が多くなる，区分数を一律に減らそうとすると，ピークの部分の表示が粗くなる….こういう理由があるのです．

また，一番小さい区分の下限あるいは一番大きい区分の上限が明示されていない場合もあります．度数が少なければそれをどう想定しても図にはひびきませんが，度数が多いときには困ります．この場合の対応策については後の節で考えます．

⑥ これまでの例示ではすべて，観察値の値域を「観察値そのもの」で区切っていましたが，これ以外の考え方がありえます．

たとえば，賃金の分布の年次変化をみる場合，経済成長にともなって貨幣価値がかわりますから，同じ 10～20 万円といっても，ある時期には平均的な所得階級だとみられていたものが，低所得区分とみられることになるでしょう．いいかえると，名目上の金額で階級わけするのでなく，相対的な位置に注目して階級わけする方がよい…そういう場合があります．

そういう場合に採用されるのは，値の大きさの順に注目して，たとえば

　　　上位 1/5，　中の上 1/5，　中の中 1/5，　中の下 1/5，　下位 1/5

のように区切る方法です．これを，「五分位階級」とよびます．さらに細かく区分したいときには，同じ観点で 10 区分した「十分位階級」が使われます．

表 2.3.6 家計調査で採用されている分布の情報表現

A. 金額階級による分布

値域	計	0～200	200～250	250～300	300～350	350～400	400～450	450～500	以下省略
世帯数	10000	58	108	190	253	385	579	636	

巻末付録 B の付表 E.1 参照．

B. 順位区分による分布（五分位階級）

階級区分	計	I	II	III	IV	V
世帯数	10000	2000	2000	2000	2000	2000

B(1) 五分位階級の区切り値

階級区分	I と II	II と III	III と IV	IV と V
区切り値	484	619	768	985

付表 E.2 参照．

B(2) 五分位階級での平均値

階級区分	I	II	III	IV	V
平均値	378	552	692	863	1274

付表 E.2 参照．

表 2.3.6 は，家計収入の分布についての実例です．

⑦ **累積分布表，累積分布図**　分布表，分布図では，値域を「いくつからいくつまで」という区切り方をして値の分布をみていますが，「いくつ以下の範囲」という区切り方に対応させて値の分布をみることも考えられます．この見方では，

$$S_1 = N_1$$
$$S_2 = S_1 + N_1 = N_1 + N_2$$
$$S_3 = S_2 + N_2 = N_1 + N_2 + N_3$$
$$\vdots$$

と度数を累積したものを表示または図示することとなるので，累積分布表，累積分布図とよびます．

表 2.3.7 は，表 2.3.4 に対応する累積分布表と累積分布図です．

累積分布図では，棒を列記する形でなく，折れ線で表わすのが普通です．「値域の上限とそれまでの累積度数の関係」をみるという趣旨から，棒の右肩を結びます．

横軸は，分布図の場合と同じく，「分布をみようとする変数 X」の値を示していますが，縦軸が「X までの頻度を足しあげていったもの」ですから，右上がりになります．そうして，X の頻度が大きいところで大きく増加する，すなわち，傾斜が急になっています．

この例の場合，分布図のピークの位置にあたる 10 の付近で急傾斜になっていることが確認できるでしょう．しかし，「どの辺の値が多いか」をみるには，分布図の方がよみやすく，そのために累積分布を使う必要はありません．

累積分布は，主として「分布の形を扱う理論」で使われるものと了解しておけばよいものですが，分布形の比較（第 7 章）や四分位値の計算（2.2 節）で，この表現を使

表 2.3.7　分布図をかくための計算と累積分布図

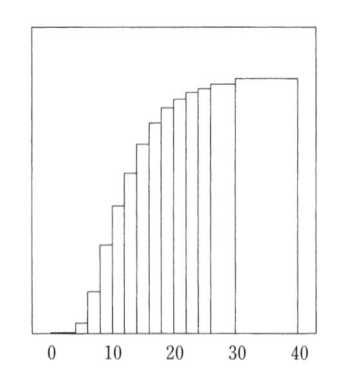

値域	度数 N	上限	累積度数 S
0~4	0.50	4	0.50
4~6	3.80	6	4.30
6~8	12.10	8	16.40
8~10	18.20	10	34.60
10~12	15.50	12	50.10
12~14	13.10	14	63.20
14~16	11.20	16	74.40
16~18	8.30	18	82.70
18~20	5.70	20	88.40
20~22	3.70	22	92.10
22~24	2.30	24	94.40
24~26	1.60	26	96.00
26~30	1.80	30	97.80
30~40	2.30	40	100.10

2.3 分布による表現   33

図 2.3.8 (a)　データ整理法

90〜	94 98
80〜	85 85 80 83 88
70〜	76 79 71 71 73 75
60〜	60 65 62 60 60 65
50〜	53 54
40〜	45 40 48

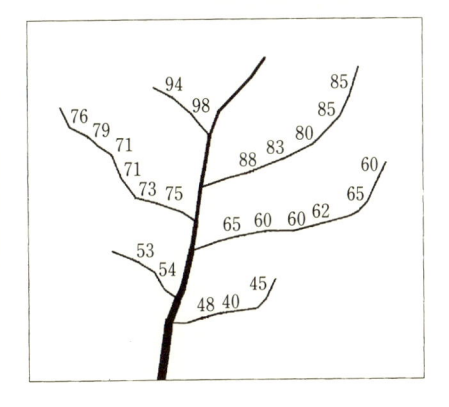

図 2.3.8 (b)　幹葉表示のイメージ

います．
　ここでは，もとにもどって，分布表，分布図についての考察をつづけます．
　⑧　**幹葉表示**　分布表あるいは分布図は，データ整理の作業用という意味があります．そのことを意識して，幹葉表示とよばれる「表示法」が提唱されています．
　表 2.3.2 に示したデータ整理手順では度数を表示しましたが，図 2.3.8 (a) のように，値を記録しておくことが考えられます．
　まず，データを図 2.3.8 (a) の形に整理してみます．
　すると，60 台，70 台が最も多いが，80 台も多い，そのあたりが中心だが，60 台とされている 6 データ中 3 つがちょうど 60 になっているのが気になる，このように，分布の形を細かく観察できることになります．
　この形における 40〜，50〜，60〜，などを幹における枝わかれの位置とみなし，観察値 45, 40, 48, などを，それぞれの枝についた葉だとみたてて，図 2.3.8 (b) のように表わし，これを「幹葉表示」(stem and leaf display) とよびます．
　原理は同じですから，図 2.3.8 (a) や次に説明する図 2.3.9 も，幹葉表示とよんでよいでしょう．
　⑨　分析過程という意味では，まず，データの区切り幅の決め方から考えることが必要です．
　「切りのよい区切り」ですから，まず 10 の倍数で区切ってみる，そうして，区切りが細かすぎるなら 20 の倍数で表示しなおし，区切りが粗すぎるなら 5 の倍数で表示しなおす… こういう使い方を予想すると，分布図とちがって棒の中に数字を入れてあるところがいきてきます．すなわち，区切り方を変更した書き換えが簡単にできます．
　幹葉表示では，各棒のデータの共通部分 (図 2.3.9 (a) の例では 10 の桁の数字) を枠外におき，枠内にはその後につづく部分 (この例では 1 の桁の数字) だけをおく表

わし方にします.

分布図は，この端数部分を無視することによって「分布の形をみよう」とするものだと解釈できます.

図 2.3.9 (a)　幹葉表示の表現例 (1)

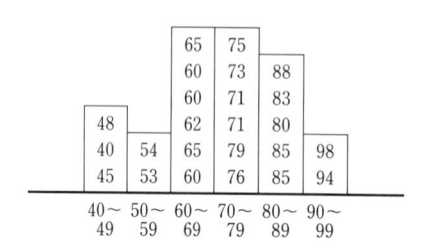

```
              65  75
              60  73  88
              60  71  83
         48   62  71  80
         40   54  65  79  85  98
         45   53  60  76  85  94
        40~  50~  60~  70~  80~  90~
        49   59   69   79   89   99
```

図 2.3.9 (b)　幹葉表示の表現例 (2)

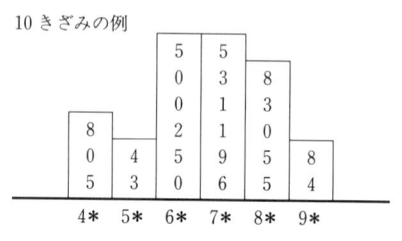

10 きざみの例

```
                 5  5
                 0  3  8
                 0  1  3
             8   2  1  0
             0   4  5  9  5  8
             5   3  0  6  5  4
             4*  5*  6*  7*  8*  9*
```

共通部分とその後の部分をわけて表示.

この図では，横軸の値域の表現において，「*」を 0~9 を代表する記号として使っていますが，この幹葉表示を提唱した Tukey は，5 きざみにする場合や，2 きざみにする場合に対して，次の記号を使うように提案しています.

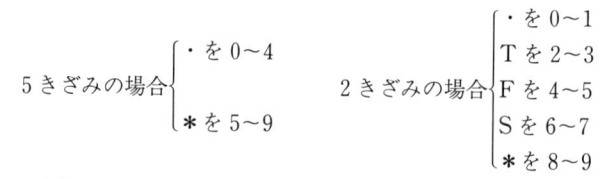

$$5\text{きざみの場合}\begin{cases}\cdot\text{を}\ 0\sim 4\\ *\text{を}\ 5\sim 9\end{cases}\qquad 2\text{きざみの場合}\begin{cases}\cdot\text{を}\ 0\sim 1\\ T\text{を}\ 2\sim 3\\ F\text{を}\ 4\sim 5\\ S\text{を}\ 6\sim 7\\ *\text{を}\ 8\sim 9\end{cases}$$

図 2.3.9 (c) は，5 きざみにした例です.

図 2.3.9 (c)　幹葉表示の表現例 (3)

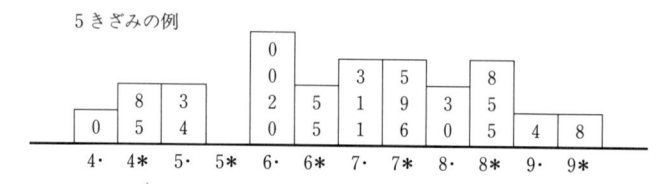

5 きざみの例

```
                         0
                         0           3   5           8
               8   3     2   5       1   9       3   5
         0     5   4     0   5       1   6       0   5   4   8
         4・  4*  5・  5*  6・  6*  7・  7*  8・  8*  9・  9*
```

区分 6・のところで 0 が多いことが気になります．このデータは「試験の評点であり，60 点未満が不合格とされる」ものだということを考慮に入れると，6・のうちの 3 人を 5 * のところにうつすことで，「分布の真の形」をよみとることができます．「合格者の得点分布と不合格者の得点分布がわかれる」… 考えられる例ですね.

「分布の形をみる」という問題では，なぜこういう形になったかを説明したいのですから，この例のように，計測値が求められる過程などを考慮に入れることが必要です.

⑩ **2変数の場合の幹葉表示**　これまでの幹葉表示では，棒の位置決めのために使うデータと，棒の中に表示するデータは同じものでした．

これに対して，図 2.3.9 (d) のように，棒の位置を決めるためのデータ X，棒の中に表示するデータ Z をちがったものにすることも考えられます．例示では，Z の値が M または F に二分されるものとしています．

この形の幹葉表示によって

　　　X の変化に対する Z の効果

をみることができます．例示の場合は，

　　　X の大きい部分ほど，Z の区分が M のものが多い

ことがよみとれます．

◆**注**　Z が 2 区分の場合については，図 2.3.9 (e) のように表わすことが考えられます．

図 2.3.9 (d)　幹葉表示の表現例 (4)　　**図 2.3.9 (e)**　幹葉表示の表現例 (5)

```
              M  M
              F  M  M
           F  M  F  M
           F  M  F  M
        F  F  F  F  M
        F  F  M  M  M  M
        M  F  M  M  F  M
        ─────────────────
        4* 5* 6* 7* 8* 9*
```

4 *	M	FF
5 *		FF
6 *	MMMM	FF
7 *	MMM	FFF
8 *	MMM	FF
9 *	MM	

2 変数の関係をみる場合，X で位置決めし，Z を表示．
「変数 X の分布をみる」ものではなく，「X と Z の関係をみる」ものになっている．

▷ 2.4　分布形のモデル

①　観察値の分布図をみると，「1 つのピークがあり，それから離れるにつれて低くなる」という形になっていることが多いでしょう．したがって，観察値の分布における細かい凹凸にとらわれず，なめらかなカーブで表わされる分布形を想定して「観察値の分布」に関する一般的な説明を展開できるようにする … そのために，統計学では，データの分布形を

　　　「現実に観察された分布形」と

　　　「そのモデルというべきある標準的な形」

とを区別します．

ただし，観察値の分布図において，棒のアタマをつなぐ「なめらかな線を書き込む」と簡単に扱える問題ではありません．

統計学の論理としては，

　　　観察値のもつ偶然的な変動を消去して，

その背後にあるモデルを示す

という意図をもっているのですから,「なめらかな線を書き込む」ことを「モデルを考える方向へ進む第一歩」とみなすべきです.そして,モデルという以上,「観察値の分布図をなめらかな曲線でつなぐ」という基準だけでなく,「どういう状況下でこの形になることが多い」といった論拠をもちうるものを使うべきです.

② また,ある分布形を採用する理論的根拠づけがあっても,いくつかのかわりうるパラメータを含むのが普通です.たとえば,「分布の位置」と「分布のひろがり幅」のちがいは,「形」のちがいではなく,パラメータ(形を表わす指標の数値)のちがいとして扱うのが普通です.

すでに説明した平均値は位置の指標であり,標準偏差はひろがり幅の指標です.

ただし,それらのちがいでは説明できない部分が残りますから,位置とひろがり幅をそろえた上で,分布の形をみる(数理ではこうすることが多い)か,パラメータの数や選び方などを工夫して,パラメータのちがいとして説明できる範囲をひろげる(次節で説明)ことを考えます.

◆ **分布形の比較（一般）**

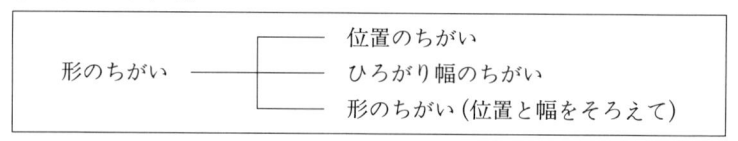

```
                    ┌─── 位置のちがい
形のちがい ─────┼─── ひろがり幅のちがい
                    └─── 形のちがい（位置と幅をそろえて）
```

このフレームで「位置と幅をそろえる」ことは,変数 X を扱うときに,

$$u = \frac{X - \mu}{\sigma}$$

すなわち,偏差値におきかえることを意味します.

このおきかえを「標準化」とよびます.

なお,次項で説明する正規分布は,2つのパラメータを含み,それらの値を定めると,分布の形は確定します.したがって,「形の比較」は「2つのパラメータの比較」と同等となります.いいかえると

　　　モデルのタイプを「正規分布」と想定できれば,

　　　データにフィットするように2つのパラメータを選ぶ

ことで,データにフィットする分布形を見出すことができるのです.

◆ **分布形の比較（正規分布の場合）**

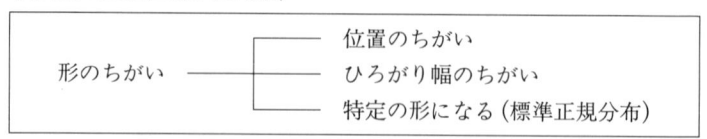

```
                    ┌─── 位置のちがい
形のちがい ─────┼─── ひろがり幅のちがい
                    └─── 特定の形になる（標準正規分布）
```

正規分布以外の場合も,たいていは,位置を示すパラメータ,ひろがり幅を示すパラメータと解釈されるパラメータを含んでいますから,これら2つを「分布形を比べる」問題と切り離して扱うことができます.

2.4 分布形のモデル

これらのパラメータで決まらない部分の比較は，これらのパラメータをそろえた上で形を比較するのが普通ですが，形の比較はめんどうですから，たとえば，分布形の「左右非対称度」を表わすパラメータなどを導入して，数値の比較として扱える範囲をひろげることを考えるのがひとつの代案ですが，問題がひそんでいるので，3.2 節の ⑤ で説明します．

◆ **分布形の比較（パラメータを増やす扱い）**

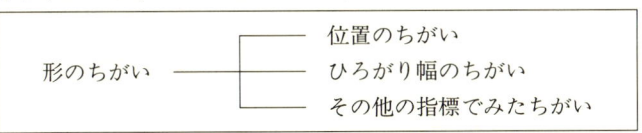

```
形のちがい ── 位置のちがい
           ── ひろがり幅のちがい
           ── その他の指標でみたちがい
```

③　**正規分布**　② で述べたように，分布形のモデルのひとつとして，正規分布（またはガウス分布）があります．

これは
　　同一条件下で観察をくりかえして得られた
　　「多数のデータの平均値」を扱うときに適合することが多い
ことから，そういう場面を想定して誘導された理論モデルです．自然科学分野の実験データを扱う場合にこの正規分布を想定することが多いのは，そういう理由があるからです．

しかし，非実験データを扱う社会科学の分野では，「同一条件という想定は無理」であり，「正規分布を想定できる場合は，ほとんどない」ことに注意しましょう．ただし，そのことを承知の上で，ひとつの参考にすることはありえます．

この分布形は，次の式で表わされます．

$$f(X) = \frac{1}{\sqrt{2\pi\sigma^2}} \exp\left(-\frac{(X-\mu)^2}{2\sigma^2}\right)$$

この式における $\exp(X)$ は X が $1, 2, 3, \cdots$ と変化したとき $1, 10, 100, \cdots$ と等比的にかわる指数関数ですが，倍数 10 のかわりに，ある定数 e $(2.71828\cdots)$ を使うものです．

この形は，図 2.4.1 のように，$X = \mu$ のところがピークになり，左右対称になっています．

また，$X = \mu \pm \sigma$ のところで変曲点となっています．

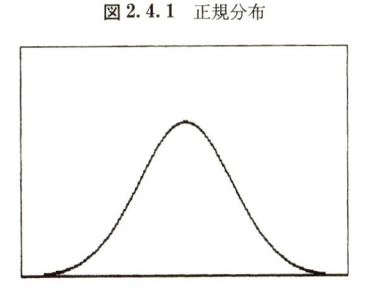

この分布に変数 X を，

$$u = \frac{X-\mu}{\sigma}$$

とおきかえて扱うと（標準化するといいます），標準化した値 u の分布形は

$$f(u) = \frac{1}{\sqrt{2\pi}} \exp(-u^2)$$

図 2.4.1　正規分布

図 2.4.2 標準正規分布と比較するための計算(男, 40〜49歳, 1985年)

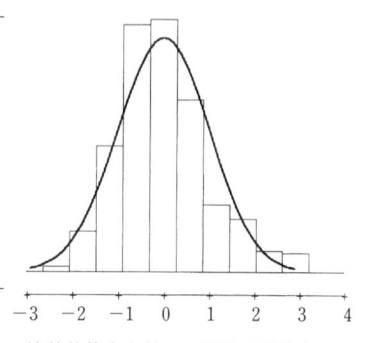

血圧 X	度数 N	相対比 P	血圧 X の偏差値	P の幅1あたり換算値
90〜100	5	0.5	$-2.67 \sim -2.06$	0.9
100〜110	41	4.0	$-2.06 \sim -1.47$	6.8
110〜120	128	12.5	$-1.47 \sim -0.88$	21.3
120〜130	253	24.7	$-0.88 \sim -0.30$	42.1
130〜140	258	25.2	$-0.30 \sim 0.29$	43.0
140〜150	175	17.1	$0.29 \sim 0.88$	29.2
150〜160	69	6.7	$0.88 \sim 1.46$	11.4
160〜170	54	5.3	$1.46 \sim 2.05$	9.0
170〜180	22	2.1	$2.05 \sim 2.64$	3.6
180〜190	19	1.9	$2.64 \sim 3.22$	3.2
計	1024			

この表から
 平均値=135.1
 標準偏差= 17.0

これを使って偏差値と幅1あたり換算値を計算し, 分布図をかく.

統計数値表を使って標準正規分布のカーブを書き込んで比較できる.

と表わされます. これを, 標準正規分布とよびます.

正規分布形は2つのパラメータ μ, σ で決まる形になっています. そうして, これらのパラメータは,

$$\mu = \int x f(x) dx, \qquad \sigma^2 = \int (x-\mu)^2 dx$$

として求められます. したがって, モデル $f(X)$ のかわりに観察値の分布をおき, 積分のかわりに和でおきかえると

$$\mu = \sum x f(x), \qquad \sigma^2 = \sum (x-\mu)^2 f(x) dx$$

となることから, これらのパラメータが, それぞれ平均値, 分散に対応していることがわかります.

また, このことから, データにもとづく平均値, 標準偏差が得られているとき, 平均値, 標準偏差がこの μ, σ と一致する正規分布をえがくことができます. また, 観察値の分布が正規分布に合致しているかどうかを調べることもできます.

④ 図2.4.2は, このための計算例と, えがかれた分布比較図です.

理論的モデルと比べるために観察値の分布図をかくときには, データを偏差値におきかえた上, 区分幅1, すなわち偏差値1に対応する度数に換算し, それを高さとする点をつらねて分布図をかきます. その図に, 統計数値表(後述⑤)を使って, 標準正規分布のカーブを書き込んで比べてみるのです.

この例では,「正規分布だと仮定できない」と判定できます. もう少し値域を細かく区切って分布図をかくとはっきりしますが, 後でもっと簡単な方法を説明しますので, これでやめておきましょう.

◆注 2.3節の⑤で「分布図をかくときの値域は切りのよい値で区切れ」といいました

シリーズ〈データの科学〉1
データの科学

林知己夫著
A5判　144頁　本体2600円

21世紀の新しい科学「データの科学」の思想とこころと方法を第一人者が明快に語る。〔内容〕科学方法論としてのデータの科学／データをとること―計画と実施／データを分析すること―質の検討・簡単な統計量分析からデータの構造発見へ

ISBN4-254-12724-3　　注文数　　冊

シリーズ〈データの科学〉2
調査の実際 ―不完全なデータから何を読みとるか―

林　文・山岡和枝著
A5判　224頁　本体3500円

良いデータをどう集めるか？不完全なデータから何がわかるか？データの本質を捉える方法を解説。〔内容〕〈データの獲得〉どう調査するか／質問票／精度。〈データから情報を読みとる〉データの特性に基づいた解析／データ構造からの情報把握／他

ISBN4-254-12725-1　　注文数　　冊

シリーズ〈データの科学〉3
複雑現象を量る ―紙リサイクル社会の調査―

羽生和紀・岸野洋久著
A5判　176頁　本体2800円

複雑なシステムに対し，複数のアプローチを用いて生のデータを収集・分析・解釈する方法を解説。〔内容〕紙リサイクル社会／背景／文献調査／世界のリサイクル／業界紙に見る／関係者／資源回収と消費／消費者と製紙産業／静脈を担う主体／他

ISBN4-254-12727-8　　注文数　　冊

シリーズ〈データの科学〉4
心を測る ―個と集団の意識の科学―

吉野諒三著
A5判　168頁　本体2800円

個と集団とは？意識とは？複雑な現象の様々な構造をデータ分析によって明らかにする方法を解説。〔内容〕国際比較調査／標本抽出／調査の実施／調査票の翻訳・再翻訳／分析の実際（方法，社会調査の危機，「計量的文明論」他）／調査票の洗練／他

ISBN4-254-12728-6　　注文数　　冊

＊本体価格は消費税別です（2002年5月25日現在）

多変量解析実例ハンドブック

柳井晴夫・岡太彬訓・繁桝算男・高木廣文・岩崎　学編
A5判　920頁　本体30000円

多変量解析は，現象を分析するツールとして広く用いられている。本書はできるだけ多くの具体的事例を紹介・解説し，多変量解析のユーザーのために「様々な手法をいろいろな分野でどのように使ったらよいか」について具体的な指針を示す。〔内容〕【分野】心理／教育／家政／環境／経済・経営／政治／情報／生物／医学／工学／農学／他【手法】相関・回帰・判別・因子・主成分分析／クラスター・ロジスティック分析／数量化／共分散構造分析／項目反応理論／多次元尺度構成法／他

ISBN4-254-12147-4　　注文数　　冊

▶お申込みはお近くの書店へ◀

朝倉書店

162-8707　東京都新宿区新小川町6-29
営業部　直通(03)3260-7631　FAX(03)3260-0180
http://www.asakura.co.jp　　eigyo@asakura.co.jp

医学統計学シリーズ1
統計学のセンス —デザインする視点・データを見る目—

丹後俊郎著
A5判　152頁　本体2900円

データを見る目を磨き，センスある研究を遂行するために必要不可欠な統計学の素養とは何かを説く。〔内容〕統計学的推測の意味／研究デザイン／統計解析以前のデータを見る目／平均値の比較／頻度の比較／イベント発生までの時間の比較

ISBN4-254-12751-0　　注文数　　冊

医学統計学シリーズ2
統計モデル入門

丹後俊郎著
A5判　256頁　本体3800円

統計モデルの基礎につき，具体的事例を通して解説。〔内容〕トピックスⅠ～Ⅳ／Bootstrap／モデルの比較／測定誤差のある線形モデル／一般化線形モデル／ノンパラメトリック回帰モデル／ベイズ推測／Marcov Chain Monte Carlo法／他

ISBN4-254-12752-9　　注文数　　冊

医学統計学シリーズ3
Cox比例ハザードモデル

中村　剛著
A5判　144頁　本体2800円

生存予測に適用する本手法を実際の例を用いながら丁寧に解説する。〔内容〕生存時間データ解析とは／KM曲線とログランク検定／Cox比例ハザードモデルの目的／比例ハザード性の検証と拡張／モデル不適合の影響と対策／部分尤度と全尤度

ISBN4-254-12753-7　　注文数　　冊

医学統計学シリーズ4
メタ・アナリシス入門 —エビデンスの統合をめざす統計手法—

丹後俊郎著
A5判　232頁　本体3800円

独立して行われた研究を要約・統合する統計解析手法を平易に紹介する初の書。〔内容〕歴史と関連分野／基礎／代表的な方法／Heterogenietyの検討／Publication biasへの挑戦／診断検査とROC曲線／外国臨床試験成績の日本への外挿／統計理論

ISBN4-254-12754-5　　注文数　　冊

フリガナ		TEL	
お名前		（　　　）　－	
ご住所（〒　　　）			自宅・勤務先（○で囲む）

帖合・書店印

ご指定の書店名

ご住所（〒　　　）

TEL（　　　）　－

02-042

が，平均値 ±K×標準偏差（$K=0,1,2,\cdots$）のところで区切るのが有効な代案です．

データ数が多ければ，$K=0.0, 0.5, 1.0, 1.5,\cdots$ でもよいでしょう．いずれにしても，偏差値におきかえて扱うことと同等です．

図 2.4.3 統計数値表の読み方

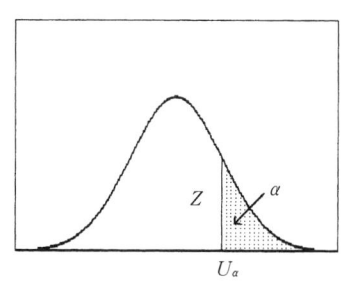

⑤ **標準正規分布に関する数値表**　この標準正規分布に関しては，図の

U における分布曲線の高さ　　$Z = \phi(u)$
U_α に対応する確率　　$\alpha = Q(u)$
α に対応する区切り値　　U_α

を求める数値表がたいていのテキストに掲載されています．また，これらを計算するプログラムもあります．

表 2.4.4 は，その一部です．

◆注　U_α を α パーセント点とよびます．棄却限界という呼び方もありますが，第 5 章で説明する「仮説検定」の場面の用語であり，また，その場面では種々の使いわけが必要ですから，一般には，パーセント点とよぶことにしましょう．

くわしい数値はこれらを使って求めるべきですが，次のことは知っておくとよいでしょう．

$|U|<1$　　の範囲にデータの約 2/3 が包含される．
$|U|<0.674$ の範囲にデータの約 1/2 が包含される．
$|U|>2$　　の範囲に入るデータはほぼ 5%
$U=0$　　のところで Z は $1/\sqrt{2\pi}$ すなわちほぼ 0.40 である

表 2.4.4

指定位置 → 分布の高さ		指定位置 → 右側確率		右側確率 → 区切り値	
U	Z	U	α	α	U
0.0	0.39894	0.0	0.50000	0.001	3.09023
0.5	0.35207	0.5	0.30854	0.005	2.57583
1.0	0.24197	1.0	0.15866	0.010	2.32635
1.5	0.12952	1.5	0.066807	0.020	2.05375
2.0	0.053991	2.0	0.022750	0.025	1.95996
2.5	0.017528	2.5	0.0062097	0.050	1.64485
3.0	0.0044318	3.0	0.0013499	0.100	1.28155
3.5	0.00087268	3.5	0.00023263	0.150	1.03643
4.0	0.00013383	4.0	0.00003167	0.200	0.84162
				0.250	0.67449
				0.300	0.52440
				0.400	0.25335

⑥ **正規確率紙**　正規分布にしたがうデータについて，その累積分布が直線になるように目盛りのとりかたを定めた方眼紙があり，正規確率紙とよばれています．

この正規確率紙は，市販されています．

実際の観察値について，それが正規分布にしたがうと仮定してよいかどうかを判定するために，この正規確率紙を使うことができます．

図 2.4.5 は，図 2.4.2 の分布図を (累積分布におきかえた上)，正規確率紙にプロットしたものです．また，表 2.4.6 はそのために必要な計算です．

このデータでは，

　　　　直線となっていない

　　　　　　　⇒ 正規分布だといえない

と判定できます．

図 2.4.5　正規確率紙の使用例

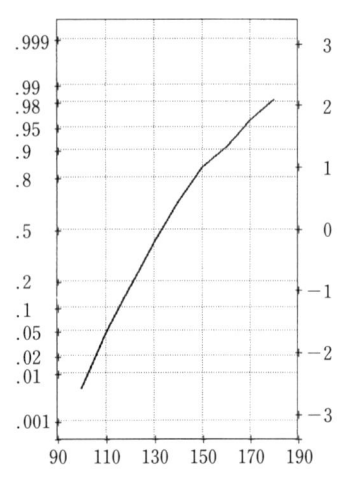

◇ 注　UEDA には，この方眼紙をプリント出力するプログラムを用意してあります．

図 2.4.2 をかくために必要だった計算と比べて，図 2.4.5 をプロットするための計算はずっと簡単です．

この図の縦軸の目盛りは，% の値がきざまれていても，座標の位置の実寸は，% の値でなく，その % に対応する偏差値 (図の右側のスケール) になっています．

第 7 章で，このことに関する説明をつづけます．

⑦　正規確率紙を使うだけなら，⑥ の説明で十分でしょうが，後の章の説明につなげるために，「その仕組み」について補足しておきましょう．

この図にプロットするのは，X と $P(x<X)$ の関係です．したがって，累積分布図

表 2.4.6　正規確率紙にプロットするための計算

血圧	度数	相対比	累積	
90〜100	5	0.5	0.5	
100〜110	41	4.0	4.5	
110〜120	128	12.5	17.0	⇒ 120 以下の度数が 17.0%．
120〜130	253	24.7	41.7	よって横軸 120，縦軸 17.0
130〜140	258	25.2	66.9	のところに点をとる．
140〜150	175	17.1	84.0	
150〜160	69	6.7	90.7	他の箇所についても同様に
160〜170	54	5.3	96.0	点をとり，線でむすぶ．
170〜180	22	2.1	98.1	
180〜190	19	1.9	100.0	
計	481	100.0		

2.4 分布形のモデル

図 2.4.7 正規確率紙の原理

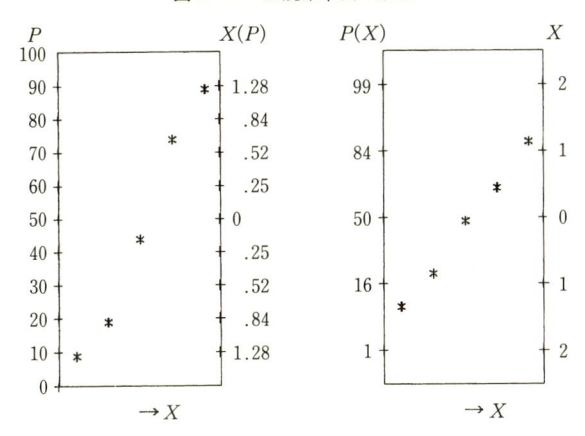

です．この図上の曲線は分布の形に対応し，直線になるとは限りません．正規分布にしたがう場合もそうです．

そこで，正規分布にしたがう場合に，それが直線になるよう，目盛りのとりかたをかえた(変数変換した値を軸にとるようにした)のが，この正規確率紙です．

この変換によって，縦軸にとった P の値が「正規分布があてはまるとした場合の X (以下 X^* と表わす)」におきかえられたと解釈できます．

よって，意味からいうと

X の観察値
　→ 累積頻度 P
　→ 正規分布があてはまると仮定した場合の X^*

と対応づけられたことになります．

いいかえると，P に対応する X と X^* の関係をプロットした図になっています．

よって，「X と X^* の関係」をよむことができます．

⑧　**変数変換**　X そのものでなく，適当な変換を加えた値について，正規分布を想定できることもあります．たとえば，所得 X の分布は，$Y=\log X$ と変換して扱うと，正規分布と想定できることがあります．たとえば，賃金のように，下限が存在するとみなされる場合などが，これにあたります．

図 2.4.8 は，観察値の分布を対数変換した分布図をかくための計算例と，変換前後の分布図です．

計算部分に関しては，図 2.4.2 に示した標準化のための計算とほぼ同じですが，「観察値を対数変換するための計算」がつけ加わっています．

⑨　変数変換は種々の目的で適用されますが，そのひとつとして，「分布形を左右対称なタイプに変換する」という場合があります．たとえば $Y=(X^p-a)/b$ の形の

図 2.4.8 分布形の対数変換

賃金 X	度数 f	$\log X$	区間幅	度数	換算 (幅 0.5)
0〜4	0.50	0.00〜2.00	2.00	0.50	0.5
4〜6	3.80	2.00〜2.45	0.45	3.80	4.2
6〜8	12.10	2.45〜2.83	0.38	12.10	15.9
8〜10	18.20	2.83〜3.16	0.33	18.20	27.6
10〜12	15.50	3.16〜3.46	0.30	15.50	25.8
12〜14	13.10	3.46〜3.74	0.28	13.10	25.2
14〜16	11.20	3.74〜4.00	0.26	11.20	21.5
16〜18	8.30	4.00〜4.24	0.24	8.30	17.3
18〜20	5.70	4.24〜4.47	0.23	5.70	12.4
20〜22	3.70	4.47〜4.69	0.22	3.70	8.4
22〜24	2.30	4.69〜4.81	0.22	2.30	5.2
24〜26	1.60	4.81〜5.01	0.20	1.60	4.0
26〜30	1.80	5.01〜5.48	0.47	1.80	1.9
30〜40	2.30	5.48〜6.32	0.84	2.30	1.4

X の分布

$\log X$ の分布

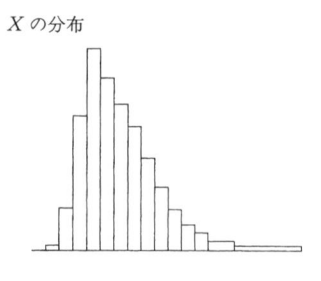

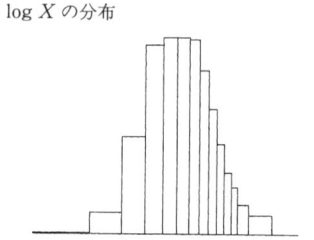

変換ルールを，P を適当に選ぶことによってみつける方法が提唱されています（a, b は Y の平均が 0，標準偏差が 1 になるように決める）．

▷ 2.5　平均値の分布

① これまでの節では，観察値の分布に注目していました．そうして，平均値や標準偏差を「分布形の特徴を表わす指標」として使っていましたが，ひとつひとつの観察単位のもつ個別性を無視して「平均値に注目すればよし」とされる場面もあります．ここではその場面について考えましょう．

② その場合も「平均値は観察単位のもつ個別性と無関係だとはいえない」ことに

図 2.5.1 「N 個の観察値の平均値」200 組の分布図

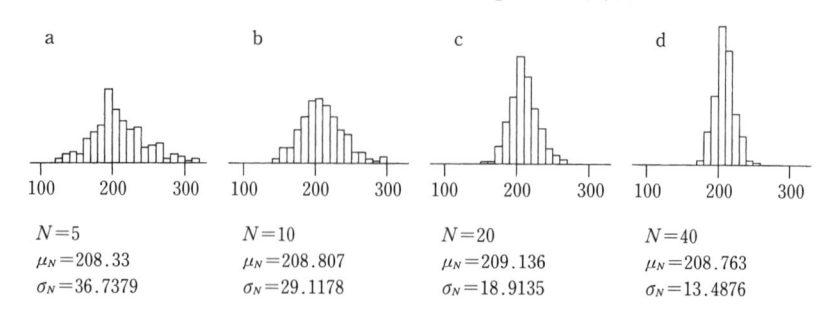

a

$N=5$
$\mu_N = 208.33$
$\sigma_N = 36.7379$

b

$N=10$
$\mu_N = 208.807$
$\sigma_N = 29.1178$

c

$N=20$
$\mu_N = 209.136$
$\sigma_N = 18.9135$

d

$N=40$
$\mu_N = 208.763$
$\sigma_N = 13.4876$

2.5 平均値の分布

注意しましょう．

たとえば，

「N 個の観察単位について調査し，

その結果 (N 個の観察値) の平均値 $\bar{X}$ を求める」

という実験を R 回くりかえして，R 個の平均値を求めたとしましょう．

現実の場面で R 回くりかえすということではなく，$\bar{X}$ の性質を考えるために R 回くりかえしたと考えるのです．

R 個の平均値は一致するとは限りません．したがって，R 個の平均値のバラツキがどの程度かを評価することが必要となるでしょう．

③ 5個 (N) の観察値の平均値 $\bar{X}$ を 200組 (R) 求めたとしましょう．これら R 組の平均値の分布図が，図 2.5.1 の a です．

また，図 2.5.1 の b は $N=10$ の場合，図 2.5.1 の c は $N=20$ の場合，図 2.5.1 の d は $N=40$ の場合 (R はいずれも 200) です．

④ これらの図から

N がかわっても，分布図の位置はかわらないこと

N が大きくなると分布図のひろがり幅が狭くなること

がわかります．

これらは，「N 個の観察値の平均値」の分布図ですから，

平均値を μ_N，　　標準偏差を σ_N

と表わしましょう．

これらについて，統計学の数理で

$$\mu_N = \mu_1, \qquad \sigma_N^2 = \frac{\sigma_1^2}{N}$$

が成り立つことが証明されています．

例示した図についてそのことを確認できます．すなわち，$N\sigma_N^2$ を計算すると，$N=5, 10, 20, 40$ に対して $6749, 8480, 7152, 7277$ です．ほぼ一定とみてよいでしょう．

⑤ 「ほぼ一定」といったことについて，補足が必要でしょう．

μ や σ などの指標値は観察単位の選び方などの影響を受けますから，正確に等しくなるということではなく，「観察単位の選び方などの影響を除去したら等しくなる」という性質をもつということです．

統計学では，「観察単位の選び方をかえて観察する」ことを何回もくりかえして（③の記号でいうと R を大きくして），得られた結果の平均値を「期待値」とよびます．何回もくりかえすことによって，観察単位の選び方の影響が消去されると期待されることから，こうよぶものと理解してください．

期待値を表わす記号 $E(\ )$ を使うと，④に示した関係式は，

$$E(\mu_n) = \mu_1, \qquad E(\sigma_n^2) = \frac{\sigma_1^2}{n}$$

図 2.5.2　平均値の分布（正規確率紙にプロット）

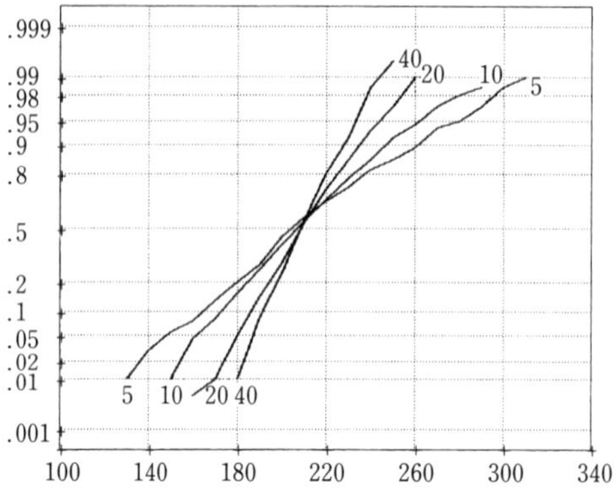

と表わされます．

　この関係から，観察単位の選び方の影響があるにしても，N が大きくなると，平均値は一定値に近づくことがわかります．

　⑥　また，平均値の分布の形についても，N によってかわりますが，

　　　　N が大きくなると，平均値の分布は正規分布に近くなる

ことも証明されています．中心極限定理とよばれるものです．

　その証明は，数理統計学のテキストを参照してください．ここでは，2.4節で説明した「正規確率紙」を使って確認しておきましょう．図 2.5.2 です．

　この例の場合 N が 20 の場合でも，「正規分布に十分近い」ことがわかります．

　⑦　実際の問題で，②に述べたような「くりかえし実験」を行なえるとは限りませんが，平均値を使うことの根拠はこれらの性質を使って理論構成できるのです．ただし，実際に求められるのは 1 つの平均値（期待値でなく，1 つの標本値）ですから注意しましょう．

　第 5 章で「仮説検定」の問題を扱うときにこの性質を使うことになります．

● 問題 2 ●

【分散の意味と計算方法】
問 1 (1) プログラム AOV01E を使って，分散の意味と計算方法に関する説明を復習せよ．そのプログラムで採用している計算手順は，2.1 節のどの式か．
(2) プログラム AOV02E を使って，データ数が多い場合の計算方法に関する説明を復習せよ．そのプログラムで採用している計算手順は，2.1 節のどの式か．

問 2 このテキストで示す「分散計算方式」において，個々の観察値に対応する偏差をリストする形で計算を進めたのはなぜか．

【計算】
問 3 (1) 次は，表 2.1.1 の基礎データである．表 2.1.1 のぬけている箇所を補って計算し，結果を確認せよ
　　34　38　35　42　39　41　42　40　45　40　44　38
(2) プログラム AOV01A を使って (1) の計算を行なえ．基礎データはプログラム AOV01A の例示用としてセットしてある．

問 4 (1) 表 2.2.1 について，平均値と標準偏差を計算せよ．
(2) プログラム AOV02A を使って (1) の計算を行なえ．基礎データはプログラム AOV02A の例示用としてセットしてある．
　　　注：UEDA にセットされているデータは，表 2.2.1 と小数点の位置が異なるが実質的には同じものである．

コンピュータ出力における数値表示について

(1) コンピュータを使うと，入力した数字の精度いかんにかかわらず，ある標準の桁数にのばして（意味のない 0 をつけ加えて）長い桁数とみなして計算するため，「桁数をそろえるためだけで意味のない数値がついた数」(スペースフィラーとよびます) が出力されます．それをそのまま答えとしないこと．

(2) したがって，UEDA のプログラムでは，必要以上に長い桁数をそのまま出力するのでなく，適当な桁数を想定して出力するようにしています．

(3) プログラムで想定した長さ以上の結果になった場合は，数値の前に % をつけて表示します．前の % を落としてよめばよいのです．
　　また，1.23E+06 の形式で表示される場合があります．1.23×10^6 のことです．

(3) 表2.4.2について，平均値と標準偏差を計算し，表に示す値が得られることを確認せよ．基礎データは，ファイルDI10Vを使うこと．

問5 付表Aに示す68世帯の家計収支データのうち消費支出総額について，平均値，標準偏差を求めよ．基礎データはDH10の記録形式をかえたDH10Vを使うこと．

問6 (1) 問5と同じデータについて，
 a. 分布図に表わせ．ただし，データの区切り方は2/4/6/8/10/12/14/16/18によって8区分に指定すること
 b. この分布表にもとづいて，平均値，標準偏差を求めよ．

(2) 添付プログラムAOV01Aを使って(1)の計算を行なえ．このプログラムはひとつひとつの世帯のデータを使うが，データに，区切り方を指定する文CVTTBL=… を挿入しておけば，それに応じて分布表の形にまとめた上，プログラムAOV02Aを呼び出して計算する．

データファイルDH10Vに区切り方指定文を付加したものがDH10VXである．これを使うこと．

(3) 区切り方を2/3/4/5/6/7/8/9/10/12/14/16/18とかえると，分布図および平均値，標準偏差はどうかわるか．

プログラムDATAEDITを使うと，データファイル中の区切り指定文をおきかえることができる．DH10VX中の区切り方指定文をおきかえた作業用ファイルを用意して，プログラムAOV01Aを使うこと．

問7 (1) 問5と同じデータ中に他と著しく離れた値をもつものがある（データ番号60）．それを除外して平均値分散を計算し，結果がどうかわるかを調べよ．

注：データファイルDH10VCは，DH10Vに「番号60のデータを除け」という指定文を付加したものである．まず，これを使って計算せよ．

(2) データ中に他と著しく離れた値をもつものを調べ，それらを除外して(1)の計算を行なえ．

注：DH10VC中の指定文 DROP=/60/を，番号を/で区切って列記する形に書き換えて計算すればよい．こういう指定文のおきかえには，問6(3)と同様にプログラムDATAEDITを使う．

【計算方法】

問8 (1) 表2.1.3に示した計算フォーム2においては，データX_Iを各階級の中央値X_Kとおきかえているが，このおきかえがどの程度σ^2の計算結果に影響するかを評価せよ．付表Aのデータを使うこと．

ヒント：この問題は，後の節で「級内分散」について学んだ後もう一度取り上げるが，ここでは，問5，問6の結果を参考にして答えればよい．

(2) 表2.1.3に示した計算フォーム2においては，各階級の中央値X_Kを使うかわりに各階級区分での平均値を使うことが考えられる．そうした場合，

フォーム1による計算結果と一致するか．

問9 (1) 次に示すデータについて，21ページに示した計算式(2)を使って分散を計算せよ．また，19ページに示した(1)式によって計算し，結果を比較せよ．
9990, 9991, 9992, 9993, 9994, 9995, 9996, 9997, 9998, 9999
(2) (1)における最初のデータ9990を19990とおきかえて計算してみよ．
(3) (1)における最初のデータ9990を29990とおきかえて計算してみよ．
注：問9については，電卓で計算すること．
コンピュータで計算して，電卓による計算結果と比較してみることも考えられるが，その場合は，プログラムがどちらの計算式を使っているかを調べること．

問10 標準偏差の計算結果は何桁求めればよいか．たとえば日本人成人の身長の標準偏差が12.345678と出力されたとして，どこまでの数値を答えとして採用するか．

【中位値，四分位偏差値】

問11 (1) プログラムQ1Q2Q3とそれにセットしてある例示用データを使って，中位値，四分位偏差値の計算方法を確認せよ．
(2) プログラムQ1Q2Q3Xを使って，表2.2.5のデータの中位値，四分位偏差値を計算し，図2.2.3に示す結果が得られることを確認せよ．基礎データはデータファイルDI10Vを使うこと．
(3) 付表Aに示す68世帯の家計収支データのうち消費支出総額について，
 a．中位値，四分位値を求めよ．
 b．X_3の分布図を求め，それを使って中位値，四分位値を求めて，aの結果と比べよ．
注：aについてはプログラムQ1Q2Q3データファイルDH10Vを使う．bについては，基礎データに区切りを指定する文を挿入したデータファイルDH10VXを指定してQ1Q2Q3を使うと，分布表の形に変形した上でQ1Q2Q3Xを呼び出して計算する．

【分布】

問12 プログラムBUNPU0を使って，2.3節の説明を復習せよ．

【分布とその母数】

問13 (1) プログラムXPLOT1によって問6(2)に答えよ．
(2) プログラムXPLOT1によって問11(3)bに答えよ．
注：プログラムXPLOT1を使うと，区切り値指定，分布図，その特性値（平均値と標準偏差，あるいは中位値と四分位偏差値）の計算をつづけて適用できる．
プログラムXPLOT2も同じであるが，基礎データが観察単位ごとの値の場合はXPLOT1，分布表の場合はXPLOT2と使いわけること．

問14 (1) 付表Lのデータを使って平均値と標準偏差を計算し，図1.4.1と図1.4.2をかけ．この場合はプログラムXPLOT2を使うこと．
(2) (1)と同じデータを使って中位値，四分位偏差値を求め，平均値と標準偏

差のかわりにこれらを使って，図 1.4.1 と図 1.4.2 に対応する図をかけ．

注：付表 L (DI10) は，種々の区分ごとにみた分布表を 1 つのセットとして記録されているので，特定区分について計算するには，各区分での分布表をわけて記録した形に変形した DI10V を使うこと．

【変数変換】

注：問 15～17 については，計算は電卓で行ない，グラフは手書きすること．

問 15 分布形を標準正規分布と比較するための計算が図 2.4.2 によって行なえることを確認し，図 2.4.2 に添えてある図をかけ．

問 16 (1) 問 15 の分布図を「累積分布図」の形に表わせ．

(2) この累積分布図を，市販されている正規確率紙にプロットすると，図 2.4.5 が得られることを確認せよ．

注：UEDA のプログラム「正規確率紙」を使うと正規確率紙を出力できる．

問 17 図 2.4.8 の計算結果 (X を $\log X$ に換算した後の計算) を確認せよ．また，X の分布および $\log X$ の分布図をかき，変数 X を $\log X$ とおきかえた場合その分布が正規分布に近い形になることを確認せよ．

【統計調査における分布データの表現】

問 18 分布表形式の統計数字の表わし方がどのようになされているかを，家計調査における「年間収入」を例にとって，

a. 金額階級の区分がどうなっているか．また，その区切り方の変遷を調べよ．

b. 最上位の区分に包含される世帯数の変化を調べよ．

c. 金額そのものでなく，大きさの順に注目して区切った五分位階級，十分位階級が何年から採用されているかを調べよ．

d. a の形式と c の形式の利点・欠点を指摘せよ．

プログラムと入力データのタイプ

AOV01A Q1Q2Q3 XPLOT1	個別データ．すなわち，観察単位ひとつひとつについての観察値
AOV02A Q1Q2Q3X XPLOT2	分布表形式のデータ．すなわち，いくつかの値域区分に対応する観察単位数．観察単位数とともに，値域区分を記録．

個別データに値域区分の記録を添えておくと，第一群のプログラムで分布表を求めた後，第二群のプログラムにうつって計算を実行．

3. 情報の統計的表現 (2)

1セットのデータについて，バッジとしての特徴を表現する(3.1)ために，平均値と標準偏差などが慣用されています(3.2)が，より有効な表現法として，中位値と四分位値をベースとした5数要約やボックスプロットがあります(3.3)から，これらの表現法の位置づけを説明します(3.4)．

また，これらの方法を分析手段として活用できることを例示します(3.5)．

▶3.1 データのバッジとしての特徴

① **集団的規則性を検出するためには** ひとつひとつの値をみていたのではわからないが，全体を通覧すると，たとえば，「このくらいが標準だ」といった形で，ある種の「規則性」が見出されるものです．

統計的な見方では，このような規則性，すなわち

　　多数の観察単位の観察値を対象とし，

　　それらを1つのバッジとみなしたときに見出される特徴

に注目します．

これを，「集団的規則性」とよびます．

前章では，そのことに関連して，データのひろがり幅にも注意せよ，そのためには，慣用される標準偏差でなく，四分位偏差値を使うとよいことを指摘しました．

② バッジとしての特徴をみるためには，このほかにも種々の着眼点があります．たとえば，

　a. どのくらいの値が普通か
　b. どのくらいの範囲にひろがっているか
　c. 大きい方へのひろがり，小さい方へのひろがりは対称か

d. 同一バッジに属するとみられないデータはないか

　データの特徴を要約するために使う指標は，少なくとも，こういう点を識別しうる表現法でなければならないのです．

　これらのうち a, b については平均値と標準偏差を使って計測されますが，c については，前章に述べたように，「中位値と四分位偏差値を使って計測することを考えよ」としたのです．

　a, b, c 以外にも注目を要する点があります．それが d です．③ で説明します．

　③　**アウトライヤー**　　基本へもどって，
　　　　「1つのバッジとみなしえないデータが混入している」
可能性があるときには，それを検出できる仕組みが必要です．

　そのためには，「他と飛び離れた値」に注目すればよいでしょう．統計的手法として組み立てるには
　　　　データを大きさの順に並べて，ギャップはないか
をみる形にすればよいのです．

　同一バッジに含まれるとはみなしがたいデータが混在している場合，それを，アウトライヤーとよびます．まずそれを識別しないと，バッジとしての特徴を把握できません．だからまずアウトライヤーを識別し，それ以外の部分に注目してバッジとしての特徴を把握するのです．

　④　ただし，それが「異常なデータ」だとするわけではありません．

　「離れているよ」と指摘するにとどめて，それが異常かどうかの判定はもっと考えることが必要だ，「離れている」すなわち「異常」だと決めつけない … こういう趣旨で，「アウトライヤー」(外れ値と訳すことが多い) という呼称を使うのです．

　また，アウトライヤーが当面のデータでは外れ値であっても，たとえばそれが将来起こりうる方向を示唆しているかもしれません．特に，社会科学で扱うデータでは，自然科学の場合のように，条件を制御して求めた実験データではありませんから，種々の情報が制御されずに混在している可能性が大きく，その意味で，dirty data (日本語の定訳はまだないようです) とよばれるのですが，それをクリーニングする過程を経ることによって，かくされていた有意な知見を検出できるでしょう．

　したがって，「きれいなデータを想定した」数理的な手法を適用する前に，まず，
　　　　アウトライヤーを識別するためのステップが必要かつ有効
です．

　⑤　以下の数節では，こういう視点にたって，「データ表現」の種々の方法を位置づけていきますが，取り扱うデータの素性に注意しましょう．

　もちろん，dirty なデータすなわち低質，clean なデータすなわち良質，ということではなく，データを求める対象分野における「情報を求める環境のちがい」などからくることです．

> クリーニングしないまま，平均値の計算などの統計処理を適用すると，よごれた部分とそうでない部分とが混ざってしまい，よごれが拡散されて目立たない結果となります．そうして，
> 　　　よごれの原因となった箇所がつかめなくなる
> のです．したがって，クリーニングは，
> 　　　種々の分析に先立って適用すべきステップ
> です．

◆**注1** 条件を制御して観察された「きれいなデータ」に対して，条件がそろっているとはいいにくいデータを「よごれたデータ (dirty data)」とよびます．
　本文に述べたように，データの質を評価するものではなく，「扱いに注意せよ，精密な統計手法を適用する前にクリーニングするステップが必要だ」という指摘から生まれた用語です．
　「汚染データ」という訳を使った例があります．よくないイメージを与える語ですから，どうでしょうか．
◆**注2** 統計手法の中には，「基礎データが一定の条件下で得られたきれいなデータ」であることを前提として組み立てられたものがあります．したがって，統計手法を適用するときには，対象データの状態とともに，手法の前提を確認してから使うように注意しましょう．
◆**注3** 「仮説検定法」とよばれる手法があります（第5章で概説）が，これは，ここでいうアウトライヤー検出とはちがいます．適用にあたって，
　　　「基礎データが一定の条件下で得られたものだという仮定」
をおけるとは限らないからです．

▶ 3.2　情報の表現力

① これまで説明してきた平均値，標準偏差，分布について，
　　　分布から（平均値，標準偏差）が誘導されるが，
　　　それらで表現されない情報があること
および，
　　　平均値が（平均値，標準偏差）のうちの一方であること
から
　　　イ．分布，　　ロ．（平均値，標準偏差），　　ハ．平均値
の順に情報の表現力が落ちることは，明らかです．
　したがって，2つの集団A，Bのデータを比べる場合，それぞれの情報を分布表または分布図に表わして，それらを比較するのが最も有効です．（平均値，標準偏差）を求めてそれを比較する扱いがそれに次ぎ，平均値を求めてそれを対比するのは最も限定された扱いになるのです．

3. 情報の統計的表現(2)

図 3.2.1 情報の表現力比較

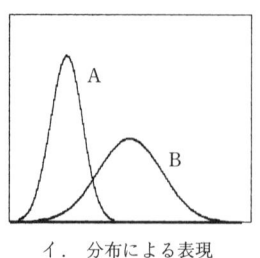

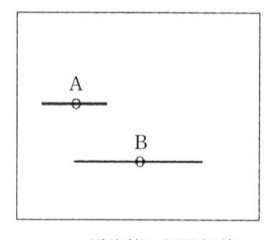

| イ．分布による表現 | ロ．平均値と標準偏差による表現 | ハ．平均値による表現 |

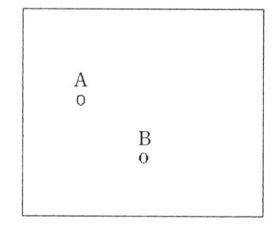

いいかえると，平均値どうしを比べると，個別変動の大きさにちがいがあってもそれが見逃されてしまい，(平均値，標準偏差)の両面に注目して比べると，これらで表現されない「分布の形」のちがいが見逃されてしまうのです．

② 表現力が落ちないのは，特別の場合です．

たとえば，分布形が正規分布だと仮定できれば，その形は，平均値と標準偏差で決まりますから，形の比較にかえて，(平均値，標準偏差)の比較でよいことになります．

したがって，そう仮定できる場合は，データの比較は簡明になります．たとえば，データを，実験で(結果に影響する条件を制御して)求めることができる場合は，

　　「同じ条件でのくりかえし」→「正規分布が適合」

という論拠で，観察値の分布について，正規分布を仮定できることになります．

ただし，その場合も，観察値そのものについては，正規分布と仮定できるとは限りません．

③ それにしても，平均値の比較ですませている例が多いのは，データを対比する問題を，「平均値で表現される部分に限定して対比する問題」だとはじめから限定していることを意味するのです．平均値と標準偏差の両方に注目して対比すると一歩前進ですが，それでも分布の形のちがいが見逃されるでしょう．したがって，

　　まず，平均値と標準偏差の対比を行ない，

　　次に，これらをそろえた偏差値についてその分布形を比べる

という運びが考えられます．

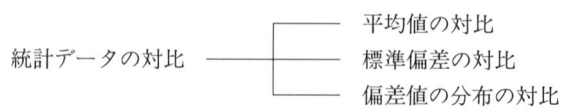

　　統計データの対比 ─┬─ 平均値の対比
　　　　　　　　　　　├─ 標準偏差の対比
　　　　　　　　　　　└─ 偏差値の分布の対比

ただし，分布の形を比べることは，かなり面倒なことです(前節で示しましたが)．

④ そこで，

　　分布形の比較と(平均値，標準偏差)の比較の間に

　　位置づけられる比較手段を考えよう

3.2 情報の表現力

という発想がうかんできます.

(平均値, 標準偏差)にかわる, もしくは, これにつけ加える指標をどのように定義するかを考えることになります.

⑤ このことに関して, 新しい方法が提唱されていますから, 3.3節でそれを解説しますが, ここでは, これまで提唱されてきた方法をあげておきましょう.

分布形を表わす関数を $f(x)$ とすると

  平均値 $\mu=\sum xf(x)$

  分散 $\sigma^2=\sum(x-\mu)^2 f(x)$

であることを指摘しておきました. これらの比較で十分でないなら

$$\mu_k=\sum(x-\mu)^k f(x)$$

と定義される K 次のモーメントを使えというのが「統計学の数理」での案であり, まず, このうち, $K=3$ にあたる「分布形の歪み度」, $K=4$ にあたる「分布形の尖り度」を対比の枠に加えることが考えられます.

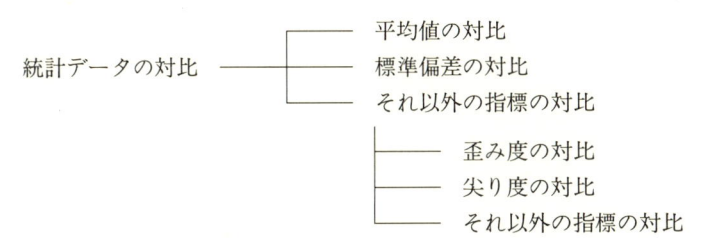

統計データの対比 ─┬─ 平均値の対比
　　　　　　　　　├─ 標準偏差の対比
　　　　　　　　　└─ それ以外の指標の対比
　　　　　　　　　　　┬─ 歪み度の対比
　　　　　　　　　　　├─ 尖り度の対比
　　　　　　　　　　　└─ それ以外の指標の対比

歪み度, 尖り度は, それぞれ $\mu_3/\sigma^3, \mu_4/\sigma^4$ として, 単位をもたない指標の形に定義されます.

正規分布の場合, 歪み度は 0, 尖り度は 3 です.

◆注1 41ページの⑨で述べた方法を, 変数変換法としてではなく, その変換で定められる P を「分布形の非対称度を示すパラメータ」だとみなすことが考えられます.

◆注2 この節で「情報量」というコトバを使いましたが, もとのデータではよみとれたはずのことがよみとれなくなる … そういう場合「情報を失ったことになる」という意味で受けとってください. 統計学ではもっと立ち入った概念として定義されていますが, ここでは, 上の理解で十分です.

◆注3 偏差値の分布が「正規分布で表わされる」というのは, 十分に条件を制御して求められたきれいなデータの場合です. この節では,

  平均値と標準偏差のちがいを除くと, 分布の形を比べやすくなる

ことを期待して偏差値を使うのです.

⑥ これらの指標は, 理論的な扱いで採用される方法です. 実際のデータを扱う場面では, μ_k が偏差の高次のべき乗になっていることから, 表3.2.2の計算例でわかるように, データ中のアウトライヤーの影響を受けやすい(問題3の問1)ことに注意しましょう.

表 3.2.2 高次のモーメントの計算

I	X	μ	d	d^2	d^3	d^4
1	40	47	-7	49	-343	2401
2	38	47	-9	81	-729	6501
3	50	47	3	9	27	81
4	52	47	5	25	125	625
5	48	47	1	1	1	1
6	46	47	-1	1	-1	1
7	58	47	11	121	1443	14641
8	44	47	-3	9	-27	81
計	376		0	296	384	24387
平均	47			37	48	3048

基礎データは 21 ページの表 2.1.2 と同じもの.

この例では,歪み度は 0.21,尖り度は 2.23 であり,正規分布と比べてピークの位置が右寄りになった形になっていますが,データ 7 が,他と著しく離れており,このことが大きく影響していますから,分布の形の指標になっていないとみるべきです.

データ 7 を除いて計算すると,歪み度は -0.62,尖り度は 0.78 となり,ピークの位置は左寄りだという結果になります.

分布の歪み度や尖り度を対比したつもりだったのが,結果的には,1 つのアウトライヤーが存在しているためだった … そういう可能性が大きいのです.

したがって,次節で,代案を説明します.

⑦ (平均値,標準偏差)に注目した比較でほぼ十分だとみなせる場合もあるでしょう.その場合にも,そのことを確認するという趣旨で,ひとつひとつの観察値について偏差値を計算し,図示すべきです.すなわち

データの対比 ─┬─ 平均値 μ の対比
　　　　　　　├─ 標準偏差 σ の対比
　　　　　　　└─ 偏差値 $(X-\mu)/\sigma$ の検討

という運びを採用します.③ や ⑤ の場合とちがうのは,ひとつひとつの観察値の偏差値をみて,「それらを同一のバッジとみなして扱うことの妥当性確認」を対比の枠組みの中においていることです.現実の問題では,この確認をなんらかの方法で行なわねばならないのだが,⑥ の方法には問題がある,よって,それにかわる次節以下の方法が必要となるのです.

▶3.3 5数要約,ボックスプロット

① 前節の ① で提示した「分布による表現」と「平均値,標準偏差による表現」の間に位置づけられる表現法を考えましょう.いいかえると,「平均値,標準偏差による表現」を前提として「その他の指標による表現」を考えるかわりに,前提の方を考えなおそうということです.

3.3 5数要約，ボックスプロット

図3.3.1 2数要約とそのグラフ表現

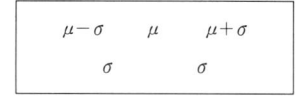

$\mu-\sigma$	μ	$\mu+\sigma$
σ		σ

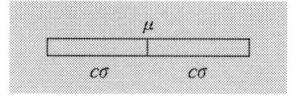

② **2数要約**　そのために，まず(平均値，標準偏差)を図3.3.1の表形式またはグラフに表わし，2数要約とよぶことにします．

図3.3.1左側の1段目に3つの指標値を並べてありますが，このうち2番目が「データを1つの指標で代表する」ために使う代表値(この例では平均値 μ)であり，1番目と3番目の値が「散布範囲を示す」ための $\mu\pm\sigma$ です．

2段目は，散布範囲の幅を評価する指標値(この例では標準偏差 σ)です．

これらの指標値で情報を要約しているのですが，基礎になっているのは2つの指標 (μ, σ) ですから，2数要約とよぶことにしましょう．

右側においた「グラフ表現」では，散布範囲をボックスで示し，代表値の位置を縦棒で示していますが，ボックスの幅は，つづいて説明する別の表現法(3数要約)と関連づけるために，

$$\mu\pm c\sigma, \quad c=0.674$$

としています．ここで c は，箱の中に入るデータ数が，正規分布を仮定したときに，1/2 となるように定めます．すなわち

$$\frac{1}{\sqrt{2\pi}}\int_{-c}^{+c}\exp\left(\frac{-u^2}{2}\right)du=0.5$$

をみたす値です．

この表現においては，散布幅の評価値が，

　　　　大きい方への偏差，小さい方への偏差に対して同じだ

という仮定をおいて求めた値になっています．そうして，そのことが，「この表現の適用範囲を限る結果になる」ことに注意しましょう．

たとえば賃金のデータなど，対称性を仮定できないデータは，たくさんあります．そういうデータには適用できないのです．

③ **3数要約**　そこで，すでに述べたとおり，中位値と四分位値を使って

　　平均値　　μ　　を　中位値　　　　Q_2 に
　　散布範囲 $\mu\pm\sigma$ を　四分位値　　Q_1 と Q_3 に
　　標準偏差 σ　　を　四分位偏差値 Q_2-Q_1 と Q_3-Q_2 に

おきかえることが考えられます．そうして，2数要約と同じ形式で表示，または図示したものを，3数要約とよぶこととします．

この場合，Q_1, Q_2, Q_3 が観察単位をその値の大きさの順に四分した区切り値であることから，グラフの箱の左外側，箱内の左側，箱内の右側，箱の右外側に，それぞれ1/4 ずつが含まれることになっています．

図 3.3.2 3 数要約とそのグラフ表現

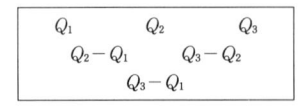

Q_1	Q_2	Q_3
Q_2-Q_1	Q_3-Q_2	
	Q_3-Q_1	

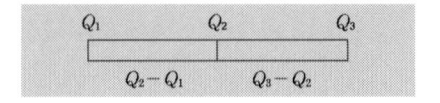

2 数要約のグラフで σ に $c=0.674$ を乗じたのは，正規分布を仮定した場合に，3 数要約と同様に 1/4 ずつを含むように調整したものです．逆にいうと，3 数要約は，正規分布という仮定を落として，2 数要約を一般化した表現になっているのです．

◆注　2 数要約，3 数要約という用語は，統計学の専門用語として定義されているものではなく，説明の便宜を考えて使っているものです．これらに対して，次項で説明する 5 数要約は，Tukey によって定義された呼称です．

④　**5 数要約**　3 数要約の基礎指標 3 つに，最小値 Q_0，最大値 Q_4 を加えた 5 つの指標を使うことが，自然な拡張方向です．

これらの表示形式を 5 数要約とよびましょう．

この表示では，散布幅に関する情報が豊富になっています．すなわち，

　　　データの 1/4 をカバーする範囲を，

　　　　左端，中央付近の左側，中央付近の右側，右端の 4 か所でみる

ようになっています．また，データの 1/2 をカバーする範囲は 3 段目に表示するようになっています．

また，グラフ表現では，中央部分はこれまでと同様に箱で示していますが，外側は，線で示しています．代表値に近い部分と離れた部分だから，このように表現をかえたのです．

図 3.3.3 5 数要約とそのグラフ表現

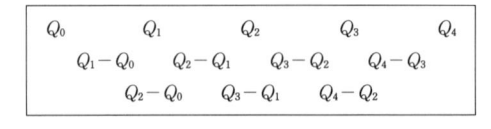

Q_0	Q_1	Q_2	Q_3	Q_4	1/4 ずつ区切った区切り値
Q_1-Q_0	Q_2-Q_1	Q_3-Q_2	Q_4-Q_3		1/4 をカバーするひろがり幅
Q_2-Q_0	Q_3-Q_1	Q_4-Q_2			1/2 をカバーするひろがり幅

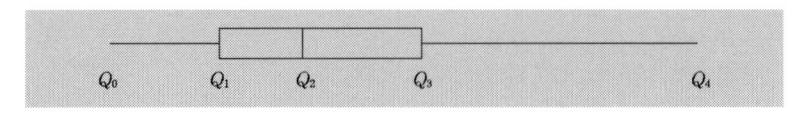

ここまで進めると，データの分布形に関して，かなり立ち入った見方ができます．すなわち，箱の左半分の長さと，右半分の長さを比べて，対称形かどうかがよめます．また，箱の長さと，外側の線の長さを比べて，尖り度の大小がよめるのです．

この章の最初 (49 ページ) にあげた「バッジとしての特徴をみるための着眼点」のほとんどすべてをカバーしています．このことから，情報表現力が最も大きい「分布」

にほぼ匹敵する表現力をもっているといえます．

したがって，前節にあげた分布形に関する情報表現に関して，次の順に「くわしい表現」になっているのです（ボックスプロットについては ⑤ で説明）．

統計データの比較においても，くわしい表現を採用すべきだということです．

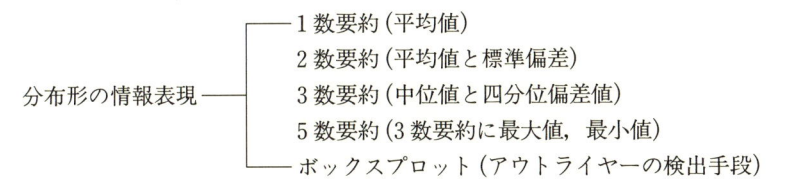

```
                        ┌── 1数要約（平均値）
                        ├── 2数要約（平均値と標準偏差）
    分布形の情報表現 ──┼── 3数要約（中位値と四分位偏差値）
                        ├── 5数要約（3数要約に最大値，最小値）
                        └── ボックスプロット（アウトライヤーの検出手段）
```

⑤ ボックスプロット この5数要約の図示に，次のような「アウトライヤー検出」のための機能をつけた図示法を「ボックスプロット」とよんでいます．

この表現では，5数要約の図示法において，

  線の長さが箱の幅の1.5倍をこえる場合そこで打ち切って
  その範囲外の値はひとつひとつマークする

ものとしています（注1）．

箱の幅の1.5倍という「アウトライヤー検出基準」は，Tukey の提唱です．

この基準値をフェンス（大きい方，小さい方を区別するときは upper fence, lower fence）とよびます．次の式で表わされることになります．

$$UF = Q_3 + 1.5 \times (Q_3 - Q_1)$$
$$LF = Q_1 - 1.5 \times (Q_3 - Q_1)$$

図3.3.4 は，大きい方でアウトライヤーが検出され，小さい方では検出されなかった場合の例です．

その後，他の研究者によっていくつかの代案が提唱されています．また，2とおりの限界値を併用する案（注2）もありますが，ボックスプロットを使う問題場面では，原案をかえることもないと思います．

Tukey 自身は1.5としたことについて特にコメントしていませんが，次のように了解することができます．

  正規分布における1%限界にほぼ対応する

このことは，正規分布の表を使って次のようにして確認できます．

箱の中にデータの1/2が入ることから，

図3.3.4 ボックスプロット

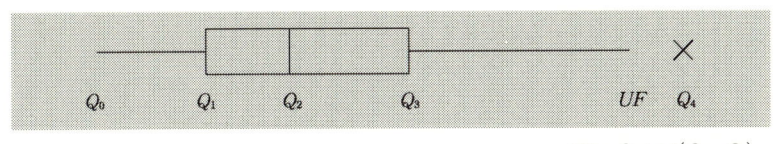

Q_0 Q_1 Q_2 Q_3 UF Q_4

$$UF = Q_3 + 1.5(Q_3 - Q_1)$$

$P(|U|>0.674)=50\%$

すなわち，箱の左右端は 0.674σ, -0.674σ, 箱の幅は 1.348σ となります．
したがって，線の長さの打ち切り基準は

箱の幅の 1.5 倍すなわち $0.674\sigma+1.5\times1.348\sigma=2.696\sigma$

となりますから，データが箱の外に落ちる確率は，

$P(|U|>2.696)=0.69\%$

となります．これを，ほぼ 1% と表現しているのです．もう少し正確にしたいという考え方が出るかもしれませんが，そう簡単ではありません（注 3, 4）．

以上は正規分布を仮定した上での計算であり，分布形に関する仮定をおけない場面で使うことを考えれば，正規分布の仮定のもとで精密化するよりも，分布形に関してより広範な場面での適用を考えることが必要です．

次の節で説明します．

◇**注 1**　アウトライヤーがある場合の「フェンスと線の打ち切り点」の図示について
　a. 箱の幅の 1.5 倍のところまで
　b. アウトライヤーを除く最大値（最小値）のところまで

の両案があります．Tukey の原案は b ですが，適用場面によっては，b よりも a の方がよいと思います．3.5 節で分析例を示した後に，その理由を説明します（3.6 節）．

◇**注 2**　箱の幅の 1.5 倍と 2.5 倍とを併用せよという案です．

◇**注 3**　1.42 倍にとれば 1% 限界に対応します（問題 3 の問 14）が，本文に述べたように，切りのよい値を使おうということです．

◇**注 4**　正規分布という仮定をおけないときには，この確率はもっと大きい値になります．しかし，どんな場合にも，「13.8% をこえることはない」といえます（5.3 節で説明するチェビシェフの不等式による）．

分布形に関する仮定のおき方によって著しくかわることに注意しましょう．

▷ 3.4　5 数要約，ボックスプロットの代案

①　前節で説明した 5 数要約およびボックスプロットについては，いくつかの点で代案があります．この節では，そういう点を補足しておきます．

まず，5 数要約は

「分布に関する情報の要約」を意図するもの

であり，ボックスプロットは，それに

「アウトライヤーの検出」機能を付加したもの

であることを，はっきり区別しましょう．

両面の機能をあわせもたせるにしても，
表現の仕方は，区別して考えなければならない

のです．

②　**分布形の要約のために最小値，最大値を使うことに関する代案**　分布形の要

約という意味では，

　　　最小値 Q_0, 最大値 Q_4 は，観察単位数の大小によってかわる

ことから「分布形をみる指標」としては不適当です．観察単位数を特定して最大値，最小値に注目する場合があることは事実ですが，分布の形をみる，すなわち，多数部分の特性をみるという意味では，不適当ということです．

　③　したがって，分布形の情報を要約するという意味では，3数要約 (Q_1, Q_2, Q_3) にもどって，それに，「分布形の端の部分をみるための指標をつけ加える」ところを再考しましょう．

　Tukey は，中位値，四分位値につづけて八分位値を使うことを提唱しています．すなわち，第1八分位値 E_1, 7/8 にあたる第7八分位値 E_7 を使った ($Q_0, E_1, Q_1, Q_2, Q_3, E_7, Q_4$) による7数要約ですが，$Q_0, Q_4$ は上述の理由で除き，(E_1, Q_1, Q_2, Q_3, E_7) を「5数要約の代案」とみることができます．

　Tukey は，さらに十六分位値を使う要約，三十二分位値を使う要約などを定義していますが，分布の端の方の値は，アウトライヤーであることが多いので，八分位値までで十分でしょう．

　④　もうひとつの代案として，八分位値でなく，十分位値を使うことが考えられます．すなわち，第1十分位値 (D_1), 第9十分位値 (D_9) を Q_0, Q_4 のかわりに使う

　　　(D_1, Q_1, Q_2, Q_3, D_9) による情報要約

です．十分位値は，実際の統計報告書ではかなり前から採用されている情報表現法です．

　⑤　また，広く採用されている「十分位階級」との関係を考慮しましょう．

　十分位階級は，たとえば所得の大きさの順に注目して世帯を同数ずつ含むように10区分に区切った区分です．これによって，所得階級によって消費構成がどうかわるかをみる … こういう場面を想定して採用されているものです．

　この十分位階級の区切り値を $D_1, D_2, \cdots, D_9$ と表わすと，5数要約の基礎指標 Q_1, Q_2, Q_3 と表3.4.1のように対応しています．

　したがって，分布の中央部分については値域を4区分に区切って四分位値を使い，分布の端の部分については，値域を10区分に区切って十分位値を使う … こう了解できます．

　また，正規分布を想定した場合に

$$(D_9 - Q_2)/(Q_3 - Q_2) \fallingdotseq 2$$
$$(D_1 - Q_2)/(Q_1 - Q_2) \fallingdotseq 2$$

表3.4.1　十分位値との対応づけ

十分位階級の区切り	D_0	D_1	D_2	D_3	D_4	D_5	D_6	D_7	D_8	D_9	D_{10}
5数要約の基礎指標	Q_0					Q_1		Q_2		Q_3	Q_4
5数要約代案での指標		D_1				Q_1		Q_2		Q_3	D_9

となっていることから，D_1, D_9 による細分が自然な選択だといえます．

⑥ アウトライヤーを識別する基準に関する代案　アウトライヤーを識別するフェンスについても，以下のような代案が考えられます．

大きい方・小さい方に対して対称な定義を使っているところを問題にするのです．

ひろがり幅の指標として，非対称性を考慮に入れるために「標準偏差」のかわりに，四分位偏差を使ったことにともなって，

> アウトライヤー識別基準も非対称性を考慮に入れる …

それが自然でしょう．

したがって，四分位偏差を使って，フェンスの定義式を次のように改めることにしましょう．

$$UF = Q_3 + 3 \times (Q_3 - Q_2)$$
$$LF = Q_1 - 3 \times (Q_2 - Q_1)$$

この代案によった場合，正規分布を想定すると

$$(UF - Q_2)/(Q_3 - Q_2) \fallingdotseq 4$$
$$(LF - Q_2)/(Q_1 - Q_2) \fallingdotseq 4$$

が成り立っています．

いいかえると，

　UF, D_9, Q_3 と Q_2 の距離について $4:2:1$　　（$Q_3 - Q_2$ を1として）
　LF, D_1, Q_1 と Q_2 の距離について $4:2:1$　　（$Q_2 - Q_1$ を1として）

の関係が成り立っていることになります．

図 3.4.2　指標値間の距離と頻度

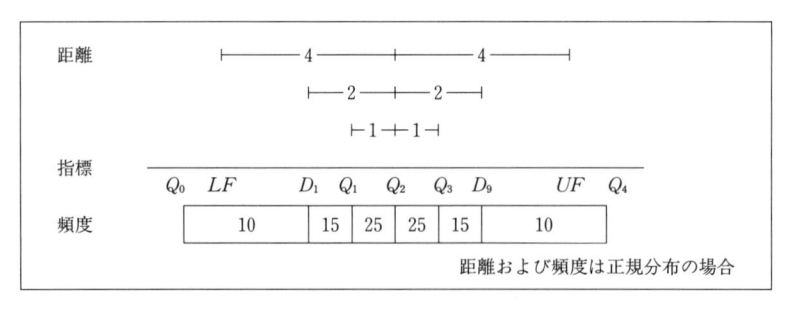

距離								
		├―― 4 ――┼―― 4 ――┤						
			├― 2 ―┼― 2 ―┤					
				├1┼1┤				
指標	Q_0	LF	D_1	Q_1	Q_2	Q_3	D_9	UF	Q_4
頻度		10	15	25	25	15	10		

距離および頻度は正規分布の場合

このことを利用してたとえば

　　歪み度の指標　　$(D_9 - Q_2)/(Q_2 - D_1)$ あるいは $(Q_3 - Q_2)/(Q_2 - Q_1)$
　　尖り度の指標　　$(D_9 - D_1)/(Q_3 - Q_1)$

を定義できます．この定義によれば

　　　正規分布の場合，歪み度が 0，尖り度が 2

となります．

歪み度の2つは，分布の端の方を含めてみる場合，中央部分でみる場合とわけて，

3.4 5数要約，ボックスプロットの代案

使いわけできます．

⑦ 5数要約の代案とアウトライヤー検出基準の代案をあわせると，ボックスプロットを次のように表わすことになります．

図3.4.3 ボックスプロットの代案

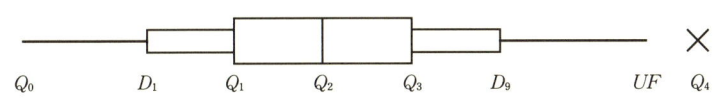

$Q_0 \quad D_1 \quad Q_1 \quad Q_2 \quad Q_3 \quad D_9 \quad UF \quad Q_4$

見出しを「ボックスプロットの代案」としておきましたが，「情報の要約」を意図する部分と「アウトライヤー検出」を意図する部分が一緒になっていることに注意しましょう．

⑧ 分布形に関する仮定を特定しないためにこの節の展開を追っていくと，

　　　　分布形が2つ以上のピークをもつ場合にはそのことがかくされる

ので，1つのボックスをかくことに疑問が出ると思います．

「箱のところに観察値が集中している」という見方に反するからです．

ピークが2つ以上ある場合は，アウトライヤーが混在していることが多いのですが，そのことを検出できるような図示法にしておきたい… そう考えると，図3.4.4のように表わすことが考えられます．

分布の頻度があるレベル以上のところで値域を区切り，その範囲に入る観察値数が50%となるようにします．

例示の網掛けの部分です．

それを，ボックスとします．

また，同様に80%の値域を定め，それを線でつなぎます．

この図示法では，ボックスや線が1つの領域にまとまるとは限りません．したがって，ピークが2つ以上の場合を考慮に入れた図示法になっています．

形式上はボックスプロットと同様ですが，

　　ボックスや線を「代表値からの距離」で定義するのでなく，「各値域での頻度」に注目して定義する

ことになっています．たとえば，ボックスの区切り点(例示では4か所)は，頻度の等しい箇所になっています．

ピークが1つの場合においても，ボッ

図3.4.4 等頻度原理によるボックスプロット

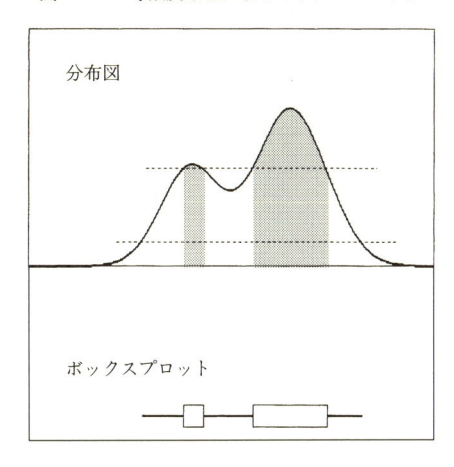

図 3.4.5 分布形の情報要約

情報要約手段として

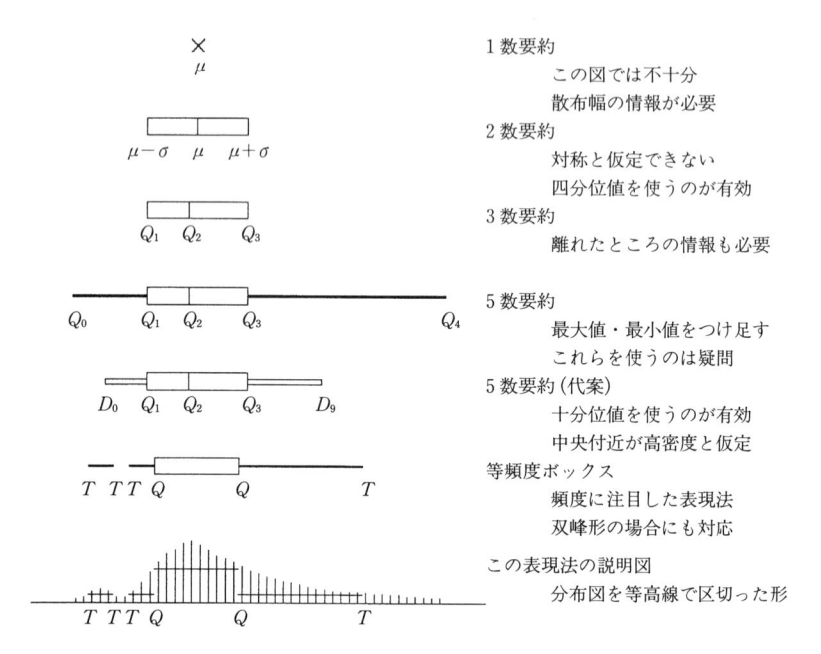

1 数要約
　この図では不十分
　散布幅の情報が必要

2 数要約
　対称と仮定できない
　四分位値を使うのが有効

3 数要約
　離れたところの情報も必要

5 数要約
　最大値・最小値をつけ足す
　これらを使うのは疑問

5 数要約(代案)
　十分位値を使うのが有効
　中央付近が高密度と仮定

等頻度ボックス
　頻度に注目した表現法
　双峰形の場合にも対応

この表現法の説明図
　分布図を等高線で区切った形

外れ値検出手段として

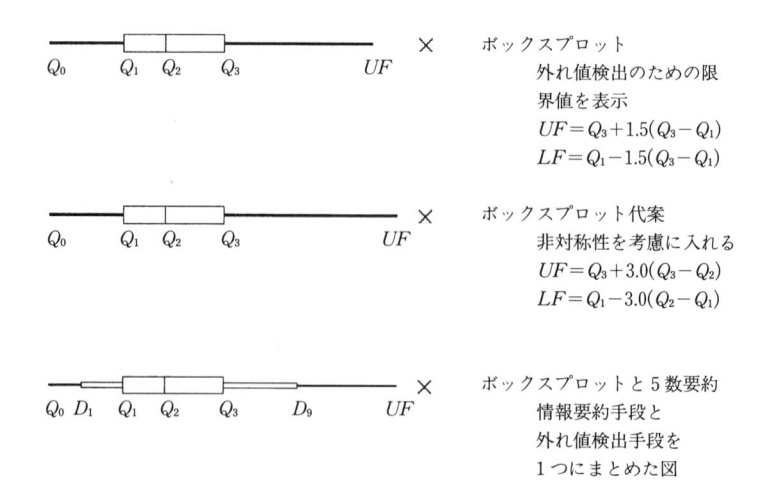

ボックスプロット
　外れ値検出のための限
　界値を表示
　$UF = Q_3 + 1.5(Q_3 - Q_1)$
　$LF = Q_1 - 1.5(Q_3 - Q_1)$

ボックスプロット代案
　非対称性を考慮に入れる
　$UF = Q_3 + 3.0(Q_3 - Q_2)$
　$LF = Q_1 - 3.0(Q_2 - Q_1)$

ボックスプロットと 5 数要約
　情報要約手段と
　外れ値検出手段を
　1 つにまとめた図

クスの区切りは，一般のボックスプロットの場合とちがいます．
したがって，これを，「頻度原理によるボックスプロット」とよぶことにします．

⑨　図3.4.6は，賃金月額の分布を年齢区分別に比較するために，この表現を適用したものです．高齢層での分布に2つのピークが見出されるようになっています．

⑩　図3.4.5に，3.3節および3.4節に説明した種々の表現法をまとめておきます．
情報要約手段としてみる場合(表の上半)と，アウトライヤー検出手段としてみる場合(表の下半)とをはっきりとわけて考えましょう．

図3.4.6　賃金月額の分布比較

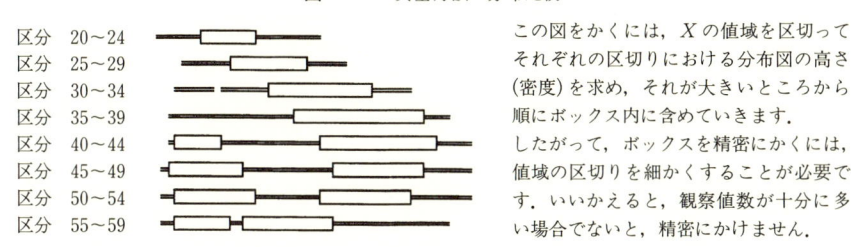

区分　20～24
区分　25～29
区分　30～34
区分　35～39
区分　40～44
区分　45～49
区分　50～54
区分　55～59

この図をかくには，Xの値域を区切ってそれぞれの区切りにおける分布図の高さ(密度)を求め，それが大きいところから順にボックス内に含めていきます．
したがって，ボックスを精密にかくには，値域の区切りを細かくすることが必要です．いいかえると，観察値数が十分に多い場合でないと，精密にかけません．

▷3.5　分　析　例

①　図3.5.1は，各都道府県別の「人口10万人あたり病床数(1975年)」のデータです(基礎データは付表B)．
このデータから人口あたり病床数の地域分布に関して，どんな状況になっているかを「よみとって」みましょう．どんな手法でもかまいません．わかりやすい手法でも，的確な答えが得られるなら，それでよいのです．こういうと，かなりの人が図3.5.2のような棒グラフをかいてみるのではないでしょうか．

②　このグラフから，
　　高知県が他と著しく離れていること
　　東京・大阪周辺の値は他と比べ低いこと
などがよみとれます．

このように「視覚に訴えてデータをよむ」ことができるのが，グラフの効用です．この例では，このグラフで，まず十分にデータをよみとることができるようです．
しかし，このようにきれいによみとれるデータばかりではありません．したがって，視覚に頼らず，「客観的な手続き」を組み立てておき，それを適用することも考えておくべきでしょう．

③　こういう意味で，ボックスプロットを使うことができます．この節では，そのことを例示するとともに，「棒グラフをかいてみる」というわかりやすい手段が，自然に，ボックスプロットにつながることを示しつつ，説明をつづけます．

図 3.5.1 基礎データ

北海道	1492
青森	1494
岩手	1419
宮城	1261
秋田	1300
山形	974
福島	1354
茨城	906
栃木	1061
群馬	919
埼玉	590
千葉	728
東京	998
神奈川	738
新潟	959
富山	1317
石川	1561
福井	1297
山梨	1030
長野	1093
岐阜	884
静岡	789
愛知	914
三重	1046
滋賀	884
京都	1161
大阪	845
兵庫	880
奈良	841
和歌山	1197
鳥取	1449
島根	1137
岡山	1298
広島	1061
山口	1161
徳島	1502
香川	1524
愛媛	1336
高知	2287
福岡	1523
佐賀	1566
長崎	1398
熊本	1414
大分	1393
宮崎	1342
鹿児島	1372
沖縄	452

図 3.5.2 データのグラフ表現 (データ番号の順)

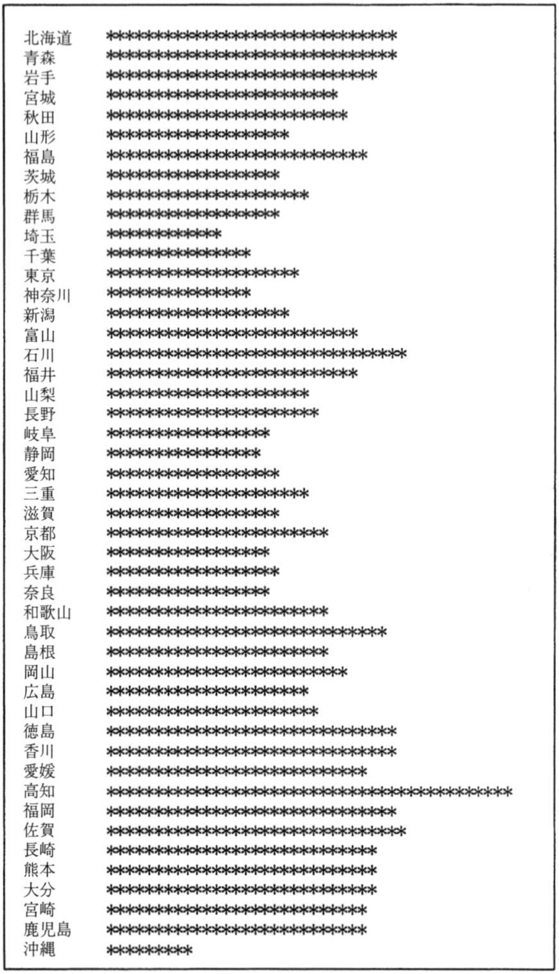

棒グラフ (図 3.5.2) において，たとえば「棒の並べ方」はいろいろ考えられますが，大きさの順に並べるのが有効な案です．図 3.5.3 のようになります．

これでみると

   a. 最高の高知県とその次の佐賀県とのギャップが大きい

   b. 「東京周辺」と「大阪周辺」とにマークをつけると，それらが上の方にかたまっている (若干の例外はあるが) ことから，大都市周辺とそれ以外とでちがうことがよみとれます．

したがって，データの表現について，高知県を別扱いすること，大都市周辺とそれ

以外とをわけてみることが示唆されます．

④ 図3.5.2で同じことがよみとれるにしても，図3.5.3で
「順位」の情報を「みせている」

ことに注目しましょう．そのことから，このグラフの見方をボックスプロットの見方につなげることができます．

図 3.5.3 データのグラフ表現（大きさの順）

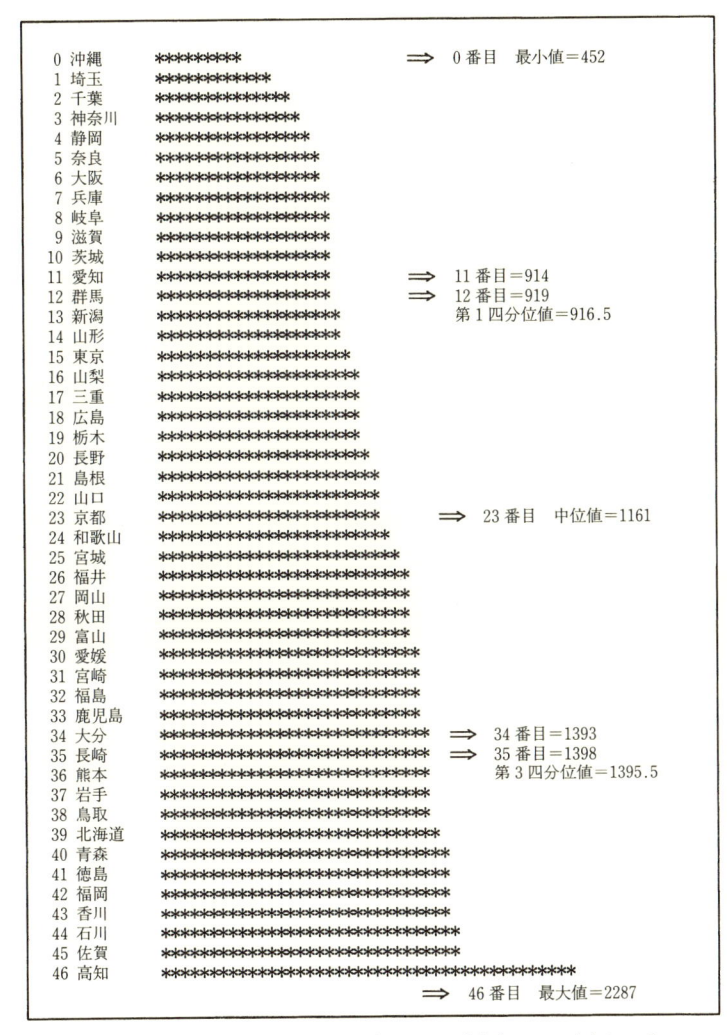

```
 0 沖縄   ********              ⇒ 0番目  最小値=452
 1 埼玉   *************
 2 千葉   ***************
 3 神奈川 ****************
 4 静岡   ******************
 5 奈良   ******************
 6 大阪   *******************
 7 兵庫   ********************
 8 岐阜   ********************
 9 滋賀   *********************
10 茨城   *********************
11 愛知   *********************   ⇒ 11番目=914
12 群馬   *********************   ⇒ 12番目=919
13 新潟   **********************      第1四分位値=916.5
14 山形   **********************
15 東京   ***********************
16 山梨   ***********************
17 三重   ***********************
18 広島   ***********************
19 栃木   ************************
20 長野   ************************
21 島根   ************************
22 山口   ************************
23 京都   *************************  ⇒ 23番目  中位値=1161
24 和歌山 *************************
25 宮城   **************************
26 福井   **************************
27 岡山   **************************
28 秋田   ***************************
29 富山   ***************************
30 愛媛   ****************************
31 宮崎   ****************************
32 福島   *****************************
33 鹿児島 *****************************
34 大分   ******************************  ⇒ 34番目=1393
35 長崎   ******************************  ⇒ 35番目=1398
36 熊本   *******************************     第3四分位値=1395.5
37 岩手   *******************************
38 鳥取   ********************************
39 北海道 *********************************
40 青森   *********************************
41 徳島   **********************************
42 福岡   **********************************
43 香川   ***********************************
44 石川   ***********************************
45 佐賀   ************************************
46 高知   ****************************************
                                       ⇒ 46番目  最大値=2287
```

この図では，アウトライヤーと指摘された2県も含めていますが，アウトライヤーを識別するための区切り線をひくことも考えられます．

すなわち，図 3.5.3 に付記したように

　　　最小値，第 1 四分位値，中位値，第 3 四分位値，最大値

をよみとることができますから，それを「箱」と「ひげ」でかけばよいのです．

　また，ひげの長さが長いときにアウトライヤーの混在を示唆していることから，自然な流れとして，ボックスプロットの「ヒゲの打ち切りルール」，すなわちフェンスを導入することができます．

◆**注**　ボックスプロットは，最初は Box-Whisker Plot（箱ひげ図）とよばれていましたが，いつからか Box Plot とよばれるようになりました．

⑤　図 3.5.3 上で四分位値をよみとって，それらを「ボックスプロット」にすると，図 3.5.4 が得られます．これによって，高知県がアウトライヤーだとわかります．

図 3.5.4　ボックスプロット (1)

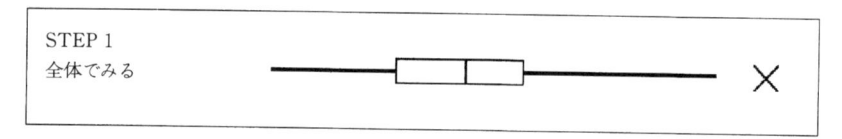

STEP 1
全体でみる

⑥　「では，これを除いてボックスプロットをかいてみよう」ということになります．

　図 3.5.5 です．高知県を除いたため×マークが消えただけでなく，右のひげの長さが短くなりました．それ以外の部分はほとんどかわっていません．いいかえると，高知県を除いても，それ以外の 46 県の要約はかえる必要がない，「よって，高知県を別にすることは理にかなっていた」と確認できます．

図 3.5.5　ボックスプロット (2)

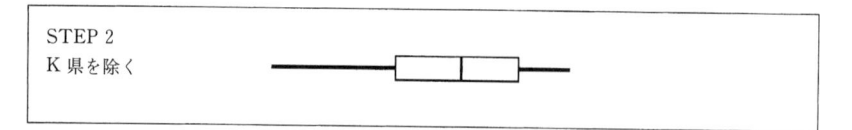

STEP 2
K 県を除く

　ただし，右のひげの部分の長さがかわったことに注意しましょう．

　分布の形について，右の方へ広く尾をひいているようにみえていたものが，高知県を除いた図では，そうでなかった，すなわち，左の方に広く尾をひく形だったことがわかります．非対称度に関する誤読があった，それが，この図 3.5.5 で検出されたということです．

⑦　次に，「大都市周辺とそれ以外とでちがうようだ」としたことの妥当性を確認するために，データを二分してボックスプロットをかいてみましょう．

　図 3.5.6 のようになります．

図 3.5.6 ボックスプロット (3)

STEP 3
大都市周辺と
それ以外を区分

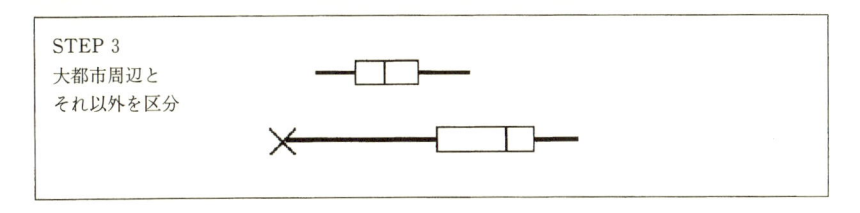

図 3.5.7 ボックスプロット (4)

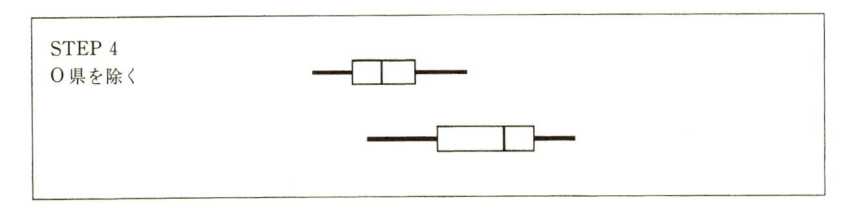

STEP 4
O 県を除く

　この結果，ボックスの位置がずれていることから，上記の説明の妥当性が確認されます．また，「沖縄県」がアウトライヤーであることが検出されます．
　⑧　以上の分析結果を示すという意味では，図 3.5.4 を図 3.5.5 に改めたのと同じ理由で，図 3.5.6 で指摘されたアウトライヤーを別にして，図 3.5.7 をかいておくとよいでしょう．
　⑨　これまで指摘したような差が検出されたら，その差がどう説明されるかを考えようということになります．いま取り上げている指標では各県の人口数のちがいを「比率」をとることによって補正してありますが，同じく千人でも，高齢者の多い千人と高齢者の少ない千人とではちがうでしょう．したがって，このちがいを考慮に入れることで「病床数の差が説明できるか否か」を調べるのです．
　まず，棒グラフの棒の配列順を「高齢者比率の順」にかえてみましょう（図 3.5.8）．
　⑩　棒のアタマの位置をみると，左上から右下方向に並ぶ「傾向性」がよみとれますが，この傾向性の存在を確認するために，ボックスプロットが有効です．
　図 3.5.9 は，これまでの分析でアウトライヤーだと指摘された 2 県を除く 45 県を「高齢者比率」の大きさの順によって 3 区分して，各区分ごとに「ボックスプロット」をかいたものです．
　箱の位置がずれていること（図 3.5.7 の場合と比べると重なり部分が大きいが）から，予想された傾向性の存在が確認されます．
　くわしくみると，高齢者比率の大きさの影響が「ボックスの位置」および「左側のひげの位置」のずれとして把握できますが，右側のひげに関してはこの一般的傾向と異なり，高齢者比率の大きさにかかわらない様相を示しています．このことから，人

図 3.5.8　データのグラフ表現（説明変数の大きさの順）

```
 0 沖縄     *********
 3 神奈川   **************
 1 埼玉     **************
 6 大阪     ****************
15 東京     ********************
 2 千葉     **************
11 愛知     ****************
39 北海道   **************************
40 青森     ***********************
25 宮城     *********************
 4 静岡     ***************
 7 兵庫     ********************
42 福岡     **************************
19 栃木     ********************
10 茨城     ****************
 5 奈良     ***************
37 岩手     **********************
 8 岐阜     ****************
12 群馬     ****************
28 秋田     *********************
18 広島     *****************
23 京都     *******************
44 石川     *************************
32 福島     **********************
 9 滋賀     ***************
35 長崎     ***********************
29 富山     ******************
31 宮崎     *********************
13 新潟     *****************
17 三重     ****************
14 山形     ***************
26 福井     ********************
22 山口     *******************
16 山梨     *****************
24 和歌山   *******************
30 愛媛     ********************
43 香川     **************************
34 大分     ****************
27 岡山     *****************
36 熊本     *********************
20 長野     ****************
41 徳島     ***********************
45 佐賀     ************************
38 鳥取     *********************
33 鹿児島   *********************
46 高知     ******************************
21 島根     *******************
```

66ページ⑦に注記したように，大都市周辺を除いたグラフにすることが考えられます．

口あたり病床数が多い地域における地域差に関してはさらに別の要因が見出されるかもしれません．

⑪　この例でみたように，「データをよむ手順」を，わかりやすい形に組み立てることができます．

なじみのある「棒グラフ」と，分析手順として合理性をもつ「ボックスプロット」を使いわけるとよいでしょう．

図 3.5.9　ボックスプロット (5)

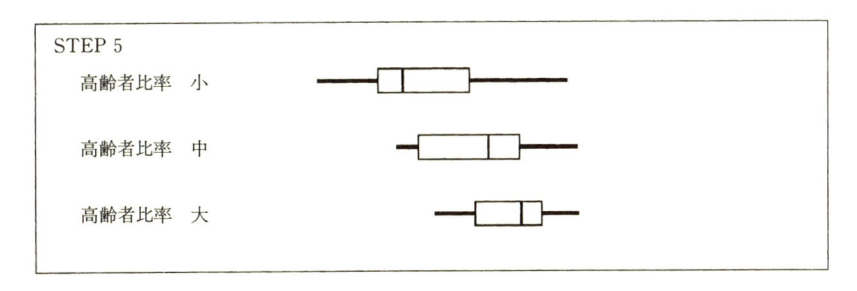

STEP 5
高齢者比率　小
高齢者比率　中
高齢者比率　大

図 3.5.10　ボックスプロット (6)

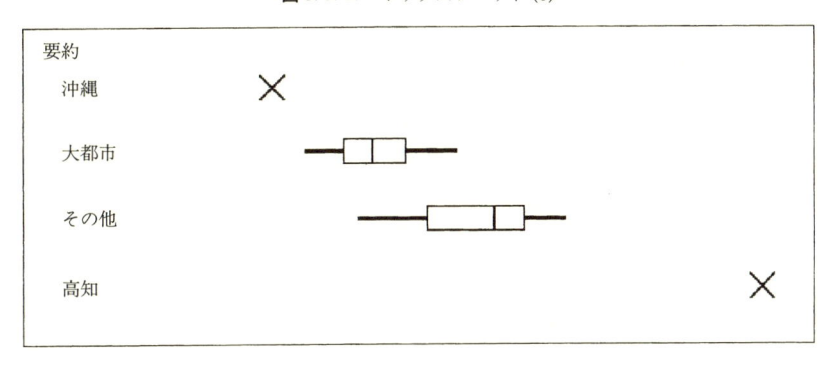

要約
沖縄　　　　　×
大都市
その他
高知　　　　　　　　　　　　　　×

　前節ではボックスプロットに関して種々の代案があることを示しましたが，実際の問題を扱うときには，データの取り上げ方によるちがいに注目することが必要ですから，まずは，ボックスプロットは基本的な表現法を採用しましょう．
　◇注　「一連の分析の途中経過を省略して結論を示す」という意味では，図3.5.4〜3.5.7から「高知県，沖縄県，大都市周辺の県，その他の県」に対応する部分を選んで図3.5.10をかくことが考えられます．
　いくつかの集団区分についてそれぞれボックスプロットをかき，上図のように併記した図を「並行ボックスプロット」とよびます．

▶3.6　補足：ボックスプロットにおけるフェンスの表現

① ボックスプロットの図示法について，3.3節の図3.3.4では，次の扱いaと扱いcを採用していました．
　　a．アウトライヤーが検出された場合，フェンス UF あるいは LF のところで線を打ち切る（その結果，線の端は UF または LF の位置になる）．
　　c．アウトライヤーが検出された場合，それを除いた部分を使って，別のボック

図 3.6.1 ボックスプロットにおけるフェンスの表現

(a) 表現 A
    外れ値検出基準を示す

(b) 表現 B
    外れ値検出結果を示す

(c) 表現 C
    外れ値は別の図とする

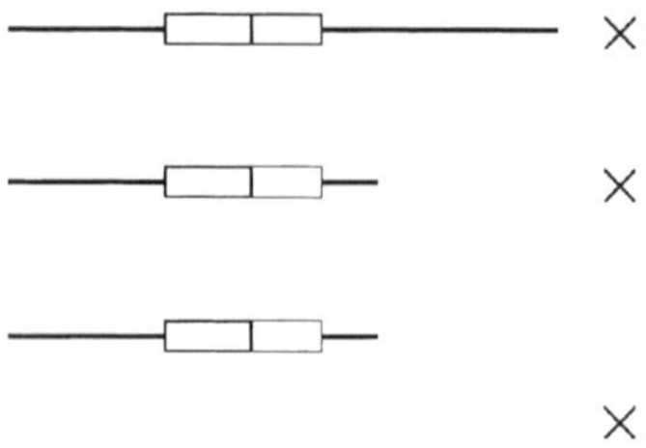

スプロットをかく．
この扱いに対して，次の扱い b が考えられます．
 b. アウトライヤーが検出された場合，それを除く最大値または最小値のところ
  で線を打ち切る(その結果 UF または LF の位置は図示されない)．
このうち，b が Tukey の原案であり，また，より多く採用されていますが，この
テキストでは，a を採用しています．

② このことについて，補足しましょう．
扱い b を否定したわけではなく，分析の手順を考えて
  アウトライヤーを指摘する段階だから a の表現を採用した
そうして，
  それを除いてみた場合の分布をみるために c の表現を採用した
のです．
また，
  経過は省略して「最後の結果を 1 つの図に示す」
ということなら，b の表現を採用してよいでしょう．
図の形にこだわらず，場面を考えて使いわけてください
ただし，次の注記まで考えると，b でなく，本文で採用した a の表現を採用したく
なります．

③ b の表現については，次に注記する問題があることに注意してください．
◆注 アウトライヤーを除いた後の分布を示すという意味では，最大値または最小値をお
きかえるだけではすみません．すなわち，中位値や四分位値もかわる可能性があります
(特にアウトライヤーが 2 つ以上の場合)から，図の箱の部分も書き換えることが必要です．
したがって，「基準をこえる値以外の最大値，最小値を図示せよ」という説明に対応する
図 3.6.1 の (b) は，
  基準値をこえる値以外の範囲でかいたボックスプロットになっていない
のです．
よって，b を採用した場合，
  はじめから特定データを除外してかいた図と，
  結果的に除外された状態を示す図とが一致しない

ことがありえます．

本文で，まず図 3.6.1 (a)，つづいて図 3.6.1 (c) を示したのはこういう理由もあります．

この注記が問題になるようなケースは少ないでしょうが，考え方としては，区別したい点です．論理的には，「b の表現を改めた c の表現が考えられる」ということです．

▶3.7 補足：中位値，四分位値の計算

① 四分位値や十分位値は，すべて，大きさの順に注目して，○パーセント目という指標になっています．この見方では，これらを，パーセンタイル（または順位統計量）とよびます．たとえば，第 1 四分位値は 25 パーセンタイル，第 1 十分位値は 10 パーセンタイルです．

たとえば四分位値の計算では，実際の観察値の範囲でちょうど 25 パーセンタイルにあたるものがないときには，25 パーセンタイルの前後にあたる観察値を使って補間計算を行なって 25 パーセンタイルにあたる値を求めます．

これが基本の考え方ですが，細かく考えるといくつかの扱い方がありえます．

まず，観察値の解釈について，次のような場合がありえます．注記する資料であげているケースを整理して表示したものです．

表 3.7.1 四分位値の解釈：Q_I は何パーセンタイルか

解　釈	Q_0	Q_1	Q_2	Q_3	Q_4
a.　観察値の範囲での順位	1/5	2/5	3/5	4/5	5/5
b.　同上，ただし，0から始める	0/4	1/4	2/4	3/4	4/4
c.　6個の値域の区切り値とみなす	1/6	2/6	3/6	4/6	5/6
d.　5個の値域の中央値とみなす	1/10	3/10	5/10	7/10	9/10

表 3.7.1 は四分位値についての例示です．

N 分位値 $X_0, X_1, X_2, \cdots, X_N$ について一般化すると，

　　　　解釈 a では X_I は $(I+1)/N$ 分位値にあたる

　　　　解釈 b では X_I は $I/(N-1)$ 分位値にあたる

　　　　解釈 c では X_I は $(I+1)/(N+1)$ 分位値にあたる

　　　　解釈 d では X_I は $(I*2+1)/(N*2+2)$ 分位値にあたる

ということですが，それぞれの解釈の根拠を考えてみましょう．

解釈 a は，「観察値に順序づけすれば足りる」という範囲なら自然ですが，「小さい方からみた P パーセンタイルは，大きい方からみた $(1-P)$ パーセンタイルだ」という対称性をもちません．よって，解釈 b が出てきます．

この解釈 b では，最小値は 0 パーセンタイルであり，最大値は 100 パーセンタイルだということになりますが，異論がありえます．たとえば，観察値の範囲でみた最小値であっても，観察値数を増やすと，それより小さい値が出現するでしょう．

この見方にたつなら，解釈 c あるいは解釈 d が出てきます．両端とそれ以外とを

同等に扱うという意味では，解釈 c より解釈 d の方が妥当でしょう．
　解釈 e は，観察値のパーセンタイルが，母集団の同じパーセンタイルの不偏推定値になるように定めるものですが，正規分布を仮定しているので，ここでは，考慮外におくことにしましょう（表 3.7.1 と同じ形式にはかけません）．
　② どの解釈を採用するにしても，この関係から逆算して，たとえば四分位値に対応する X_I を求めることになります．その計算で必要となる補間計算での端数処理について，

　　　扱い 1：通常の補間計算（X_P について補間計算）
　　　扱い 2：補間計算を適用せず，
　　　　　　　四捨五入によって整数化した順位に対応する X_I を使う
　　　扱い 3：Tukey が DEPTH とよんだ考え方によって，
　　　　　　　端数が「.0」または「.5」の範囲になるようにした計算法

の扱いがありえます．
　③ Tukey の原案は，d を採用した上で端数計算を簡単化した「扱い d3」ですが，中位値，四分位値 … の場合を想定したものですから，たとえば十分位値などを使うときには適用できません．
　このため，観察値の範囲に限った見方を採用するなら「扱い b1」，観察値がサンプルだという見方を入れるなら「扱い d1」でしょう．
　このテキストでは b1 を採用しています．必ずしもそれがベストだということではなく，簡明に説明できるという点を考えた選択です．
　④ 5 数要約やボックスプロットについては，本文で述べたように，「欠くことのできぬ重要性をもつ」概念ですから，統計ソフトではたいてい取り上げられていますが，「同じデータを使ったのに，出力が異なる」ことがあります．①，② で述べたように，その定義自体にいくつかの代案があることと，ここに注記した計算方法上のちがいがあるためです．

表 3.7.2　四分位値の定義がどうなっているかを判断するためのサンプルデータと表

サンプル		定義							
		a1	a2	b1	b3	c	d1	d2	d3	e
1	(1 2 …10)	2.50	3.00	3.25	3.00	2.75	3.00	3.00	3.00	2.92
2	(1 2 …11)	2.75	3.00	3.50	3.50	3.00	3.25	3.00	3.00	3.17
3	(1 2 …12)	3.00	3.00	3.75	3.50	3.25	3.50	3.00	3.50	3.42
4	(1 2 …13)	3.25	4.00	4.00	4.00	3.50	3.75	3.00	4.00	3.67
5	(1 2 …14)	3.50	4.00	4.25	4.00	3.75	4.00	4.00	4.00	3.92
6	(1 2 …15)	3.75	4.00	4.50	4.50	4.00	4.25	4.00	4.00	4.17
7	(1 2 …16)	4.00	4.00	4.75	4.50	4.25	4.50	4.00	4.50	4.42
8	(1 2 …17)	4.25	5.00	5.00	5.00	4.50	4.75	5.00	5.00	4.67

　定義欄の記号は，71 ページに説明した「解釈 a, b, c, d」と 72 ページに説明した「扱い 1, 2, 3」のちがいに対応．

3.7 補足：中位値，四分位値の計算

表 3.7.3 P パーセンタイル X_P の計算式における端数処理

定義	P to I		X_I to X_P	
a1		$I=\lfloor NP \rfloor$	$X_P=X_I$	
a2		$I=[NP]$	$X_P=X_I$	
b1		$I=[(N-1)P+1]$	$X_P=X_I$	
b3	$P=1/2$	$I_1=\lfloor (N+1)/2 \rfloor$		
		$I_2=\lceil (N+1)/2 \rceil$	$X_{1/2}=(X_{I1}+X_{I2})$	
	$P=1/4$	$I_1=\lfloor (N+1)/2 \rfloor$		
		$I_2=\lceil (N+1)/2 \rceil$	$X_{1/4}=(X_{I1}+X_{I2})$	
c1		$I=[(N+1)P]$	$X_P=X_I$	[ ] は四捨五入
d1		$I=\lfloor NP+1/2 \rfloor$	$X_P=X_I$	⌊ ⌋ は端数切り捨て
d2		$I=\lfloor NP+1/2 \rfloor$	$X_P=X_I$	⌈ ⌉ は端数切り上げ
d3		$I_1=\lfloor NP \rfloor$		
		$I_2=\lceil NP \rceil$	$X_P=(X_{I1}+X_{I2})$	
e	$P=1/2$	$I=[NP+1/2]$	$X_P=X_I$	
	$P=1/4$	$I=[NP+5/12]$	$X_P=X_I$	

Frigge, M., Hoaglin, D. C. and Iglewicz, B.: Some Implementations of the Box Plot. *American Statistician*, **43** (1989).

それぞれのソフトについて，どの計算方法を使っているかを確認することが必要です．

説明がついていない場合は，表 3.7.2 に示す 8 種のサンプルデータを使って，四分位値を計算し，その結果を表に照らしてどれにあたるかを判断できます．

● 問題 3 ●

【分布の歪み度・尖り度】
問1 54ページの表3.2.2について，7番目のデータを除いて計算しなおしてみよ．

【ボックスプロット】
問2 UEDAのプログラムのうちBOXPLOTHによって，5数要約とボックスプロットに関する本文の説明を復習し，次の問いに答えよ．
    a. 5数要約で使っている指標は？
    b. ボックスプロットで，5数要約図に付加した機能は？
    c. アウトライヤー検出基準は？

問3 BOXPLOT1の説明をよみ，
    平均値による情報要約
    平均値と標準偏差による情報要約
    中位値と四分位値による情報要約
    5数要約
    ボックスプロット
の順に，どんな視点でこれらが変更されているかを説明せよ．

問4 BOXPLOT2の説明をよみ，賃金の年齢別比較のために問3の表現がその順に精密化されていることを確認せよ．この章で説明していない表現法がありますが，プログラム中の説明でわかると思います．

問5 問3にあげた種々の表現法が3.1節の②にあげた「バッジとしての特徴をみる際の着眼点」のどの範囲をカバーしているかを指摘せよ．

問6 プログラムXPLOT1を使って，付表Aに示した消費支出総額のデータの値の分布を図示せよ．基礎データは，プログラムの例示用データとしてセットしてある．
    a. 分布図
    b. その形の特性を表わす指標値（平均値と標準偏差）
    c. ボックスプロット

【ボックスプロットによる比較】
問7 (1) 付表Aに示した消費支出総額のデータを，世帯人員数で3区分し，各区分での分布についてボックスプロットをかけ．プログラムXAPLOTとそれにセットしてある例を使うことができる．

(2) 付表Aに示した消費支出総額のデータを，実収入で3区分し，各区分での分布についてボックスプロットをかけ．

問8 付表Aに示した食費支出額のデータについて，問6と同じ図をかけ．

問9 付表Aに示す食費支出額と消費支出総額を使って食費支出割合を計算し，問6と同じ図をかけ．

注：食費支出割合のデータは，プログラムVARCONVを使って用意すること．

問10 付表Cに示す賃金に関するデータについて，各年齢区分の情報を中位値と第1四分位値，第3四分位値で表し，年齢別にみた変化を分析せよ．

このデータのように「分布表の形式になっている」場合にはプログラムXPLOT2を使う．付表Cのデータは例示用としてセットしてある．

【分析例】

問11 付表Lに示す血圧の分布を示すデータファイル(DI10V)について，
  a. 年齢別平均値を年齢別に対比するために適当な図をかけ．
  b. 平均値では表わせない個人差の幅を示すため標準偏差を計算し，その結果をaのグラフにつけ加えよ．
  c. 個人差の幅に関して，大きい方向へのひろがりと小さい方向へのひろがりとが異なる可能性があることを考慮した図に改めよ．
  d. 最大値のかわりに90%点(大きさの順が大きい方から10/100番目にあたる値)，最小値のかわりに10%点(大きさの順が小さい方から10/100番目にあたる値)を用いた「疑似5点表示」をかけ．

問12 付表N(ファイルDI40V)は，15歳以上の日本人について，身長と体重の関係を調べた結果である．これにもとづいて，
  a. 身長の区分ごとに(2 cm区切りになっている)，それぞれの区分における体重の分布に関する第1四分位値，中位値，第3四分位値を求めよ．プログラムQ1Q2Q3Xとデータファイル DI40V を使うこと．
  b. 各身長区分ごとに求めた結果を図示せよ．たとえば，「疑似5点表示」を列記することが考えられるが，それ以外の形式でもよい．
  c. 身長×身長×22(身長はm，体重はkg)として計算される値を「標準体重」とよび，それと比べて20%以上の場合肥満傾向ありと指摘される．これらの値をbの図に書き込め．

問13 (1) 3.5節で説明した分析手順で使った一連のボックスプロット(図3.5.4～図3.5.7)をかけ．プログラムBOXPLOT3の最初の画面で例3を指定すればよい．

BOXPLOT3 を使うためには，47県をどう区分するかを指定する文が必要である．データファイル DI93X には，これがつけ加えてある．

  (2) 1985年分のデータについて(1)と同じ図をかけ．
  1985年分のデータもファイル DI93X に記録されている．

【ボックスプロットの表わし方】

問 14 ボックスプロットにおける「アウトライヤー検出基準」について
    a. 58 ページに示した 0.69% という値はどうして誘導されたものかを説明せよ．
    b. この値が 1% となるようにするには，基準 1.5 をどう変更すればよいか．
    c. この値が 5% となるようにするには，基準 1.5 をどう変更すればよいか．

問 15 ボックスプロットのフェンスの定義を 60 ページに示した形に改めたとき，$UF-Q_2, D_9-Q_2, D_3-D_2$ がほぼ $4:2:1$ になっていることを示せ．ただし基礎データの分布が正規分布と仮定できるものとする．

問 16 5 点表示あるいはボックスプロットによる表現が，平均値と標準偏差による表現と比べてどんな点ですぐれているかを指摘せよ．

【統計調査における分布の表現】

問 17 賃金統計に関する報告書をみて，「賃金の分布」をどのような指標を使って表現しているかを調べよ．

問 18 付表 G.2 では，年間収入の五分位値と貯蓄現在高の四分位値とが使われているが，これらは，区分数がちがうこと以外に，「使う意図」の上で相違がある．その相違点を指摘せよ．

4

データの対比

「ボックスプロットの位置がずれている」ということを,「同一区分内でのひろがりと比べて区分間の差が大きい」と了解できます.こう了解すると,分散すなわち「ひろがりの大きさを測る指標」とみて,それが「区分けによってどの程度減少するか」に注目して,区分けの有効性を評価できます.

これが,この章で説明する内容の筋書きです.

▶ 4.1 区分けする

① **データにもとづいて説明するための論理** 指標値 X の大小を説明する,すなわち,大小をもたらす要因を探究するために

　　考察範囲(観察単位の集団)を想定する
　　⇒ 集団を区分けする
　　⇒ 区分間の差の大小をみる
　　⇒ 区分間の差が大きいほど,
　　　　区分けに使った要因が有力な候補

という過程に沿ってデータを分析していきます.

② **区分けに使う要因の選択** この形で分析を進める最初の段階では,要因は特定されておらず,いくつかの候補があるでしょう.それらのどれを使うと「実態をよく説明できるか」を比較検討することが必要です.たとえば

　　X (=食費支出額の世帯間差異)について,
　　A (=世帯人員数),B (=世帯収入)によって,
　　「X の変動がどの程度まで説明できるか」を調べる

ためにボックスプロットをかいたところ,図4.1.1のようになったとしましょう(基礎データは付表A,問題3の問8参照).

A については,$A_1=2\sim3$ 人,$A_2=4$ 人,$A_3=5$ 人以上,B については,$B_1=50$ 以

図 4.1.1 2つの要因の効果比較

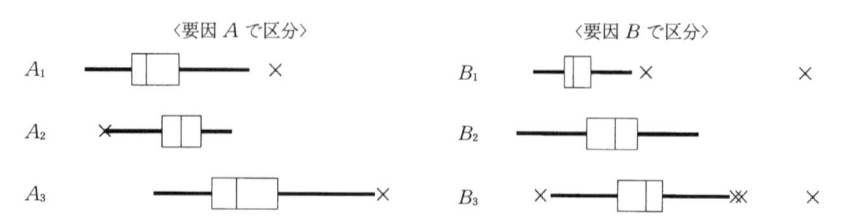

〈要因 A で区分〉　　　　　　　　　〈要因 B で区分〉

A_1　　　　　　　　　　　　　　　B_1

A_2　　　　　　　　　　　　　　　B_2

A_3　　　　　　　　　　　　　　　B_3

下，$B_2=50\sim100$，$B_3=100$ 以上と区分して比較しています．

　この例では，ボックスの位置がずれていることから，要因 A の効果が判断できます．ただし，それほどクリアーでないケースがありますから，区分けした場合の「差の有無を判定する客観的な手順」を組み立てることを考えましょう．

　これが，この節のテーマです．

　③　**分析手法としての構成**　　以上のような考え方を体系づけることによって，指標値 X の変動をいくつかの要因による区分と結びつけて説明する … それを分析手段として組み立てることを考えていくのです．

　考えるべき点は，① で述べた「区分間の差」あるいは ② で述べた「位置がずれている」という記述を，客観的な統計手法の中にとりいれることです．すなわち

　　　　区分間の差
　　　　　　⇒ 位置がずれている
　　　　　　⇒ 平均値が異なる
　　　　　　⇒ そのことを考慮に入れると，分散が小さくなる

ことに注目するのです．

　④　この章では，各区分での観察値を代表する値(たとえば平均値)に注目して，各区分間の差の有無を判定するものとしています．このことから，たとえば，各区分間で平均値は同じでもひろがり幅がちがう … そういう場合には，差ありとはみないことになります．また，そう限定しているため，前章のようにひろがり幅の非対称性を考慮に入れることはしません．

　したがって，「各区分の情報比較」を，各区分を代表する「平均値の比較」とおきかえて考えることになります．

　⑤　それにしても，目標は，指標値 X の変動(個々の観察単位のレベルでみた値の変動)を説明することですから，それを説明する基準として，どんな要因や区分の仕方による平均値が有効かをみることが必要です．

　したがって，区分の仕方を特定してしまうのでなく，たとえば図 4.1.2 のように，区分の仕方をかえてみましょう．また図 4.1.3 のように 2 つの要因を組み合わせてみましょう．

　図 4.1.2 では図 4.1.1 で 3 区分であった要因 A を 4 区分にしています．

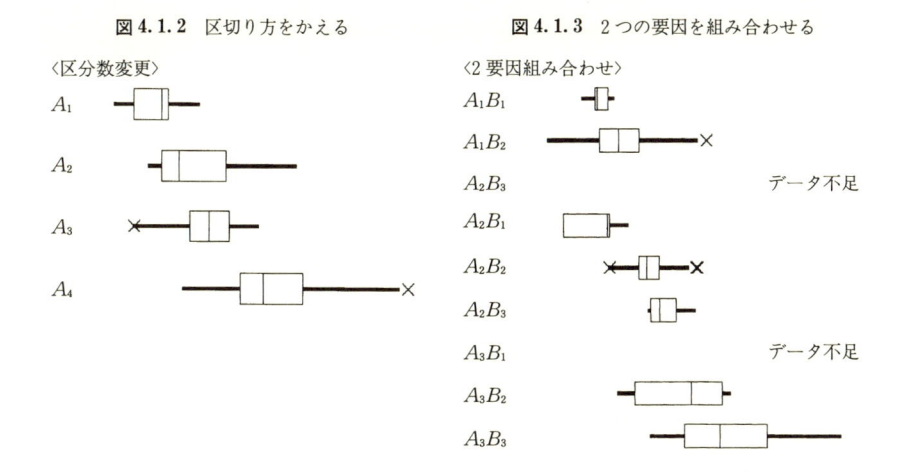

図 4.1.2 区切り方をかえる　　　**図 4.1.3** 2つの要因を組み合わせる

〈区分数変更〉　　　　　　　　　　〈2 要因組み合わせ〉

A_1　　　　　　　　　　　　　　A_1B_1

A_2　　　　　　　　　　　　　　A_1B_2

　　　　　　　　　　　　　　　　A_2B_3　　　　　　　　データ不足

A_3　　　　　　　　　　　　　　A_2B_1

A_4　　　　　　　　　　　　　　A_2B_2

　　　　　　　　　　　　　　　　A_2B_3

　　　　　　　　　　　　　　　　A_3B_1　　　　　　　　データ不足

　　　　　　　　　　　　　　　　A_3B_2

　　　　　　　　　　　　　　　　A_3B_3

図 4.1.4 ヒンジトレース

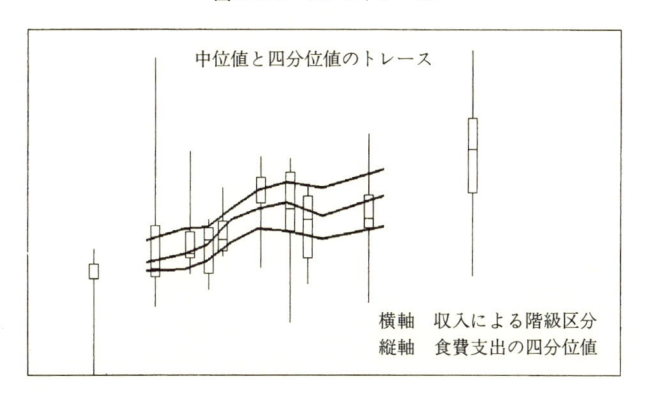

中位値と四分位値のトレース

横軸　収入による階級区分
縦軸　食費支出の四分位値

　これによると,「情報をより細かくみた」ことが「差がはっきりしなくなった」ことにつながるようにみえます.「細かくみたのだから,当然,よりくわしくわかるはずだ」という疑問含みの質問が出るかもしれません.この質問に対する答えは83ページの注1に用意してありますが,それをみる前に,4.2節の説明をよんでください.

　要因 B についても細かく区分できます.B が数量データですから,区分の数や区切り方を自由に決めることができますが,細かくするだけでよいとは限りません.

　基礎データが数量であることから,B がかわったことに対応する,X の変化を「あるカーブで表わしうる」と考えるなら,図4.1.4のように,B の各区分に対応するボックスの位置を線でつないで,BX の関係を「傾向線」として把握することが考えられます.図では,中位値をつらねる線と第1四分位値をつらねる線,第3四分位値をつらねる線の3本組にして使っています.また,傾向を把握するという趣旨か

ら，それぞれの線をスムージングして，細かい上がり下がりを消しています．これは「ヒンジトレース」とよばれる表現方法です．くわしくは本シリーズ第3巻『統計学の数理』を参照してください．

さらに，X に対する A の影響と B の影響とが「それぞれの効果が加わった形」でなく，「相乗効果あるいは相殺効果をもつ形」になっていることが考えられる場合には，図 4.1.3 のような比較をすることになりますが，区分数が大きくなる ⇒ 各区分に属するデータ数が少なくなる ⇒ そのことから傾向が乱される，という理由で，限度があります．

1つの要因について細かくみる図 4.1.4 の場合も同じ理由で，
「細かく区分してみること」に対する「データ数からくる限度」を把握するために，次節で述べる分散による評価を併用しなければならないのです．

▶ 4.2 種々の分散とその計算

① 前節で述べた分析手段を組み立てるためには，種々の分散，すなわち，「種々の見方で誘導された説明基準」からの偏差を表わす分散を使います．

この節の手法では，データを区分し，それぞれの区分ごとに求めた平均値を基準として分散を計算します．次の例示のように（一般に成り立つことですが），区分することにより，分散が 37 から 30 に減少します．そうして，平均値間の差が大きいほど，その減少度が大きいので，その減少度に注目して「説明基準の有効度」を判定できるのです．

この計算における左側は，第2章で説明した分散の計算と同じです．

表 4.2.1 基準をかえて分散を計算

全体での平均値を基準				各区分での平均値を基準				
I	X_I	μ	$X_I - \mu$	I	K	X_{IK}	μ_K	$X_{IK} - \mu_K$
1	40	47	-7	1	B	40	44	-4
2	38	47	-9	2	B	38	44	-6
3	50	47	3	3	A	47	52	-5
4	52	47	5	4	B	52	44	8
5	48	47	1	5	A	48	52	-4
6	46	47	-1	6	B	46	44	2
7	58	47	11	7	A	61	52	9
8	44	47	-3	8	B	44	44	0
計	376		296	計	A	156		122
					B	220		120
					T	376		242
平均	47		37	平均	A	52		40.7
					B	44		24.0
					T	47		30.2

右側が，観察単位が区分されている場合の計算です．このことにともなって，区分コードを表わす添字 K を使っています．そうして，平均値が K の区分ごとに計算され，分散の計算では K に応じた平均値を使う形になっています．

偏差を測る基準をおきかえている点以外は，基本的には同じ計算手順です．ただ，計と平均値の欄を，全体での計・平均値の欄と各区分での計・平均値の欄にわけているところがちがうだけです．

この節で考えるのは，偏差を測る基準をおきかえていることの意味です．

② **分散の定義** この節では，まず，それらの分散の呼称や定義について，まとめを与えておきましょう．

分散は，「基準とみる値からの偏差」の (一種の) 平均です．したがって，「対象データの偏差」の大きさの指標ですが，基準のとりかたに対応して，種々の分散が定義されます．すなわち，一般化して

$$\sigma^2 = \frac{1}{N}\sum(X_I - \mu)^2$$

と表わし，μ すなわち「X_I の変動を説明する基準の選び方」によって場合わけするのです．

表 4.2.1 の左側すなわち全体での平均値を基準とした分散が「全分散」，右側，すなわち，各区分ごとにわけてみた平均値を基準とした分散が「級内分散」です．

残差分散については，後の章で説明します．

表 4.2.2　種々の分散の定義比較

	全分散	級内分散	残差分散
基準	全体での平均値 μ	各区分での平均値 μ_K	変数 Z との関係による傾向値 $A+BZ$
偏差	$X - \mu$	$X - \mu_K$	$X - (A+BZ)$
偏差平方和	S_T	S_W	S_E
分散	$\sigma_T^2 = S_T/N$	$\sigma_W^2 = S_W/N$	$\sigma_E^2 = S_E/N$

この表における偏差平方和および分散の記号では，全体 (T) での平均値，各区分内 (W) での平均値を基準としていることを示すために，添字 T, W を使っていますが，後の節では，被説明変数，説明変数の記号を添字とする記号に変更します．

③ **偏差平方和** 偏差平方和は，「データがもつ変動量」の大小を評価する量だと解釈できます．

そのデータを解析すれば「その大きさに見合っただけの情報が明らかになる」という意味で，情報量とよぶこともあります．

したがって，データ解析，すなわちデータの変動を説明する手続きとして重要な指標です．分散は，それを，データ1単位あたりに換算したものだと解釈できます．

◇**注** 情報量という用語は，統計学ではたとえば「推定論などの理論構成」の場面で使わ

れていますが，ここでは，そういう理論はともかく，本文で述べた解釈からそうよぶのだと理解しておくと，以下の説明がわかりやすいと思います．

④ **計算手順の構成**　計算は，次のように表形式にまとめて行ないましょう．注記するように，分析上必要となる情報を記録しておくように設計してあるのが重要な点です．

このフォームにおける「ひとつひとつの区分でみた偏差」は，後の段階で必要となることがあるので，それを記録しておきます．たとえば，分散に対してどのデータの偏差がどの程度寄与しているかをみることができるからです．

表 4.2.3　級内分散の計算フォーム

全体でみる場合

ID	データ	基準	偏差
1	X_1	μ	$X_1 - \mu$
2	X_2	μ	$X_2 - \mu$
3	X_3	μ	$X_3 - \mu$
4	X_4	μ	$X_4 - \mu$
⋮	⋮	⋮	⋮
N	X_N	μ	$X_N - \mu$
計	T		S_T
平均	μ		σ_T^2

各区分ごとにみる場合

ID	区分番号	データ	基準	偏差
1	2	X_1	μ_2	$X_1 - \mu_2$
3	1	X_2	μ_1	$X_2 - \mu_1$
4	2	X_3	μ_2	$X_3 - \mu_2$
5	3	X_4	μ_3	$X_4 - \mu_3$
⋮	⋮	⋮	⋮	⋮
N	k	X_N	μ_k	$X_N - \mu_k$
各区分での計			T_K	S_K
全体での合計			T	S_W
各区分での平均			μ_k	σ_k^2
全体での平均			μ	σ_W^2

このフォームにおける μ の添字は区分の番号．

◆ **注1**　分散の定義式を，次のように変形して適用する方法もありえます．
$$S_T = \sum X^2 - T^2/N$$
$$S_K = \sum X^2 - T_K^2/N_K, \qquad S_W = \sum S_K$$
分散を計算するだけならどちらでも同じことですが，本文に述べた理由で，表記のフォームによりましょう．

◆ **注2**　右側のフォームでは各区分に属するデータをわけて示す形にしてありますが，データ番号順に示しておくと，他種の分散の計算と対比できるなどの利点をもちます．

⑤ 定義から明らかなように（また，簡単に証明できることですが），

　　　全分散 ≧ 級内分散

が成り立ちます．

⑥ **分散の推定**　なお，分散については，データによる見積もりを求める場合，データ数 N でなく，自由度でわれ，という提唱もあります．これは，対比 $(X - \mu_K)$ は形式上 N 組の成分をもつが，$\sum(X - \mu_K) = 0$ だから，実質上は $(N-K)$ 組であり，

　　　この実質上の組数（自由度とよばれる）でわれ

という説だと了解すればよいのです．全分散の場合は，区分数1にあたりますから，

自由度は $N-1$ です.

　このテキストでは,第5章を除いて,この扱いをしていません.したがって,分散の見積もりをすべてデータ数 N でわる方式で求めています.ただし,注意を要する点がいくつかありますから,そういう箇所では,注記します.

　⑦　**各区分の寄与率**　　級内偏差平方和 S_W を計算する過程において求められる S_K(各区分ごとにわけてみた偏差平方和)を記録しておくと,区分けの効果がどの区分で大きかったか,あるいは,わけ方をかえるとすれば,どこを改めるかを判断する参考になります.

　$S_W = \sum S_K$ となっていますから,S_K/S_W によって,区分 K での変動がデータ全体でみた変動の何%にあたるかを評価できます.この比を「寄与率」とよびます.

　また,S_K をそれぞれの区分の観察単位数でわったものを「各区分での分散」とよびます.

　なお,分散成分という呼称を使うこともありますが,正しくは,偏差平方和の成分です.

　⑧　$\sigma_K{}^2$ は,区分 K に限ってみるものとすれば,その区分での全分散です.

　級内分散は,各区分での分散の加重平均になっています.すなわち

$$\sigma_W{}^2 = \frac{\sum N_K \sigma_K{}^2}{\sum N_K}$$

平均値についても,同様な関係

$$\mu_W = \frac{\sum N_K \mu_K}{\sum N_K}$$

が成り立っています.したがって,平均値も分散も,各集団区分でみた平均値,分散の「各区分のサイズをウエイトとした加重平均」になっています.80ページの計算例について確認してください.

　なお,4.1節の③で「重なっていない」→「区分けが有効で」という説明の仕方をしていますが,この点については,やや不正確です.正しくは,次のようにいいかえましょう.

　　　　σ_K の(一種の)平均にあたる σ_W が σ_T より小さくなっていれば,
　　　　区分けが有効だと判定される

ということです.

　「小さければ」というところを,どの程度小さければよしとするかは,もう少し説明をつづけてから答えることにします.

　◆**注1**　「区分けが有効だ」ということは「各区分の平均値を比較しやすくなる」ことにつながるとは限りません.前節の図4.1.3あるいは図4.1.4でみたように,区分数を多くしすぎると,各区分でのデータ数が少なくなり,たとえば,傾向から外れた値の影響で,区分別平均値についての傾向性を乱す … こういう副作用がありうるためです.

　◆**注2**　「サイズをウエイトとする」ことは自明ではありません.たとえば,「各区分を対等に扱う」という意味では,サイズの大小を考慮せず,等ウエイトで扱うことも考えられ

ます．
　また，ある標準のウエイトを使って計算しなおすべき場合があります．こういう扱いについては，第6章で取り上げます．

▶ 4.3　分散分析の考え方

　① **要因分析**　「データのもつ変動の要因を分析する」という観点では，分散の大きいところが，要注目箇所です．したがって，分散は，要注目箇所を発見し，分析を進める手段として使われるものです．
　分散の定義式における平均値などは，データの変動を説明するための「1つの基準」ですから，
　　　種々の基準を使った分散の大きさを対比することによって，
　　　各基準の有効度を評価する
ことができます．
　また，分散の「できるだけ大きい部分を説明できる基準」を見出す手続きを定式化することによって，データ主導型の分析を進めることができます．
　これが，以下に説明する「分散分析の考え方」です．
　なお，ここで「分散分析」とよばず「〜の考え方」とよんだ理由についてはこの節の終わりに注記します．
　種々の分散を計算しそれらを対比しますが，分散を測る基準を評価するために適用するのですから，その意図に沿って使いましょう．また，4.1節で述べたように，指標値 X の変動を説明するために「種々の基準の有効性を比較する」ことが必要となってきます．
　② **分析手順の構成と表示**　実際の分析手順では，以上の説明で「分散」といったところを「偏差平方和」とおきかえます．このおきかえは，「分散すなわちデータ1つあたり」に換算せずに，「その分子すなわちデータ数の大小を考慮に入れる形」で，データの変動の大きさを測ることを意味します．
　データの変動を分析するという意味で，偏差平方和を変動和とよぶこともあります．
　分析のフローと変動和の減少は，図4.3.1のように図示することができます（表4.2.1の計算例に対応）．
　ここで，偏差平方和の記号をかえています．すなわち，添字として，変数の記号 X や A を使い，分散の種別を表わす添字 T や W は使わないものとします．したがって，全変動和は S_X とします．また，「級内」では，説明変数の区分を特定してみるという意味で，条件を表わす記号 | を組み込んで，$S_{X|A}$ としており，「級間」では，X と A の関連度に関する情報だという意味で記号 × を組み込んで，$S_{X \times A}$ とします．

4.3 分散分析の考え方

図 4.3.1 分析のフローと偏差平方和の減少

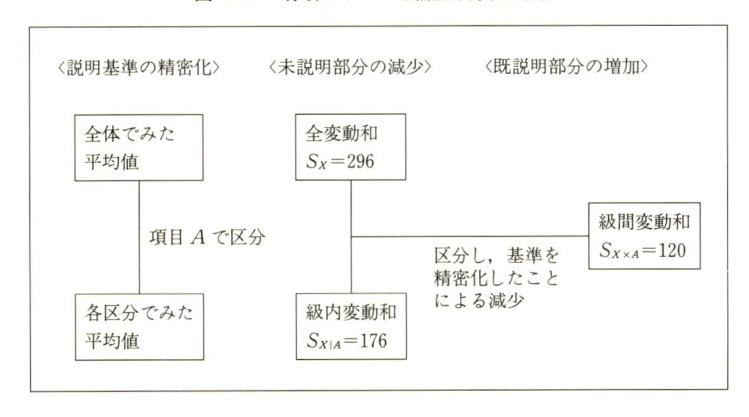

```
〈説明基準の精密化〉    〈未説明部分の減少〉    〈既説明部分の増加〉

 ┌─────────┐         ┌─────────┐
 │全体でみた│         │全変動和 │
 │ 平均値  │         │$S_X=296$│──────────┐
 └─────────┘         └─────────┘         ┌─────────┐
      │                   │                │級間変動和│
  項目$A$で区分        区分し，基準を      │$S_{X\times A}=120$│
      │                精密化したこと     └─────────┘
 ┌─────────┐         による減少
 │各区分でみた│        ┌─────────┐
 │ 平均値   │        │級内変動和│
 └─────────┘         │$S_{X|A}=176$│
                      └─────────┘
```

このおきかえは，次節以降の拡張において効用を発揮します．

◆**注** ここまでの段階なら，分散＝偏差平方和/N ですから，この図における「偏差平方和」すなわち「変動和」を「分散」とおきかえても同じです．ただし，あとの拡張ではそうできない場合がありますから，偏差平方和を使います．

③ 基準からの偏差を表わす全変動和，級内変動和に対して，それらの差として定義される量を，"級間変動和"とよびます．全変動和の一部が級ごとの平均値の差として説明され，"級内変動和"に相当する部分が未説明として残ったものと考えることができます．

データの変動の未説明部分が，「説明の進行とともに顕在化されていく」ことにより，減少していきます．したがって

　　　　全変動和，級内変動和 → 情報のストック
　　　　級間変動和　　　　　 → 情報のフロー

と解釈しましょう．

分析すなわちデータのもつ情報を解き明かしていく手順という理解です．

また，ある要因 A に関して区分した場合，そのことの効果を，情報の未説明部分の減少率によって評価することができます．すなわち，

$$R^2 = 1 - S_{X|A}/S_X = S_{X\times A}/S_X$$

を使います．これが，決定係数です．

これについて，$0 \leq R^2 \leq 1$ が成り立ちますから，データの変動の説明に最も有効ならその値が 1 であり，データの変動の説明に全く無効ならその値が 0 となるのです．

④ 以上の分析結果を，表 4.3.2 のような一覧表（分散分析表とよぶ）にまとめて示すのが慣習になっています（例：表 4.3.3）．

⑤ このフォームにかわるものとして，各区分ごとにみた偏差平方和と分散を含めた，表 4.3.4 のような詳細フォームを使うことも考えられます（例：表 4.3.5）．

表 4.3.2 分散分析表(1要因の場合のフォーム)

要因	偏差平方和(SS)	N	σ^2	R^2
全体での平均からの偏差	S_X	N	S_X/N	1
区分別平均の差	$S_{X \times A}$	N	$S_{X \times A}/N$	R^2
区分別平均からの偏差	$S_{X|A}$	N	$S_{X|A}/N$	

表 4.3.3 分散分析表(計算例,図 4.3.1 の場合)

要因	SS	N	σ^2	R^2
全体での平均からの偏差	296	8	37.00	100
区分別平均の差	120	8	15.00	40.5
区分別平均からの偏差	176	8	22.00	

分散の欄には,自由度でなく,データ数 N でわったものをおきます.ただし,「データによる見積もり」を与える場面では,これとちがう扱い方がありえます.

分散分析表という呼称は,「分散を分析する」ものという印象を与えますが,分散そのものではなく,データの個別変動に関して,その変動を説明する要因を見出すための分析結果を示すものになっています.したがって,「変動要因分析表」とよぶべきものですが,慣用にしたがって,分散分析表とよんでおきます.後の章(第5章)での分散分析表と区別したいときには,「要因分析のための分散分析表」とよぶことにします.

ここまでの段階なら,決定係数 R^2 を分散の比として計算しても,偏差平方和の比として計算しても同じですが,前節の⑤のことを考えて,偏差平方和の比として定義します.

表 4.3.4 分散分析表(1要因の場合の詳細フォーム)

要因	μ	SS	N	σ^2	R^2
全体での平均からの偏差	μ_k	S_X	N	S_X/N	1
区分別平均の差		$S_{X \times A}$	N	$S_{X \times A}/N$	$S_{X \times A}/S_X$
区分別平均からの偏差		$S_{X|A}$	N	$S_{X|A}/N$	$S_{X|A}/S_X$
区分 1	μ_1	$S_{X|1}$	N_1	$S_{X|1}/N_1$	$S_{X|1}/S_X$
区分 2	μ_2	$S_{X|2}$	N_2	$S_{X|2}/N_2$	$S_{X|2}/S_X$
⋮	⋮	⋮	⋮	⋮	⋮
区分 K	μ_k	$S_{X|K}$	N_K	$S_{X|K}/N_K$	$S_{X|K}/S_X$

表 4.3.5 分散分析表(計算例,図 4.3.1 の場合)

要因	μ	SS	N	σ^2	R^2
全体での平均からの偏差	47	296	8	37.00	100
区分別平均の差		120	8	15.00	40.5
区分別平均からの偏差		176	8	22.00	59.5
区分 A	52	56	3	18.66	18.9
区分 B	44	120	5	24.00	40.5

詳細フォームのポイントは，偏差平方和について成り立っている関係
$$S_X = S_{X \times A} + S_{X|A}$$
$$S_{X|A} = \sum S_{X|AI}$$
に注目して，各成分の寄与度を示す形にしていることです．

したがって，決定係数の欄には，「区分別平均の差」の行以外にも，S_X/N に対する比，すなわち，前節で説明した「寄与率」をおいています．

また，この詳細フォームを使うときには，偏差を測る基準値である「平均値」が区分ごとにちがうので，それらも表示するようにしましょう．

◆注　多くのテキストでは，分散分析を「実験データについて区分別平均値の差の有意性を検定する問題」に結びつけて説明していますが，有意性検定まで進めなくても，この節で説明したように「区分けすることの有効性を測る手段」として使うことができます．このテキストではこういう視点で扱っています．また，そのことから，F 比を使わず，決定係数を使うなどの変更を加えています．

こういう使い方を考えて「分散分析の考え方」を採用しようということです．

▷ 4.4　分析結果の表示

①　3.5 節で取り上げた「人口あたり病床数のデータ」(付表 B) については，「大都市周辺がその他とちがっていること」が示唆されていますので，それを確認するために分散分析を適用してみましょう．

ただし，「アウトライヤー」とみられる 2 県がありますから，
　　　2 県とそれ以外の 45 県とに二分すること
　　　45 県を大都市周辺 (10 県) とそれ以外 (35 県) とに二分すること
の 2 つのステップについて，区分けすることの効果をみることになります．

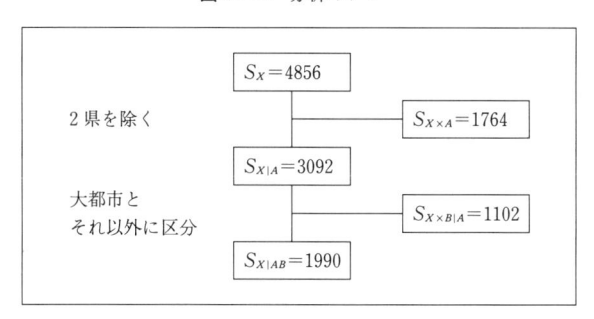

図 4.4.1　分析のフロー

```
2 県を除く          ┌─ S_X = 4856 ─── S_{X×A} = 1764
                    │
                    └─ S_{X|A} = 3092
大都市と                          │
それ以外に区分                    ├─── S_{X×B|A} = 1102
                                  │
                                  └─ S_{X|AB} = 1990
```

②　このフローにしたがって分散分析表をかくと，次の表 4.4.2 が得られます．

原データのままでは桁数が長くなるので,単位を[千]にかえて計算しています.したがって,計算結果も千を単位とする値になっています.

県間の差を表わす「偏差平方和」は4856です.

ステップ1でアウトライヤー2県とそれ以外とに二分すると,偏差平方和は3092となります.すなわち1764の減少で,「情報の約34.3%がアウトライヤーが混在していたことによる」と説明されることを意味します.残りの65.7%が45県間の差に対応します.

次に,ステップ2で,この45県を「大都市周辺」と「それ以外」とにわけると,この2区分間の差として1102(45県の範囲でみた3092の35.6%,全体でみた4856の22.7%)が説明されることがわかります.

この例では,まだ説明されずに残っている「県別差異」が1990,すなわち,全体での変動4856のうち41.0%と,かなり大きいことに注意しましょう.

表4.4.2 人口あたり病床数の県別値の分散分析表

高知・沖縄とそれ以外に2区分

区分	SS	N	σ^2	R^2
全体	4856	47	103	100.0
区分間	1764	2	882	34.3
区分内	3092	45	68.7	65.7

大都市周辺とそれ以外に2区分

区分	SS	N	σ^2	R^2
全体	3092	45	68.7	100.0
区分間	1102	9	112.4	35.6
区分内	1990	36	55.3	64.4

③ 86ページの表4.3.4で示したように,表のR^2の欄で,区分間偏差平方和だけでなく,区分内偏差平方和についても「全平方和」に対する比,すなわち寄与率を計算しています.上の説明でわかるように,分析経過を説明するために役立ちます.

たとえば,2段階の分析を経ても,区分間の差として説明されずに残った部分が大きいので,

区分間の差異として把握される「傾向性」とともに,

各区分での代表値からの偏差すなわち「個別性」にも注意すること

が必要だということが示唆されます.

◆注 病院数のちがいに影響すると思われる「高齢者比率」に注目して区分してみよう…これは,章末の問題にしてあります.

表4.4.3の分散分析表が得られることを確認してください.

それでも説明しきれない「個別性」が大きいという結果です.

表4.4.3 人口あたり病床数の県別値の分散分析表(高齢者比率で区分)

区分	SS	N	σ^2	R^2
全体	13094	45	68.8	100.0
区分間	775	3	25.80	26.0
区分内	2319	42	51.5	74.0

図 4.4.4 県別差異（全体での基準でみると）

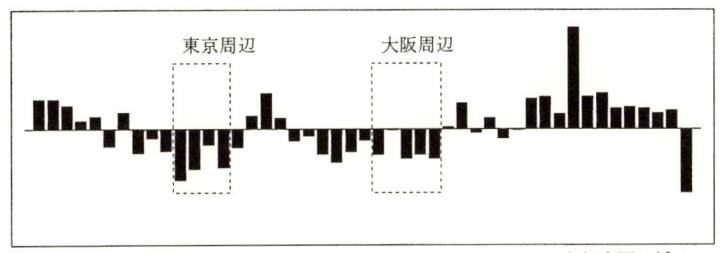

東京周辺　　大阪周辺

大都市圏で低い

図 4.4.5 県別差異（大都市周辺とそれ以外とをわけてみると）

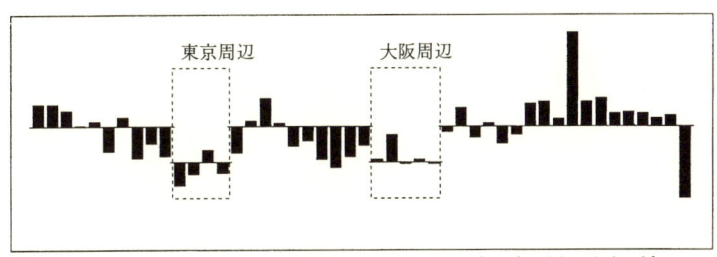

東京周辺　　大阪周辺

大都市圏の中でも中心都市で高く周辺地域で低い

この図の表現でも
　傾向として説明される部分を見出す
　　→それぞれの部分での平均値を示すために
　　　棒の基線を複数とする
　個別性すなわち傾向からの外れを，
　　それぞれの区分での平均値からの差として示すために
　　　それらの基線を使う
という考え方，すなわち，分散分析の考え方を採用しています．

④　分析の目的は，差を説明することです．したがって，分析結果のプレゼンテーションという意味でも，差異の有無を評価するための「分散分析表」だけでなく，
　　　「見出された差」を説明する図
および
　　　「見出されずに残った差」を説明する図
を用意しましょう．結果の解釈という意味では，その方が主役です．
　この例については，図 4.4.4 と図 4.4.5 のように表わしましょう．
　　　傾向性を棒の基線の位置
　　　傾向性として説明されずに残った個別性を，その基線からの差
として示しています．「棒グラフ」の形を使っていますが，分散分析の考え方を入れており，残差を示すという意図をもつ図という意味で，残差プロットとよびましょ

う．図4.4.4が全分散，図4.4.5が級内分散の場合に対応しています．

棒は「県の標準コード」の順に並べてありますが，コードが地理的な位置関係によってつけられており，たとえば大都市周辺がかたまりますから，図に付記したようによむことができます．

▶4.5 説明基準の精密化

① 被説明変数 X に対して2つの説明要因を使う場合にも，4.3節の考え方を適用することができます．すなわち，2段階にわけて

　　　第一の要因 A で区分することによって説明される変動, $S_{X \times A}$
　　　第二の要因 B で細分することによって追加説明される変動, $S_{X \times B|A}$

をわけて評価することができます．そうして，2つの部分を合わせれば，2つの要因で説明される変動 $S_{X \times AB}$ が評価されることになります．

② **分析過程の表示**　　分析のフローと変動和の減少は，次のように図示することができます．

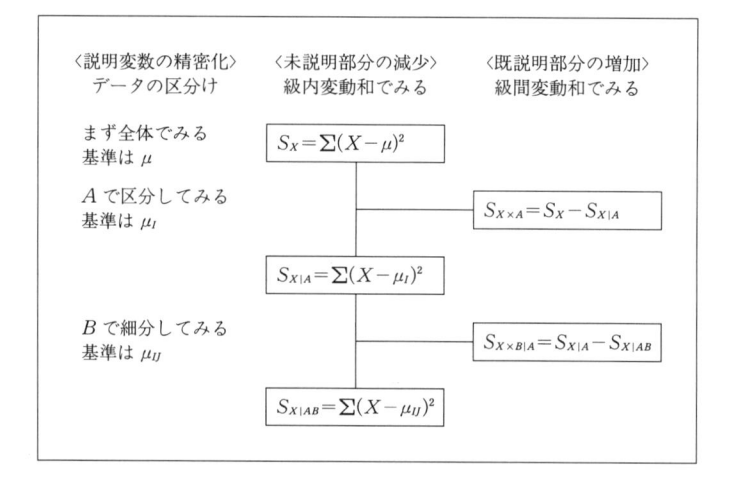

図4.5.1　分析のフローと変動の減少

```
〈説明変数の精密化〉      〈未説明部分の減少〉      〈既説明部分の増加〉
 データの区分け           級内変動和でみる         級間変動和でみる

まず全体でみる          S_X = Σ(X-μ)²
基準は μ
                                              ┌─────────────────────┐
A で区分してみる                                │ S_{X×A} = S_X - S_{X|A} │
基準は μ_I                                      └─────────────────────┘

                        S_{X|A} = Σ(X-μ_I)²
                                              ┌────────────────────────┐
B で細分してみる                                │ S_{X×B|A} = S_{X|A} - S_{X|AB} │
基準は μ_{IJ}                                   └────────────────────────┘

                        S_{X|AB} = Σ(X-μ_{IJ})²
```

この図では，左の列に「データの区分け」にともなって，変動をみるための規準が細かくなっていることを示しています．

中の列では，それにともなって偏差平方和が減少していくことを示し，右の列はそれぞれのステップでの減少度を示しています．

記号は，このフローで示したように，それぞれの意味に対応づければ理解できるでしょう．添字中に｜を含むものは級内変動すなわち未説明部分であり，添字中に ×

表 4.5.2 分散分析表 (2 要因を使った場合)

成分	偏差平方和	データ数	分散	決定係数
全体での平均値からの偏差	S_X	N	S_X/N	1
区分 A の平均値相互間の差	$S_{X \times A}$	N	$S_{X \times A}/N$	R_A^2
区分 A の平均値からの偏差	$S_{X|A}$	N	$S_{X|A}/N$	
区分 A での B の平均値相互間の差	$S_{X \times B|A}$	N	$S_{X \times B|A}/N$	$R_{B|A}^2$
区分 A での B の平均値からの偏差	$S_{X|AB}$	N	$S_{X|AB}/N$	

表 4.5.3 分散分析表 … 2 要因の場合の詳細フォーム

総括表

成分	偏差平方和	データ数	分散	決定係数
全体での平均値からの偏差	S_X	N	S_X/N	1
区分 AB での平均値間の差	$S_{X \times AB}$	N	$S_{X \times AB}/N$	R_{AB}^2
区分 AB での平均値からの偏差	$S_{X|AB}$	N	$S_{X|AB}/N$	

説明された部分

成分	偏差平方和	データ数	分散	決定係数
区分 AB での平均値間の差	$S_{X \times AB}$	N	$S_{X \times AB}/N$	R_{AB}^2
区分 A の平均値間	$S_{X \times A}$	N	$S_{X \times A}/N$	R_A^2
区分 A での B の平均値間	$S_{X \times B|A}$	N	$S_{X \times B|A}/N$	$R_{B|A}^2$
区分 A_1 での B の平均値間	$S_{X \times B|1}$	N	$S_{X \times B|1}/N$	$R_{B|1}^2$
区分 A_2 での B の平均値間	$S_{X \times B|2}$	N	$S_{X \times B|2}/N$	$R_{B|2}^2$
⋮	⋮	⋮	⋮	⋮

説明されずに残った部分

成分	平均値	偏差平方和	データ数	分散
区分 AB での平均値からの偏差		$S_{X|AB}$	N	$S_{X|AB}/N$
区分 A_1 での B_1 内	μ_{11}	$S_{X|11}$	N_{11}	$S_{X|11}/N_{11}$
区分 A_1 での B_2 内	μ_{12}	$S_{X|12}$	N_{12}	$S_{X|12}/N_{12}$
⋮	⋮	⋮	⋮	⋮
区分 A_2 での B_1 内	μ_{21}	$S_{X|21}$	N_{21}	$S_{X|21}/N_{21}$
区分 A_2 での B_2 内	μ_{22}	$S_{X|22}$	N_{22}	$S_{X|22}/N_{22}$
⋮	⋮	⋮	⋮	⋮
		A と B の組み合わせ区分に対応		

3 番目のブロックでは,偏差平方和がその下に示す一連の「区分内でみた偏差平方和の計」になっているのに対して,分散は,その下に示す一連の「区分内でみた分散の加重平均」になっていることに注意しましょう.それぞれの区分でのデータ数でわっていることからくるのです.

を含むものは級間変動すなわち既説明部分である … この理解は,特に重要です.

③ **分散分析表**　また,この結果を,表 4.5.2 のように,分散分析表の形式にまとめることもできます.

図 4.5.1 のフローに対応づけてあります.

④ **分析のフロー拡張**　分析のフローにおける $S_{X|AB}$,すなわち,最後に未説明部分として残された部分については,各区分内に限定してみた残差成分 $S_{X|IJ}$ を表示

しておくことも考えられます．こうしておけば，$S_{X|AB}$ をさらに減少させるためには，どの区分に注意を向ければよいかがわかります．

また，$S_{X \times B|A}$ すなわち A の影響を制御して X と B の関係をみる部分については，A の各区分ごとにみた内訳 $S_{X \times B|A}$ を表示して，「X と B の関係」の A_I によるちがいをみることができます．

ただし，これらを1つの分散分析表に組み込むと見にくいので，表4.5.3のように，表を3つにわけて表示する方がわかりやすいでしょう．

「これだけ減少していった」すなわち「説明された」部分と，「これだけ残っている」すなわち「説明されずに残っている」部分とをわけて示す形になっているのです．

▶4.6 分 析 例

① 分析の一例をあげておきます．
　　食費支出額 X の世帯別データの変動を，
　　世帯人員数 A と月収 B とによって，
　　「どのように，またどの程度まで」説明できるか
を考えてみるのです．

X_{AB} のデータは，付表Aに一括して示してあります．
　　世帯人員 A は，A_1：2〜3人，A_2：4人，A_3：5人以上
　　月収 B は，B_1：500以下，B_2：500〜1000，B_3：1000以上

と，それぞれ3区分にわけるものとしましょう．データ数が68ですから，3区分にすると平均20となります．また，2つの基準を組み合わせると9区分，1区分あたり10以下になりますから，区分数はこれ以上細かくはできません．3区分の区切り方はいろいろ考えられますが，各区分に属するデータの数が均等になるように選びましょう．ただし，分析過程で試行錯誤をくりかえすことになるのが普通ですから，はじめは「およその見当でわけてみる」ことで十分です．

上記の区分けを適用した場合，フローチャート(図4.6.1)と分散分析表(表4.6.2)が得られます．

表の下部2行が，A の他に B を取り上げたことによってつけ加わった部分です．

まずこれらから，A だけでは X の変動の41%しか説明できないことがわかります．よって，B を考慮に加えることが妥当だったといえるのですが(また，そうしていますが)，両方を使っても X の変動の46%が説明されずに残っています．

したがって，各区分の平均値の比較とともに，各区分内での世帯間差異にも注意を払うことが必要です．

② 平均値の比較についても，種々の区分での平均値の相互関係に関する要約説明が必要です．表4.6.3が，各区分の平均値を比較するための表と，そのグラフです．

4.6 分析例

図 4.6.1 食費支出の世帯人員および月収別比較

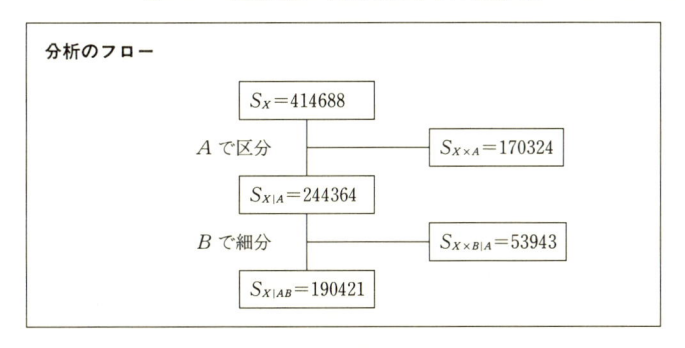

```
分析のフロー
                    ┌─ $S_X = 414688$
         A で区分 ─┤
                    │                      ┌─ $S_{X \times A} = 170324$
                    │                      │
                    └─ $S_{X|A} = 244364$ ─┤
                                           │
                B で細分 ─┤                │
                         │                 └─ $S_{X \times B|A} = 53943$
                         │
                         └─ $S_{X|AB} = 190421$
```

表 4.6.2 食費支出の世帯人員および月収別比較(分散分析表)

	変動和	データ数	分散	決定係数
全体を一括	414688	68	6098	100
区分 A 間	170324	68	2504	41
区分 A 内	244364	68	3594	59
区分 B 間$|A$ 内	53943	68	794	13
区分 AB 内	190421	68	2800	46

表 4.6.3 各区分での平均値

区分	N	平均値	その構造
$A_1 B_1$	7	147.4	176.0 -28.6
$A_1 B_2$	16	179.6	176.0 $+ 3.6$
$A_1 B_3$	4	211.5	176.0 $+35.5$
$A_2 B_1$	5	155.6	208.7 -53.1
$A_2 B_2$	11	215.5	208.7 $+ 6.8$
$A_2 B_3$	6	240.5	208.7 $+31.8$
$A_3 B_1$	2	352.5	297.9 $+54.6$
$A_3 B_2$	10	266.1	297.9 -31.8
$A_3 B_3$	7	327.7	297.9 $+29.8$

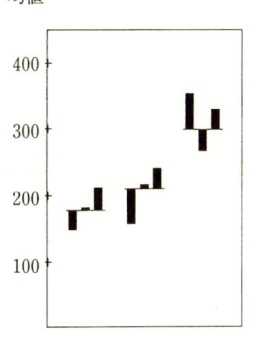

この表の「その構造」の欄には,各区分の平均値を,B による区分を統合してみたときの平均値(A の各区分に対応する 176.0, 208.7, 297.9)と,それを B で細分したときの付加部分とにわけて示してあります.また,表の右側のグラフでは,前者を横線,後者をその線を基線とする上下方向の棒で示してあります.

まずこれでみると,A すなわち世帯人員の効果は,その数に応じて大きくなることがわかります.

これに,B すなわち所得の効果が,その高低に応じて正あるいは負の値として付加されています.

$A\uparrow \Rightarrow X\uparrow$
$B\uparrow \Rightarrow X\uparrow$

ただし，区分 A_3B_1 では，この一般的傾向に合致していません．

この点について，どう考えるべきでしょうか．まず考えられるのは，A_3B_1 のデータ数が少ない (2 世帯) から，その部分は無視しようという説です．

しかし，そう断定する前に，各区分における世帯間格差を示す「分散分析表」をみておきましょう．

一般に世帯間変動は各区分の世帯数に比例するのが普通ですが，A_3B_1 について，世帯数が 2 と少ないのにかかわらず変動が大きい (したがって，分散が大きい) ことが目につきます．

したがって，平均値でみた特異の傾向は，A_3B_1 という区分に対応する情報ではなく，その区分内での世帯間格差あるいは他の世帯と異なった事情をもつアウトライヤーの存在を示唆するものと考えられます．

区分 A_1B_3 についても同様な状態があるようです．

③ ①で指摘されているように世帯間格差が大きい問題ですから，個々の世帯の情報 (X, A, B) を図示したグラフをみるとよいでしょう．

表 4.6.4 区分内変動の成分

区分	N	変動和	σ^2
A_1B_1	7	1242	177
A_1B_2	16	40248	2515
A_1B_3	4	33141	8285
A_2B_1	5	4739	948
A_2B_2	11	11865	1079
A_2B_3	6	2318	386
A_3B_1	2	22685	11342
A_3B_2	10	27519	2752
A_3B_3	7	46665	6666
計	68	190421	

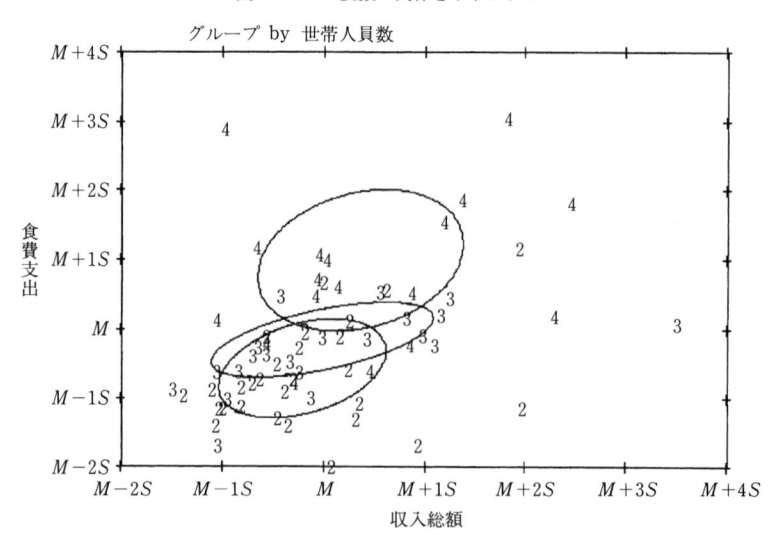

図 4.6.5 3 変数の関係を示すグラフ

4.6 分 析 例

また，区分の基礎とした A, B が数量データですから，区分の仕方を考える参考になります．

3次元になりますから，2つの情報 (X, B) を縦軸，横軸にとって第三の変数 A は，その区分をマークの種類で示す形式にしましょう．これが，図4.6.5です．

図の左上に，X の値が3シグマ以上離れたデータがあります．その位置から B_1 であり，そのマークから A_3 ですから，これが A_3B_1 での平均値を大きくしたものと判明します．② で予想したとおり，A_3B_1 での平均値は傾向を示すものではなく，アウトライヤーが混在したため離れたものだということができます．

なお，図に書き込んだ楕円は，その範囲にデータのほぼ 1/2 が入ることを示すものです．

④ 以上から，「アウトライヤーを除外して分析せよ」というのが1つの提唱です．

ただし，A_3B_1 ほどはっきりしないが，A_1B_3 などについても同様な事態がありそうですから，少数のアウトライヤーの影響を受けにくいよう，区分数を減らして，各区分でのデータ数が多くなるようにするという代案もありえます．

⑤ 図4.6.5に書き込んである集中楕円によって，A の各区分に属するデータの散布範囲をみると

$A\uparrow \Rightarrow X\uparrow$　　楕円の位置が上にシフトしていることから

$B\uparrow \Rightarrow X\uparrow$　　楕円の形が右上がりであることから

という傾向がきれいによみとれますから，区切り方の工夫によって，この傾向を要約することができそうです．

データの区切り方をかえてみましょう．図でみるように，世帯人員の多い世帯ほど「データの散布範囲が右にずれている」ことがわかります．A すなわち世帯人員と B すなわち所得とが関連性をもっているためです．

このことを考慮に入れると

　　　世帯人員の多い区分では　　A_3 での収入の効果をみるために

表4.6.6 各区分での平均値（区切り方をかえた場合）

区分	N	平均値	その構造
A_1B_1	9	153.2	176.0 -22.8
A_1B_2	18	187.4	176.0 $+11.4$
A_2B_1	10	189.4	208.7 -19.3
A_2B_2	12	224.8	208.7 $+16.1$
A_3B_1	10	290.4	297.9 $- 7.5$
A_3B_2	9	306.2	297.9 $+ 8.3$

A_1 では　B_1 550 以下　B_2 550 以上
A_2 では　B_1 650 以下　B_2 650 以上
A_3 では　B_1 800 以下　B_2 800 以上

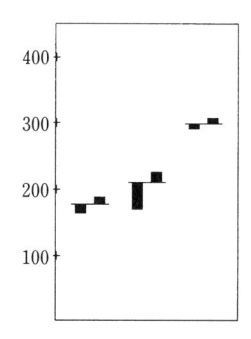

世帯人員の少ない区分ではA_1での収入の効果をみるためにBの区切り方をかえる方がよさそうです．Bの区分数を2とし，区切りをAの区分ごとにかえてみましょう．

表4.6.6 がその結果です．

表4.6.2 と比べて明らかなように，Aの効果，Bの効果がきれいによみとれる結果となっています．データの数が少ない，そうして，世帯間格差が大きいという状態に応じてデータの区分けを決める，いわば「ピントあわせをする」ことがコツです．

いま扱っているデータの場合，これ以上の説明を試みると，「データによる裏づけの得られない過剰な説明」になるでしょう．しかし，表4.6.2 の段階で分析を終え解釈を試みると，「データによる裏づけが得られることを見逃した不十分な説明」になってしまいます．

▶4.7 主効果と交互作用効果

① **主効果と交互作用効果**　被説明変数Xに対する2つの説明要因A, Bについて，右表のように各要因の組み合わせ区分に対応する計数が求められている場合を考えましょう．

この場合には，4.5節の分析をA, Bの順，B, Aの順と2とおりの方法で適用できます．そうして，分析のフローと偏差変動和の減少は，A, Bの順に適用した場合の図4.6.1（93ページ）とB, Aの順に適用した場合の図とを組み合わせて，図4.7.1のように示すことができます．

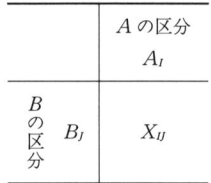

	Aの区分 A_I
Bの区分 B_J	X_{IJ}

図4.7.1 2要因を組み合わせた場合の分析フロー

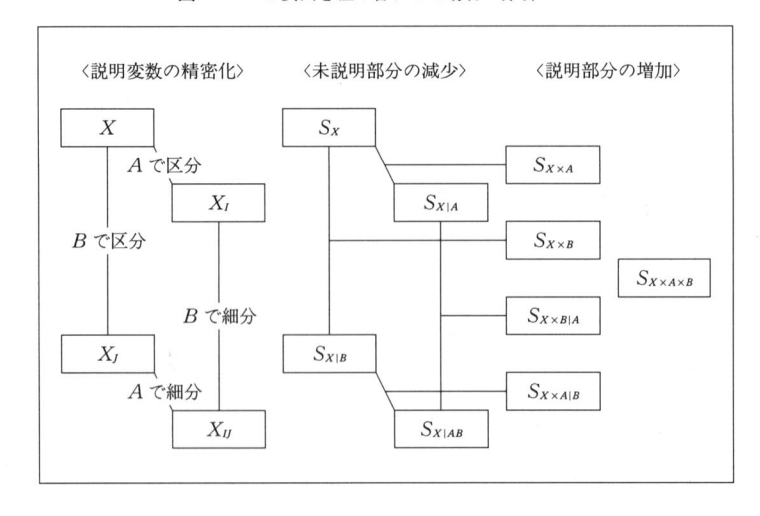

〈説明変数の精密化〉　〈未説明部分の減少〉　〈説明部分の増加〉

X
　Aで区分
　　X_I
Bで区分
　　Bで細分
　X_J
　　Aで細分
　　　X_{IJ}

S_X
$S_{X|A}$
$S_{X|B}$
$S_{X|AB}$

$S_{X \times A}$
$S_{X \times B}$
$S_{X \times B|A}$
$S_{X \times A|B}$

$S_{X \times A \times B}$

4.7 主効果と交互作用効果

どちらの順に適用しても，最終的には A, B の両方の組み合わせ区分を比較することとなり，未説明部分として残るのは A, B の組み合わせ区分内変動 $S_{X|AB}$ ですから，図は，最初わかれて，最後に合流する形になります。

図示されている各項の記号および意味は，$S_{X \times A \times B}$ 以外は，4.6節で説明してあります。たとえば，分析によって説明される成分に関して

$$S_{X \times AB} = S_{X \times A} + S_{X \times B|A}$$
$$= S_{X \times B} + S_{X \times A|B}$$

が成り立っており，このことは，図の2つのルートに沿って見出される成分分解に対応しています。

② 新しく現われた $S_{X \times A \times B}$ について説明しましょう。

一般に，2つの要因 A, B が X の変動に関係しているとき，それを

A の主効果（B の効果を考慮外においたときの A の効果）
B の主効果（A の効果を考慮外においたときの B の効果）

のほかに

A, B が共存したために生じる相乗または相殺効果に相当する効果

が存在すると考えることができます。

この効果については，まず，ここで使っている記号において $S_{X \times A}$ と $S_{X \times A|B}$ のちがいに注意しましょう．これらは，いずれも A の効果を表わしますが，

$S_{X \times A}$ ──── B の存在を考慮していないため

　　　　　　　　A の効果に B の効果が混入しており，

$S_{X \times A|B}$ ──── B で区分けしてみているため，

　　　　　　　　A 単独の効果とみられる

ものですから，後者で，A の主効果を評価し，両者の差として交互作用効果を評価するのです。

すなわち

$$S_{X \times A \times B} = S_{X \times A|B} - S_{X \times A}$$

と定義される項を，交互作用とよぶことにします。

③ 前節で取り上げた例について，A と B の交互作用も含めて分析するために，この節の方法を適用してみましょう．A, B の区切り方については，どの A についても同じわけ方を適用した最初の案によるものとします。

まず，図4.7.2のように，A, B の順に適用した場合と，B, A の順に適用した場合の偏差平方和を求めます。

これから，交互作用の大きさが

$$S_{X \times A \times B} = S_{X \times A|B} - S_{X \times A} = -12105$$

と評価されます。

また，表4.7.3の分散分析表に交互作用の項を含めたいときには，表4.7.4のようにかきます。

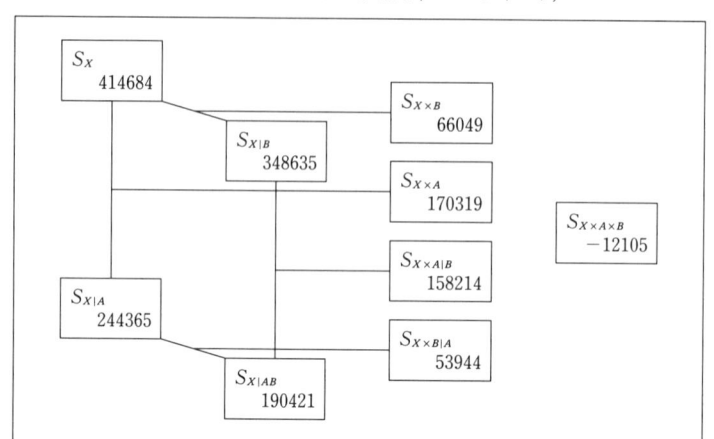

図 4.7.2 2要因による分析例(フローチャート)

```
┌─────────────────────────────────────────────────────────┐
│  ┌─────────┐                                            │
│  │  S_X    │              ┌─────────┐                   │
│  │ 414684  │──────────────│ S_{X×B} │                   │
│  └────┬────┘              │  66049  │                   │
│       │    ┌─────────┐    └─────────┘                   │
│       ├────│ S_{X|B} │                                  │
│       │    │ 348635  │    ┌─────────┐                   │
│       │    └────┬────┘────│ S_{X×A} │                   │
│       │         │         │ 170319  │  ┌───────────┐    │
│       │         │         └─────────┘  │ S_{X×A×B} │    │
│       │         │         ┌───────────┐│  -12105   │    │
│       │         └─────────│ S_{X×A|B} │└───────────┘    │
│       │                   │  158214   │                 │
│  ┌─────────┐              └───────────┘                 │
│  │ S_{X|A} │                                            │
│  │ 244365  │              ┌───────────┐                 │
│  └────┬────┘──────────────│ S_{X×B|A} │                 │
│       │    ┌─────────┐    │   53944   │                 │
│       └────│S_{X|AB} │    └───────────┘                 │
│            │ 190421  │                                  │
│            └─────────┘                                  │
└─────────────────────────────────────────────────────────┘
```

表 4.7.3 分散分析表(2要因による区分を順をかえて適用)

要因	SS	要因	SS
X	414684	X	414684
$X \times A$	170319	$X \times B$	66049
$X\|A$	244365	$X\|B$	348635
$X \times B\|A$	53944	$X \times A\|B$	158214
$X\|AB$	190421	$X\|AB$	190421

表 4.7.4 分散分析表(交互作用の項を含める場合)

総括表

要因	SS	N	分散
X	414684	68	6098
$X \times AB$	224263	68	3298
$X\|AB$	190421	68	2800

説明された部分

要因	SS	N	分散
$X \times AB$	224263	68	3298
$X \times A$	170319	68	2323
$X \times B$	66049	68	793
$X \times A \times B$	-12105	68	178

この例の場合は,説明されずに最後まで残っている190421と比べて,1桁小さい値ですから,この例では交互作用は「考慮外においてよい」といえます。

◆注 種々の偏差平方和を区別するために,「データの見方を示す記号を含む添字」を使っています。慣れないと面倒にみえる記号ですが,ここまで進めば,理解を助ける記号体系になっていることがわかったと思います。

④ 交互作用を考慮する必要がない場合は

$$S_{X \times AB} = S_{X \times A} + S_{X \times B}$$

4.7 主効果と交互作用効果

となりますから，
  A, B の組み合わせ表をつくることなく，
  X と A の組み合わせ表から A の効果を把握し，
  X と B の組み合わせ表から B の効果を把握し，
  それで A, B の効果を把握すれば足りる
ということになるのです．
 ⑤ 2 つの要因の効果比較
$$S_{X \times A} - S_{X \times B} = S_{X \times A|B} - S_{X \times B|A}$$
が成り立ちます．この関係から，「2 つの要因の効果の差」を評価するには
  他方の効果を無視して測った偏差平方和の差でみても
  他方の効果を補正して測った偏差平方和の差でみても
  同じだ
ということになります．
 ⑥ **補注：交互作用の定義について** 本文では，交互作用を，2 つの成分の差として定義しましたが，具体的な説明にむすびつけるためには，以下のように定義します．
  定義 1：交互作用 1 $S^{(1)}_{X \times A \times B} = \sum \sum N_{IJ}(\bar{X}_{IJ} - \bar{X}_I - \bar{X}_J + \bar{X})^2$
  定義 2：交互作用 2 $S^{(2)}_{X \times A \times B} = \sum \sum N_{IJ}(\bar{X}_I - \bar{X})(\bar{X}_J - \bar{X})$
 第一の定義では
$$\bar{X}_{IJ} - \bar{X}_I = \bar{X}_J - \bar{X}$$
がすべての (I, J) について成り立っていれば 0 となり，そうでないときは正となりますから，2 つの要因の効果に関して，
  A の効果は，B の区分いかんにかかわらず一定
すなわち，加法性をもつなら 0，それから離れるにつれて大きくなる … その程度を計測するものと解釈されます．
 第二の定義では
$$\bar{X}_I - \bar{X}, \quad \bar{X}_J - \bar{X}$$
の符号が
  (正, 正) または (負, 負) なら正
  (正, 負) または (負, 正) なら負
となりますから，2 つの効果の相乗性・相殺性を計測するものと解釈されるものです．
 これらについて，
$$S_{X \times A \times B} = S^{(1)}_{X \times A \times B} - 2 S^{(2)}_{X \times A \times B}$$
が成り立つことが証明されますから，これを利用して，交互作用項を 2 つの成分に分解できます．
 定義上第 1 項は 0 または正であるのに対し，第 2 項は正にも負にもなりうるもので

す．交互作用が負になった場合は，この第2項が大きい負の値をとって，第1項の正値を打ち消したことを意味します．

右の分散分析表は，表4.7.4にこの分解を追加した結果です．

この分解によって，「データの変化について立ち入った解釈ができる」可能性がありますが，注記するような問題がひそんでいますから，一般には，残差をみることにとどめます．

表 4.7.5 分散分析表

要因	SS
X	414688
$X\|AB$	190421
$X \times AB$	224267
$X \times A$	170323
$X \times B$	66049
$X \times A \times B$	-12113
$S^{(1)}$	35200
$-2S^{(2)}$	-47313

◇**注1** A の効果に B の効果が重なったときにそれぞれの効果の和以上に大きい効果が現われる場合を相乗効果，逆に小さくなる場合を相殺効果とよびます．よって，

　　　　相乗効果のある場合　　$S_{X \times A} > S_{X \times A|B}$
　　　　相殺効果のある場合　　$S_{X \times A} < S_{X \times A|B}$

となります．したがって，交互作用の符号によって，相殺効果あるいは相乗効果と解釈したくなりますが，2要因 A, B の組み合わせ区分に対応するデータ数 N_{IJ} が関係してきますから，このテキストでは，こういう解釈に立ち入らず，分析手順を適用して得られる1成分として「交互作用効果」というコトバを使います．

◇**注2** $S_{X \times A}$ は B を，考慮に入れていないことを明示するために，$S_{X \times A(B)}$ とかくこともあります．B を考慮に入れていなかったために混同されていた変動（みかけ上大きくなっていた変動）が交互作用にあたると解釈すればよいのです．

◇**注3** 2つの要因を使って説明される変動全体 $S_{X \times AB}$ について，交互作用項を含めた形，すなわち

$$S_{X \times AB} = S_{X \times A|B} + S_{X \times B|A} - S_{X \times A \times B}$$

と表わすことができます．$X \times A(B)$, $X \times B(A)$ の方を使うと

$$S_{X \times AB} = S_{X \times A(B)} + S_{X \times B(A)} + S_{X \times A \times B}$$

となります．

● 問題 4 ●

【種々の分散】
問1 UEDA のプログラムのうち AOV03E を使って，テキスト本文の説明を復習し，全分散，級内分散，級間分散，決定係数の定義と，分析手段としての効用を説明せよ．

【分散の計算】
　　注：問2と問3は，電卓で計算すること．

問2 表 4.A.1 は，15世帯について調べた「1か月あたり生計費」などである．これについて次の各問に答えよ．計算は，表 4.2.3 のフォームによって進めよ．
　a. 生計費 (X) の分散を計算せよ．
　b. 職業別に区分して扱うと分散はどうなるか．
　c. 世帯人員別に区分するとどうか．
　d. 職業と世帯人員の両方で区分するとどうか．
　e. 世帯人員 (N) との関係が $X=28+4N$ と表わせると想定すればどうか．
　f. 世帯人員との関係に関して，いくとおりかの直線を想定して，比べてみよ．

問3 表 4.A.2 のデータのうち Y について，

表 4.A.1 モデルデータ 5

#	世帯人員	職業	生計費
1	2	A	34
2	2	A	36
3	2	B	35
4	2	C	39
5	3	B	40
6	3	A	41
7	3	C	42
8	3	C	44
9	3	A	38
10	3	C	41
11	4	C	44
12	4	C	42
13	4	B	46
14	4	C	47
15	4	B	46

表 4.A.2 モデルデータ 6

#	Y 食費	X 収入	Z 世帯人員
1	10	16	2
2	12	25	2
3	13	29	4
4	12	31	2
5	14	32	3
6	15	35	4
7	22	40	4
8	16	44	2
9	17	53	3
10	16	60	4

a. 全分散を計算せよ．
b. Z によって区分けした場合の級内分散を計算せよ．
c. Y, X の関係を表わす傾向線を想定し，傾向値を基準とした残差分散を計算せよ．
d. X の値によってデータを3区分して，級内分散を計算せよ．
e. c における直線の想定をいろいろかえて，残差分散を計算してみよ．
f. どんな想定をしても，全分散より小さいはずである．このことを証明せよ．
g. d における区分の仕方をいろいろかえて，級内分散を計算してみよ (区分数は3として)．
h. どんな区分をしても，全分散より小さいはずである．このことを証明せよ．

【分散分析】

注：問4以下問9までは，プログラム AOV04 を使うこと (基礎データは例示用としてセットされている)．

問4 付表 A のうち食費支出額のデータについて，次の問いに答えよ．
a. 世帯人員で3区分することによって，どの程度，その変動が説明されるか．3区分は，2人，3人，4人以上とすること．また，結果はフローチャート (図4.3.1の形式) および分散分析表 (表4.3.2) にまとめること．
b. 世帯人員の区分を2人，3人，4人，5人以上とするとどうか．結果は，a と同じ形式にまとめること．
c. 収入総額によって3区分するとどうか．区分は，プログラムが表示する情報を参考にして，区切り値が「切りのよい値」(たとえば2, 5, 10 など) になるように定めること．結果はフローチャート (図4.3.1) および分散分析表 (表4.3.2) にまとめること．
d. 収入総額によって3区分を，各区分に属する世帯数がほぼ均等になるように定めるとどうか．結果は，c と同じ形式にまとめること．
e. c および d の結果として得られた「各区分における分散」を参考として，分散の大きい部分の区切り幅を狭くし，分散の小さい部分の区切り幅を広くすることを考えて区切りなおして再計算し，結果を比べてみよ．

問5 a. 世帯人員による区分 (問4a で採用した区分) を収入総額による区分 (問4c で採用した区分) で細分して分散の変化を調べよ．結果は，フローチャート (図4.5.1) および分散分析表 (表4.5.2) の形式にまとめよ．
b. 収入総額による区分 (問4c で採用した区分) を世帯人員による区分 (問4a で採用した区分) で細分して分散の変化を調べよ．結果は，a と同じ形式にまとめよ．
c. a および b の結果を，フローチャート (図4.7.1) および分散分析表 (表

4.7.3)の形式にまとめよ．

問6 付表Aのうち雑費支出額について，問5と同じ分析を行なえ．

問7 付表Aによって各世帯の食費支出割合(食費支出額/月収額)を計算し，その世帯間変動について，

    a. その変動が，世帯人員で区分けしてみることによってどの程度説明できるかを評価せよ．

    b. 月収額で区分してみることによってどの程度説明できるかを評価せよ．

    c. 世帯人員，月収額の両方を使うとどうか．

結果は問5と同じ形式にまとめよ．また，月収の効果を表わす分散が，問5の場合と比べて小さくなった理由を説明せよ．

    注：この問題については，プログラムAOV04を適用する前に，各世帯の食費支出割合を計算しなければならない．そのために，プログラムVARCONVを使うのだが，データファイルDH10VYにそれを使うための「変換指定文」が付加されているので，それを確認し，Escキイをおすと変換が実行され，結果すなわち「食費支出割合」を書き込んだ作業用ファイルworkができる．

問8 付表Bに示す"人口あたり病院・診療所病床数"Xの地域差について，3.5節で分析したが，その各ステップにおいて検出された差異の説明力を評価するための分散分析を行なえ．基礎データは，ファイルDI93Xに記録されている

    a. 47県の値の差異を評価する全分散．

    b. アウトライヤーとみなされた高知県を除いた場合の全分散．

    c. 残りの46県を「大都市周辺」と「それ以外」とに区別した場合の級内分散．

    d. cによってアウトライヤーとみなされた沖縄県を除いた場合の級内分散．

    e. a〜dの結果をまとめた分散分析表．

    f. 高齢者比率の大きさによって県を3区分して比較した場合の級内分散．

    g. fの結果を示す分散分析表．

    注：ファイルDI93Xには，級内分散計算のための区分の仕方を区分番号で記録した変数を用意してある．これを使うと，AOV04の計算過程での区分の仕方の指定が簡単になる(指定どおりに使うという確認だけですむ)．

    全分散の計算はAOV01Aで行なわなくても，AOV04で級内分散を計算したときいっしょに出力される．

【基礎データの取り上げ方】

問9 問3〜8の問題では，ひとつひとつの世帯のデータを利用しているが，それが利用できない場合がある．

    a. たとえば，家計消費に関する重要な情報源である「家計調査の報告書」をみて，どんな形の情報が利用できるかを調べよ．

    b. このほかに，5年ごとに実施される「全国消費実態調査」がある．これについて，利用できる情報を調べよ．

c. これらの資料で利用できるデータの範囲で，食費支出の世帯間変動に関してどこまで分析できるか．問 4 および問 5 で計算した分散のうち，これらの資料に掲載されている情報によって計算できるものはどれで，計算できないものはどれかを示せばよい．ただし，各変数の区分数および区切り方はかえてもよいものとする．

問 10 ある人が付表 A のデータを使う分析 (たとえば問 4) において，「奇数番のデータと偶数番のデータとに折半し，それぞれについて同じ分析をくりかえせ」と提唱した．この提唱は，どういう意図をもつか．

問 11 戦後の暮らしと最近の暮らしとを比べるために，1950 年と 1980 年の家計収支のデータを比べてみようとしていたら，ある人が「1951 年と 1981 年も取り上げよ」と提唱した．この提唱は，どういう意図をもつか．

5 有意性の検定

この章で扱う「仮説検定」の問題について，前章で扱った「分散分析」と対比しつつ概説（5.1 と 5.2）した後，その方法の論理構成と（5.3，5.4），それを適用する場合に前提とされる諸条件を説明します．また，平均値を比較する問題に限定した場合に適用できる精密化された方法（5.5，5.6）を説明します．

また，分析の意図やデータを求める環境条件などに応じた「分析計画の立て方と進め方を」説明します（5.7）．

▶5.1 有意性の検定

① 前章の分散分析表で共通していることは
  区分間の差として説明された「説明ずみの部分」
  区分間の差としての説明で「説明し残された部分」
とをわける形になっていることです．

したがって，「説明ずみとされた部分」の変動が「未説明部分」の変動と比べて大きければ，
  「説明のために採用された区分」が有効
だったと判定できます．

もし，説明しうる要因が残っていないなら，未説明部分は，各観察単位ひとつひとつの個別性とみなされることになります．このような状態になったときには，区分間の差の「有意性」を判定する指標として，

$$\text{比} = \frac{\text{区分間変動}}{\text{区分内変動}} \quad \text{または} \quad \text{比} = \frac{\text{区分間分散}}{\text{区分内分散}}$$

を使うことが考えられます．

第4章で使っていた決定係数では，この比の分母を「全変動」すなわち「区分間変動＋区分内変動」としていました．変動の大きさを対比することは共通しています

が，仮説検定の場合は「区分内変動」には意味のある差は残っていない（いわば誤差と同様の変動だ）とみなしうると想定して，その手法を組み立てます．

このことにともなって，区分内変動または区分内分散に対する比率を使うことになるのです．

② 説明をつづける前に例示を挿入しておきましょう．表5.1.1は，4.6節にあげた

「Xの変動を，A, Bによって区分することによって
どの程度まで説明できるか」

を分析するための分散分析表のうち，Aの効果をみる部分です．

変数Aによって，Xの変動の41%が説明される … という結論でした．

これにつづいて，Aの各区分での平均値が異なること（個人差によって発生する差をこえること）を確認しよう，それが，この章の問題意識です．

そのために，各区分での平均値の差を検定するための指標として「分散比」を計算し，表5.1.2の形の分散分析表に記録します．

表5.1.1と対比して，共通なところ，変更されたところを確認してください．

この表における比すなわち16.6が大きい，よって，「Aによる区分別平均値は差がある」と結論づけるのですが，比の計算で使う分散において，データ数Nでなく，データ数と異なる値（見出しで自由度としてある）でわっていることに注意しましょう．

この変更および「16.6という値が大きい」とする根拠などについて，説明することが必要です．

③ ①に示した比のうち

$$比 = \frac{区分間分散}{区分内分散}$$

を，後述の理由で「F比」とよび，記号Fで表わします．ここでは，「偏差平方和」の比でなく，分散の比とします．

前章までの説明で「変動」というコトバを使っていましたが，変動の大きさに関し

表 5.1.1 分散分析表 for 要因分析（表4.3.2の形式）

要因	偏差変動和	N	σ^2	決定係数
全体での平均値	414684	68	6098	100
区分A間	170319	68	2504	41
区分Aでの平均値	244365	68	3594	59

表 5.1.2 分散分析表 for 仮説検定（この章での形状）

要因	偏差変動和	自由度	σ^2	F比
全体での平均値	414684	67	6098	
区分A間	170319	2	85160	16.6
区分Aでの平均値	244365	65	5127	1

て，現象自体がもつ変動の大きさと，取り上げたデータ数の大小とが重なっていることに注意しましょう．

有意性の検定法を組み立てるときには，データ全体がもつ変動，すなわち，偏差平方和でなく，データ1つあたりに換算してみた変動，すなわち，分散を使います．

ただし，形式上のデータ数でなく，いわば実質上のデータ数にあたる「自由度」とよばれる量でわる形に変更します．

この自由度，すなわち，実質上のデータ数については，次のように理解することができます．

    a. 全体での変動は「N 個の観察値の比較」だが，各観察値の平均値の平均が「全体でみた平均値だ」という条件がついているので，実質上は「$N-1$ 個の観察値の比較だ」とみる．

    b. 区分内変動は，a と同じく「N 個の観察値の比較」だが，偏差を測る基準として K 組の平均値を使っているので，実質上は「$N-K$ 個の観察値の比較だ」とみる．

    c. 区分間変動は，「区分数 K に対応する平均値の比較」すなわち「K 個の変数の比較」だが，「各区分別平均値」の平均が「全体でみた平均値」となるので，「実質上は $K-1$ 個だ」とみる．

また，上記の説明中の c については，各観察単位のレベルでみるのでなく，想定された区分のレベルでみることにするため，「その平均サイズ N/K をかける」という補正がはいっています．したがって，

$$(S_{X \times A}/N) \times (N/K)$$

とした上，分母の K を $K-1$ とおきかえたものと解釈すべきです．

④ このような変更を加えた分散分析表が，次の表 5.1.3 です．

4.3 節の分散分析表 (for 要因分析) と類似していますが，以下の3点で重要な変更が加えられたことになります．

    a. データ数 N のかわりに自由度 df をおく．
    b. 分散は，自由度でわったものをおく．
    c. 決定係数のかわりに，F 比を計算して表示している．

⑤ この変更の意図は，c，すなわち F 比を使おうとしたことによるものです．

この F 比は，

    区分間変動がないときに，値 1 となり

表 5.1.3 分散分析表 for 仮説検定

要因	SS	df	σ^2	F 比
全体での平均からの偏差	S_X	$N-1$	$S_X/(N-1)$	
区分別平均の偏差	$S_{X \times A}$	$K-1$	$S_{X \times A}/(K-1)$	F
区分別平均からの偏差	$S_{X|A}$	$N-K$	$S_{X|A}/(N-K)$	1

> 区分間変動があるときには，1より大きくなる

ことから，その値がある限界値(1より大きいある限界値)をこえるか否かで区分間変動の有意性(この用語の厳密な説明は後にします)を判定するために使おうというものです．

すなわち，こうして求めた比

$$F = \frac{S_{X \times A}/(K-1)}{S_{X|A}/(N-K)}$$

に注目して，

> Fの値が，ある限界値をこえた場合，
> 観察単位間変動の範囲をこえている

と判定し，

> そうでない場合，判定を保留する

という方法を採用します．

この判定基準として使う限界値，すなわち，

$$P(F < F_a) = 1 - \alpha$$

をみたすF_aを「有意水準αの棄却限界」とよびます．このF値の確率分布は，「自由度$(K-1, N-K)$のF分布」とよばれる分布形で，F_aは，$\alpha = 5\%$, 1%などについて計算されており，統計数値表に掲載されています．

⑥ 表5.1.2の例では，自由度$(2, 65)$のF分布の1%点は4.9ですから，要因Aによる差は，誤差範囲をこえていると判定されます(さらに考えるべき問題が残っているのですが)．

⑦ 取り上げている例題については，月収Bによる区分による差についても検討できます．次の表5.1.4が得られるはずです．

この場合のF値は，1%限界をこえています．

したがって，要因Aによる差も，Bによる差も有意だという結論です．

⑧ この節での説明範囲では，これでよしとしましょう．

ただし，さらにつづけて考えるべき点が残っています．

第一に，この節で使ったF比に関する判定基準は，「Xの確率分布が正規分布だ」と仮定した場合についての計算ですから，この節の方法を実際に適用するには，そう仮定できることの確認が必要です．また，5.3節で説明する「この方法の論理構成」について理解しておくことが必要です．

表 5.1.4 要因 B に関する分散分析表 for 仮説検定

要因	偏差平方和	自由度	σ^2	F 比
全体での平均からの偏差	414684	67	6098	
区分B間	66049	2	33024	6.16
区分Bでの平均値	348635	65	5363	1

◆ **注** この章では，確率分布というコトバを無定義で使いますが，観察値の分布に対して想定されるモデルだと解釈してください．もう少し精密にいうと，
「X の観察値を求める」ことを
「同一条件でくりかえしたとき」
に得られるであろう値の分布という意味です．

現実には，こういうくりかえしが実行されているとは限らないので，または，観察されているとしても必ずしも「同一条件」とはいえない環境下で求められているので，観察値の分布と，そのモデルとして想定される分布（確率分布）を区別するのです．

また，F 比の分母に関して，問題が残っています．

例示のように，変数 X に対して 2 つの要因 A, B が影響しているときに，この節で示したように，A に関する仮説検定と B に関する仮説検定を別々に切り離して扱ってよいでしょうか．いいかえると，要因の効果を判断するとき使う F 比の分母として，A に関する仮説検定の場合と B に関する仮説検定の場合とで異なる値を使っている … このことは，妥当でしょうか．

次の節で，説明します．

▷5.2 F 比の分母の解釈に関する注意

① 前節の説明を要約すると，F 比を使う検定法では
F 比の分子が大きい
⇒ 区分間変動が大きい
⇒ 観察単位間変動を説明する要因として有効

と判断せよということですが，分母の大きさが問題に関与してきます．

分母が大きいときには，分子が大きくてもこの比は大きくなりません．観察値に種々の要因が関係しているときには，
「取り上げた要因によって説明されずに残った部分」
が分母ですから，たとえばさらに別の要因を追加して分析すれば，その中から新しい要因が見出され，それを考慮に入れて再計算すると「区分内変動」が小さくなる可能性があります．したがって，まず「そういう状態にしておくこと」が，F 比を使う前提となるのです．

そういう状態になっていないとすれば，
分母が大きいために検出されていなかった区分間変動が，
分母が小さくなったがゆえに，
大きかったと評価しなおされる
場合がありうるのです．

したがって，分析過程では
条件 1 分母すなわち区分内変動について

これ以上小さくはならないこと
　　　それが難しければ，十分小さいこと
　　条件2　分子すなわち区分間変動が大きいこと
の両方を確認しなければならないのです．

◆注　データを求めるときに条件1をみたすようにすることでも，すでに得られているデータについて，前章の分析を適用して有意な差を除去することでもかまいません．そういう状況になっている場合，区分内変動を「誤差変動」とよびます．

② このことから，
　　　「検証さるべき差」がすべて「検証できるとは限らない」
ことになります．以下に説明する方法を適用して検証されたとき「有意差あり」という言い方がなされますが，適用する方法や，適用場面によって検証できる範囲がかわりますから，「有意差なし」となったとしても，「検証さるべき差がない」わけではなく，見逃されている可能性があるのです．
「有意性」という用語について，
　　　「個別性によって起こる範囲をこえていること」
あるいは
　　　「これ以上は要因を追究できない状態になっていること」
を指すものと説明されることもありますが，この説明については，
　　　「今採用している方法では」という条件つき
ですから注意しましょう．今採用している方法で追究できなくても，別の方法で，あるいは，別のデータを使って分析すれば原因がつかめるかもしれません．

③ この節で説明する手法は，第一の条件がみたされていることを前提にした上で，第二の条件に関して「数理的な論法」を与えるものです．

関連する種々の要因を制御できる問題分野なら，第一の条件をみたしうるように計画します．そうできない問題分野では，利用できる情報を可能な限り取り上げて検討した上で，適当な区分を見出すための試行錯誤が必要となるでしょう．また，利用できる情報の範囲では，F 比を使う方法を適用できないこともありえます．

④ 前節で取り上げた例について説明をつづけましょう．
変数 A による差と変数 B による差について，いずれも有意だという結果でしたが，それぞれの効果を別々に扱うことに疑問はないか … こういう問題を提起しておきました．

たとえば A の効果の検定に使った F 比の分母は，変数 A による差を除去した残差分散 $\sigma^2_{X|A}$ であり，B の効果が取り出されずに残っている，したがって，F 比を，「誤差に対する倍率とは解釈できない」のです．

そう解釈できる F 比にするには，B の効果も除去した残差分散 $\sigma^2_{X|AB}$ を分母とすべきです．

表 5.2.1 2要因の場合の分散分析表 for 要因分析
(要因 A, B の順に取り上げた場合)

成分	偏差変動和	N	σ^2	決定係数
全体での平均値からの偏差	414684	68	6098	100
区分 A での平均値間の差	170319	68	2504	41
区分 A での平均値からの偏差	244365	68	3594	59
区分 $B\|A$ での平均値間の差	53944	68	794	13
区分 $B\|A$ での平均値からの偏差	190421	68	2800	46

表 5.2.2 2要因の場合の分散分析表 for 要因分析
(要因 B, A の順に取り上げた場合)

成分	偏差変動和	N	σ^2	決定係数
全体での平均値からの偏差	414684	68	6098	100
区分 B での平均値間の差	66049	68	971	16
区分 B での平均値からの偏差	348635	68	5127	84
区分 $A\|B$ での平均値間の差	158214	68	2327	38
区分 $A\|B$ での平均値からの偏差	190421	68	2800	46

4.6節で「X の変動を A, B によって区分することによってどの程度まで説明できるか」をみた場合にもこれらの級内分散を計算し,分散分析表を表 5.2.1 のようにまとめてありました.また,変数を取り上げる順をかえると,表 5.2.2 のようになります.

これらの表における最後の行の分散が,2つの要因の効果を除去した残差分散です.変数を取り上げる順いかんにかかわらず,2800 となっています.

要因 A, B の効果を除去すればそれらの組み合わせ区分別平均を基準とした残差は特定の要因をもたない「個別的な変動」であり,A, B の効果すなわち「傾向性を識別する」ための F 比の分母として,この分散 $\sigma^2_{X|AB}$ を使えということです.

表 5.2.1 および表 5.2.2 を仮説検定用に書き改めたものが,次ページ表 5.2.3 と表 5.2.4 です.

また,表 5.2.5 のように,2つの表を1つにまとめておくことも考えられます.

2とおりの表を用意しましたが,A の効果を検定するための F 比はどれでしょうか.表 5.2.3 における 26.4 のようでもあり,表 5.2.4 における 8.18 のようでもあります.B の効果をみるための F 比は,表 5.2.4 における 10.2 でしょうか,表 5.2.3 における 2.76 でしょうか.

このことについて説明をつづけましょう.表 5.2.5 は,そのために用意したものです.

結論だけをいえば,この表に示した3行目の F 値 26.4 で区分 A の効果を検定し,4行目の F 値 10.2 で区分 B の効果を検定せよ…こういうことです.もとの表 5.2.3,表 5.2.4 でいえば,3行目の F 値を使えということです.それらを抜き出して表 5.2.5 を組み立てたのですから,ここでは,表 5.2.3,表 5.2.4 を考慮外におい

表 5.2.3 2 要因の場合の分散分析表 for 仮説検定
(要因 A, B の順に取り上げた場合)

成分	偏差変動和	自由度	σ^2	F 比
全体での平均値からの偏差	414684	67	6189	
区分 A での平均値間の差	170319	2	85160	26.4
区分 A での平均値からの偏差	244365	65	5127	
区分 $B|A$ での平均値間の差	53944	6	8901	2.76
区分 $B|A$ での平均値からの偏差	190421	59	3227	1

「区分 A での平均値間の差」は有意. A の各区分ごとにみた「区分 B での平均値間の差」は有意でない.

表 5.2.4 2 要因の場合の分散分析表 for 仮説検定
(要因 B, A の順に取り上げた場合)

成分	偏差変動和	自由度	σ^2	F 比
全体での平均値からの偏差	414684	67	6189	
区分 B での平均値間の差	66049	2	33024	10.2
区分 B での平均値からの偏差	348635	65	5364	
区分 $A|B$ での平均値間の差	158214	6	26369	8.18
区分 $A|B$ での平均値からの偏差	190421	59	3227	1

「区分 B での平均値間の差」は有意. B の各区分ごとにみた「区分 A での平均値間の差」も有意.

表 5.2.5 2 要因の場合の分散分析表 for 仮説検定
(要因 A, B の取り上げ順をかえた 2 つの表をまとめたもの)

成分	偏差変動和	自由度	σ^2	F 比
全体での平均値からの偏差	414684	67	6189	
区分 A での平均値間の差	170319	2	85160	26.4
区分 B での平均値からの偏差	66049	2	33024	10.2
区分 AB での平均値間の差	190421	59	3227	1

てけっこうです.

　後の節 (5.6 節) で, 2 つの要因の相乗効果, 相殺効果を取り上げるときにこれらの表について言及しますが, ここの扱いでは, 相乗効果, 相殺効果を取り上げていないために, 表 5.2.5 の範囲でみればよいのです.

> F 値の分母は
> 　「分析によって説明されずに残った部分」の分散を使う.
> 　複数の要因が想定されるときには, それらを一緒に取り上げる.

　表 5.2.5 でみれば, 区分 A 間の差も区分 B 間の差も有意です.
この例では前節の結論と一致しましたが, いつもそうだとは限りません.
　上のまとめに示したように, 2 つ以上の要因が影響しているときには, それらの影

響を除去した残差の分散を分母にとった F 比を使いましょう．

そうしないと，形式的に有意だとなっても，それが，「区分けに使った要因の効果だ」という解釈に結びつかない … 重要な注意点です．

◇ **注1** 表 5.2.3，表 5.2.4 の 4 行目の F 値は，2 つの要因の交互作用が影響するので，要因 A，要因 B の効果を判定するには不適当だということです．交互作用が存在しないと想定できれば，これらを使うこともできます．

◇ **注2** 表 5.2.5 の 4 行目に交互作用に対応する項（偏差平方和は -12105）をおくことが考えられます．表 4.7.4 で説明したように $170319+66049-12105$ が A, B で説明された変動 $414684-190421$ と一致するため，そうするのが自然ですが，ここでは，交互作用を検定の対象とするのが不適当（5.7 節参照）だという理由で，この表には含めていません．

▶ 5.3 帰謬法と仮説検定の論理

① **帰謬法**　前節で例示した手法の論理の運び方について，なぜそうするかを説明しましょう．これが，この節のテーマです．

まず，論理学の基本に立ちもどりましょう．

次の枠組みが，帰謬法とよばれる論理の運び方です．

◆ **5.3.1 帰謬法の論理**

「命題 A が真」なら	仮説
「命題 B が真である」	帰結
しかるに，「命題 B は真でない」ことがわかった	事実
よって，「命題 A は真である」ことは否定される	結論

検討の対象となっているのは「命題が真」ということですから，それを「仮説」としています．その仮説が，命題 B に関して知りえた事実にもとづいて，否定される結果となるのです．ひとことでいえば，

　　　仮説が正しいとすれば起こりえないことが起こったから，仮説を否定する

ということです．

② **仮説検定の論理**　仮説検定の論理は，この帰謬法の論理に可能性の大小を考慮に入れた次の形式をとります．

◆ **5.3.2 仮説検定の論理**

「命題 A が真」なら，	仮説
「命題 B が真である」可能性が高い	帰結
しかるに，「命題 B は真でない」ことがわかった	事実
よって，「命題 A は真である」ことは否定する	結論

◆5.3.4 で変更します．

帰謬法の論理では，帰結が「仮説が正しければありえない事実」であったのに対し

て，仮説検定の論理では，「仮説が正しければ可能性の低い事実」とおきかえられている … ここが要注目点です．
　可能性が低いにしても「仮説が正しいときその帰結が起こりうる」と想定しているのです．いいかえると，
　　　「起こりえないことが起こった」というところが，
　　　「めったに起こらないことが起こった」とおきかえられている
のです．
　◇注　仮説検定論では，上記の論理における「可能性が高い」というところを，確率を計測することによって客観化しています．ただし，確率計算ができなくても，「可能性が高い」と判断できれば，その論理を適用できます．

③　**第一種の過誤**　このおきかえによって，可能性が低いにしても，「命題Aが真であるのに命題Bが真でない」可能性がありうることが前提とされていますから，「しかるに」以下の論法を適用すると
　　　「命題Aが真である」のにかかわらず，それを否定する
という「誤りをおかす可能性」をもっていることに注意してください．
　この誤りを「第一種の過誤」とよびます．
　仮説検定の論法では，この誤りの可能性を認めます．これが，帰謬法と大きくちがう点です．「誤りをおかす可能性があるがゆえに何もいわない」という態度では前進しにくい，よって，「誤りの可能性を十分低くおさえられるなら，そのリスクを承知のうえで発言しよう」という態度をとるのです．
　以下では，この過誤の大きさを α と表わします．たとえば5%とします．
　仮説検定論の用語としては，この α を「有意水準」，$1-\alpha$ を「信頼度」とよびます．
④　前節の問題についてこれを適用するため，
　　　命題Aを「区分間に差がない」，
　　　命題Bを「$F<F_\alpha$ だ」
とおきかえると，次のようになります．
　◆**5.3.3　仮説検定の論理の適用例**

「区分間に差がない」ときに	仮説
「$F<F_\alpha$ の確率が $1-\alpha$%」	帰結
しかるに，「$F>F_\alpha$ となった」	事実
よって，　仮説を否定する	結論
すなわち，「区分間に差がある」とみる	

　　　　　　　　　　　　　　　　◆5.3.5で変更します．

⑤　上の論法における事実「$F>F_\alpha$ となった」を「事実R」と表わし，その否定すなわち「$F<F_\alpha$ となった」を「事実A」と表わしましょう．また，それぞれの事実に対応する結論を「結論R」，「結論A」と表わします．

R, A を添えたことから，事実と結論とのつながりに関して，事実 R が起こったら仮説を Reject し（棄却し），事実 A が起こったら仮説を Accept する（棄却しない）のだと解釈してもかまいません．ただし，Accept の方は，論理として注意が必要です．

この「事実 A」は，前提から普通に起こること（確率 $1-\alpha$，たとえば 95%）です．

したがって，それが起こったときには，前提を否定することはできません．

しかし，このことは，前提が正しいことの証明にはなっていません．

さらに説明をつづけますが，まず，仮説検定の論理の枠に事実 A に関する部分を追加しておきましょう．

◆ 5.3.4 仮説検定の論理

「命題 A が真」なら，	仮説
「命題 B が真である」可能性が高い	帰結
しかるに，「命題 B は真でない」ことがわかった	事実 R
よって，仮説は否定される	結論 R
やはり，「命題 B は真である」ことがわかった	事実 A
よって，仮説は否定できない	結論 A

また，これに ④ と同じ命題 A，命題 B をあてはめると，次のようになります．

◆ 5.3.5 仮説検定の論理の適用

「区分間に差がない」なら	仮説
「$F<F_\alpha$ の確率が $1-\alpha$%」	帰結
しかるに，「$F>F_\alpha$ となった」	事実 R
よって，仮説は否定される	結論 R
やはり，「$F<F_\alpha$ だった」	事実 A
よって，仮説は否定できない	結論 A

結論 A はたいへんまわりくどい文になっています．

仮説を具体的に特定した書き方にすると，

　　　　"区分間に差がない"という仮説は否定できない

という三重否定になっているのです．

これを簡単化すれば

　　　　「区分間に差があるとはいえない」

とおきかえてよいのですが，さらに「区分間に差がない」とおきかえると，論理の筋がかわってしまいます．

論理に沿ったいいかえをすると

　　　　「"区分間に差がない"という仮説を否定できない」

　　　　　　⇒「区分間に差がないという仮説を否定する」ことはできない

　　　　　　⇒「区分間に差がある」とはいえない

といいかえることは可能ですが,「区分間に差がない」という断定的言い方は,誘導されません.

「Reject されない」という意味で,「Accept される」のですが,「Proof はされていない」のです.

⑥ 以上をまとめましょう.

仮説検定の論法では,「区分間に差がない」ということを「仮説」とよびます.そうして,その論法で選択される帰結は

　　仮説が棄却される(すなわち,差があると結論する)

　　仮説が棄却されない(すなわち,「差があるとはいえない」と結論する)

のいずれかです.

この判定の基準値 F_a を「棄却限界」とよびますが,棄却という語を採用しているのは,この論法では「仮説の棄却」に関する誤りを制御しているためです.

⑦ **第二種の過誤**　この論法の構成において「仮説が正しい」と仮定した場合について確率を計算し,

　　「仮説が正しくない」に該当する事実が起こった

　　　　⇒「仮説を棄却して,差があるとみる」確率が $1-\alpha$

　　「仮説が正しくない」に該当する事実が起こらなかった

　　　　⇒「仮説を棄却せず,差があるとみない」確率が α

と制御していますが,「仮説が正しくない」場合については,確率を計算していないことに注意しましょう.「仮説が正しくない」という場合には種々のケースがありえます.そういう「特定されない状況下では,確率を計算できない」のです.

確率が計算できないにしても

　　　　「差がある」のに「差があるとはみない」

というのは誤りです.これを「第二種の過誤」とよびます.

これを制御するには「差がある」ということを「ある特定の差がある」とおきかえて論理構成を拡張することになります.ただし,そういう拡張では,検討の対象としている仮説に対立する別の仮説を想定します.そのように,問題を扱う場を限定することによって理論の組み立てを精密化するのですが,ここでは,ふれないことにします.

⑧ ただし,棄却限界の決め方に関して,片側検定と両側検定の2とおりがあることを注意しておきましょう.

これまでの説明では,棄却限界を

　　$P(F<F_a)=\alpha$

としていましたが,これは,F の値が

　　　「差がなければ1,差があれば1より大きくなる」

という性格をもつ変数だったからです.

これに対して,検定のために使う変数 T の値が

「差がなければ 0, 差があれば 0 から正または負の方向に離れる」
という性格をもつ場合には, 一般には

$$P(|T|<T_{\alpha/2})=\alpha$$

とします.

ただし, 「正の方向の差だけを問題にする」と限定して扱う場合には, 負の方向の差は問題にせず, 棄却限界は

$$P(|T|>T_\alpha)=\alpha$$

とします.

この節の問題で使っている F は, あとの場合ですから

$$P(|F|>F_\alpha)=\alpha$$

いいかえれば, 「正の方向への差」の有無を問題にするのだという扱いを採用することになります.

これらの扱いを区別するために, 両側検定, 片側検定という呼び方がなされます.

▷5.4 アウトライヤー検出

① この節では, アウトライヤー検出の問題 (第3章) を考え, 仮説検定の問題との類似点と相違点を説明します.

まず, 5.3 節で示した仮説検定の論理を再掲します. これを, アウトライヤー検出の問題に適用することを考えてみましょう.

◆5.4.1 仮説検定の論理 (◆5.3.2 の再掲)

「命題 A が真」なら	仮説
「命題 B が真である」可能性が高い	帰結
しかるに, 「命題 B は真でない」ことがわかった	事実
よって, 「命題 A は真である」ことは否定される	結論

X に関する 1 セットの観察値のうち X_K がアウトライヤーだということは, X_K の値が X の分布として期待される範囲をこえることを意味します. したがって, X の平均値が μ_0, 標準偏差が σ_0 だとして偏差値 $T=(X-\mu_0)/\sigma_0$ を計算し, それが限界値, たとえば 3 をこえていればアウトライヤーとみる … こういう見方ができそうです.

上記の枠組みに対応させるためには

　　　命題 A を, 「X の平均値が μ_0, 標準偏差が σ_0 である」

　　　命題 B を, 「$T=(X-\mu_0)/\sigma_0$ について $|T|<C$ である」

とおきます.

◆5.4.2 仮説検定の論理の適用

「X の平均値が μ_0, 標準偏差が σ_0 である」が真なら,	仮説
「$T=(X-\mu_0)/\sigma_0$ について $|T|<C$ である」	帰結
しかるに, $|T|>C$ だった	?事実
よって, 仮説を否定する.	?結論

◆5.4.3で変更します.

ここで, 下の2行について, ?をつけてあります.
この節では, ここを考えるのです.
C をどう定めるかは ② 以下で説明します. その上で, この節の最初にあげた問題について説明します.

② ここで観察値 X を T すなわち偏差値におきかえていますが, これは, 種々の問題に適用するときの数理を一般化しやすくするための便宜を考えたものです. 検定法を適用するための指標として使うもので, 統計量とよびます.

この統計量について, $|T|<C$ という範囲を使うことになっていますが, この範囲を信頼区間とよびます. 仮説検定の論理は, 観察値に対応する偏差値が「信頼区間に入っていないときは, 仮説を棄却する」ものといいかえることができます.

また, 「ほぼ確実」としたところを, 「確率95%以上で」という言い方におきかえるために, この信頼区間の限界値 C を定めます.

その場合の信頼区間を「信頼度95%の信頼区間」とよびます.

③ 問題はこの C の定め方です.

この C として $\sqrt{20}$ を使うことが考えられます.

これは, T の分布型が「平均値0, 標準偏差1をみたす」どんな型であっても成り立つ

$$\text{チェビシェフの不等式} \quad P(|T|<C) \geq 1-\frac{1}{C^2}$$

において $C=\sqrt{20}$ とおいたものを使うことを意味します.

したがって, 「偏差値の絶対値が4.47をこえたものをアウトライヤーとみよう」ということになります.

④ 「偏差値が $\sqrt{20}$ をこえれば」という基準は広すぎると感じるでしょうが, これは, 分布型に関する仮定をおいていないためです.

いいかえると, 分布型に関する仮定をおけるなら, 検定法の組み立ての根拠式をその仮定のもとで計算し, 信頼区間の幅を狭くすることができます.

たとえば, X の分布が正規分布だとすれば

$$P(|T|<1.96)=95\%$$

ですから, $\sqrt{20}$ 以下としたところを1.96以下とおきかえることができます.

⑤ ◆5.4.2の?は, このように, 基準値が「X の分布型に関する仮定によって大

きくかわる」ことに関連しているのです．

　統計量 T の計算値が基準値をこえたときに採用することとなる結論は，

　　　③ の場合，分布型いかんにかかわらない推論になっていることから

　　　　　「X の平均値が μ_0 でないこと」

　　　　　「X の標準偏差が σ_0 でないこと」

の 2 つの場合を含むことになります．

　これに対して，

　　　④ の場合は，正規分布であるとした上での推論になっていることから

　　　　　「X の平均値が μ_0 でないこと」

　　　　　「X の標準偏差が σ_0 でないこと」

　　　　　「X の分布が正規分布でないこと」

の 3 つの場合を含むことになります．

　いいかえると，形式上「仮説が棄却される」といっても，そのことの意味が特定されないままになっているのです．

　したがって，正規分布であることを十分な確度で前提できるならば，◆5.4.2 の論理をアウトライヤー検出に適用できますが，アウトライヤーの検出を考える段階では，まだ「分布型を想定しうる状態ではなく，◆5.4.2 の論法を適用できる状態ではない」とすべきです．

　　◆**5.4.3　仮説検定の論理の適用**

「X の平均値が μ_0，標準偏差が σ_0 である」が真なら，	仮説
「$T=(X-\mu_0)/\sigma_0$ について $\|T\|<C$ である」	帰結
しかるに，$\|T\|>C$ だった	事実
よって，仮説を否定する．	結論

　　　　　この論理における C は，X の分布型いかんによって大きくかわるので，正規分布を十分な確度で想定できる場合以外は適用しにくい．

　⑥　そういう状態下では 2.5 節で説明した「ボックスプロットによるアウトライヤー検出」が，過度に精密化するのを避けるという意味で，適した手法だということです．

　ボックスプロットにおけるフェンス UF, LF は，偏差値におきかえると

　　　　$UF=2.7, \quad LF=-2.7$

です．したがって，チェビシェフの不等式を適用すると

　　　　$P(|T|\leqq 2.7)<1-\dfrac{1}{2.7^2}$

ですから，信頼度 86％ の信頼区間を使うことだと解釈できます．

　正規分布と仮定できるなら

　　　　$P(|T|\leqq 2.7)<0.993$

ですから，信頼度99%の信頼区間に相当します．

このように，ボックスプロットと仮説検定との関係を「形式上対応させる」ことができますが，ボックスプロットを適用する場面では，分布型を仮定できないので，この節で述べた「仮説検定を厳密な形で適用することを考えない」のだと了解しましょう．したがって，たとえば，ボックスプロットの UF, LF を分布型に応じてかえることは，しないのです．

◆注1 チェビシェフの不等式は，X の分布型いかんにかかわらず成立するものですが，分布型に関する仮定をかえて，$P(X>K)$ の上限を評価する次のような不等式が見出されています．

比較のために，チェビシェフの不等式と正規分布の場合の式も示しておきます．いずれも，確率5%の場合を例示してあります．

分散が存在（その範囲では任意） $P[|X|>\sqrt{20}]=5\%$
単峰形（その範囲では任意） $P[|X|>\sqrt{11.2}]=5\%$
左右対称な単峰形（その範囲では任意） $P[|X|>\sqrt{8.89}]=5\%$
正規分布 $P[|X|>1.96]=5\%$

◆注2 これらの不等式から，仮定をきびしくすればそれに応じて，不等式の上限を狭くできることがわかります．逆にいうと，このような不等式を精密化しようとすると，きびしい仮定をおくことが必要だということです．

▶5.5 平均値に関する仮説検定

① この節および次節では，基礎データが実験によって求められている場合を想定し，その場合に適用できるよう特殊化された仮説検定法を説明します．

基礎データの求め方に関して条件がつくため，どんなデータにも適用できるとは限らない反面，条件をみたしているなら，検定方法を精密化できます．

したがって，実験，すなわち，一定の条件下で観察をくりかえして観察値を求めうる場面で適用されることが多いのに対して，実験しにくい問題分野，すなわち「条件を制御して観察値を求めにくい問題分野」では，この節で説明する方法を適用しにくい…こういわれていますが，「なぜそうなのかを知る」ことによって，適用できる範囲をみきわめることが必要です．

② まず典型的な例を使って説明します．

たとえば「ある製品のこれまでの製法では平均値が50，標準偏差が10だとみられていたが，製法を改善したために平均値がかわったとみられるので，そのことを確認したい」といった問題を考えるのです．

③ 5.3節に示した仮説検定の論理（◆5.3.2）を適用するのですが，例示した問題を扱うには，それについて

命題 A を，「X の平均値が μ_0，標準偏差が σ_0 である」
命題 B を，「$T=(\bar{X}-\mu_0)/(\sigma_0/\sqrt{N})$ について $|T|<1.96$ である」

とおきます．すなわち，◆5.5.1のような論法を適用します．
　ただし，②に述べた理由で，これまでの節ではなかった「前提」を表の中に明示してあります．検定の対象とされる「仮説」と，手法適用にあたって考慮に入れる「前提」とをわけているのです．

◆5.5.1　平均値に関する仮説検定(1)
　　　　　σが既知と想定できる場合

Xの分布は正規分布で表わされる	前提
「Xの平均値がμ_0，標準偏差がσ_0である」が真なら，	仮説
「$T=(X-\mu_0)/(\sigma_0/\sqrt{N})$について	
$\|T\|<1.96$である」がほぼ確実	帰結
しかるに$\|T\|>1.96$だった	事実
よって，仮説を否定する．	結論
すなわち$\sigma=\sigma_0$と仮定してよいものとすれば，	
「平均値がμ_0でない」という結論となる	

　この節で扱う方法については，
　　　　Xの分布について，正規分布で表わされるという前提が必要
ですから，これを「前提」として明示したのです．
　仮説の欄に，当面の課題とした「平均値に関する記述」と適用にあたって考慮に入れる「標準偏差に関する記述」を列記したことについては，後で注記します．
　ここでは，仮説の欄に列記したことのうち，「平均値に関する仮説」について検定する形になっているため，「結論」の欄は，1行目をつけた言い方をすることになっている… このことに注意しておいてください．
　④　この節では，観察値Xの平均値$\bar{X}$に注目するものとしていますから，統計量Tは，観察値の平均値$\bar{X}$を偏差値の形にしたものを採用しています．
　2.6節で説明したように，平均値のもつ変動については
$$\mu_{\bar{X}}=\mu_X$$
$$\sigma_{\bar{X}}=\frac{\sigma_X}{\sqrt{N}}$$
ですから，検定のための統計量を
$$T=\frac{\bar{X}-\mu_0}{\sigma_0/\sqrt{N}}$$
とします．
　また，2.6節で述べたように，平均値の変動については，正規分布を想定できることが多いので，信頼区間は
$$P[|T|<1.96]=0.95$$
を使うことにしています（⑧では変更します）．
　⑤　したがって，

　　　　観察値 X_I ($I=1, 2, \cdots, N$) の平均値 $\bar{X}$ を求め
　　　　偏差値 T を計算し
　　　　$|T|>1.96$ なら仮説を否定する
ものとすればよいのです．
　この場合，否定されるのは
　　　　「$\mu=\mu_0$ であり，$\sigma=\sigma_0$ である」という仮説
ですが，$\mu=\mu_0$ の方が否定されたのか，$\sigma=\sigma_0$ の方が否定されたのかは，仮説検定の数理の枠内では，特定されません．
　したがって，当初にあげた「平均値の変化を確認しよう」という問題に答えるためには，たとえば，
　　　　観察単位の選び方や観察値の求め方から
　　　　標準偏差はかわらないと仮定できる
そういえる場面でなければならないのです．いいかえると，
　　　　σ が既知だと仮定する
のです．そう仮定できるなら，
　　　　「前提が否定された，よって，平均値がかわった」
という結論を出すことができます．
　これが，◆5.5.1の最後の2行です．
　◆注　「ある製品のこれまでの製法では平均値が50，標準偏差が10だ」とみられていたが，当面の問題としては「平均値が50」ということを検討対象としようという問題設定です．その場合，手法の組み立てにおいては「平均値が50」が「仮説」であり，「標準偏差が10だ」は前提だ … こう説明することもできます．
　検定法の数理に注目するなら，この説明の方が受け入れやすいでしょう．
　しかし，「問題の設定」として，平均値のちがいを問題視する場合に標準偏差を考慮外におきにくいので，本文に述べた表わし方を採用しました．また，「標準偏差を考慮に入れる扱い方」につながります．

⑥　**σ の推定値を使う場合**　「標準偏差がこれまでどおりだ」といいにくい状態下で問題を扱うには，「標準偏差はデータから計算される値を使おう」と考えるのです．
　それなら，仮説のうち，「標準偏差が σ_0 だ」という部分を外すことができます．いいかえると，前提が否定された場合，「平均値が μ_0 であるとはいえない」と結論づけることができます．
　この扱い方を採用する場合，統計量 T の定義式における σ_0（想定値）をデータにもとづく推定値
$$\sigma^2 = \sum \frac{(X_I - \bar{X})^2}{N-1}$$
とおきかえます．

こうおきかえた場合の統計量 T については，正規分布でなく，t 分布とよばれるものになります．したがって，信頼区間の上限値 1.96 は，t 分布の数値表から拾った値とおきかえます．

分散の計算式で $N-1$ でわっているのは，このことに関係した措置です．

t 分布は，自由度すなわち「観察単位数 -1」に関係します．したがって，上限値は自由度によって異なった値となります．

たとえば

   自由度 10 の場合 2.23
   自由度 20 の場合 2.09
   自由度 50 の場合 2.01

です．自由度が大きくなると t 分布は正規分布と一致しますから，上限値は 1.96 に近づきます．

以上をまとめると，次の◆5.5.2 の手順となります．

◆**5.5.2** 平均値に関する仮説検定(2)
    分散を観察値によって推定する場合

X の分布は正規分布で表わされる	前提
標準偏差は，観察値から推定するものとする	
「X の平均値が μ_0」が真なら，	仮説
$T = \dfrac{\overline{X} - \mu_0}{\sigma_0/\sqrt{N}}$ について	
「$\|T\| < T_\alpha$ である」がほぼ確実	帰結
しかるに，$\|T\| > T_\alpha$ だった	事実
よって，仮説を否定する．	結論
すなわち，「X の平均値が μ_0」を否定する	

⑦ 例をあげておきましょう．

例 5.5.1 「ちょうど 100 グラムずつ包装するように設計された自動包装機械を導入したので，10 回のテストを行なって次の結果を得た．これにもとづいて，その機械は設計仕様どおりになっているといってよいか．」

  101.1 103.2 100.1 98.4 100.5 101.3 99.3 100.5 98.9 101.4

解答例 表 5.5.3 によって観察値の平均値と標準偏差を計算すると

   $\mu = 100.5, \quad \sigma = 1.42$

が得られる．

  検定のための統計量は

$$T = \frac{100.5 - 100}{1.42/\sqrt{10}}$$
$$= 1.113$$

これに対する棄却限界値は，自由度9の t 分布表をみると，2.26です．したがって，仮説は棄却されないという結論です．

⑧ この問題では，「平均値が μ_0 でない」という仮説を問題としています．すなわち，「μ_0 より大きい場合も μ_0 より小さい場合もありうる」として検定法を適用していますから，棄却限界値を

$$P(|T|>2.26)=0.05$$

として定めています．

表 5.5.3 例 5.5.1 のための計算

#	X	μ	$X-\mu$
1	101.4	100.5	0.9
2	103.2	100.5	2.7
3	100.1	100.5	-0.4
⋮			⋮
9	98.9	100.5	-1.6
10	101.4	100.5	0.9
計	1005.0		18.12
平均	100.5		2.013

これに対して，たとえば，「μ_0 より小さい場合はありえない」と仮定しうる場合には，棄却域を

$$P(|T|>1.83)=0.05$$

として定めます．116～117ページで説明した「片側検定」を採用することを意味します．

◆**注1** 片側検定では，μ に関して，

$H_0: \mu=\mu_0$ に対して $H_1: \mu>\mu_0$

を想定して，H_0 か H_1 かを選択する結果となります．

この見方にたつと，「観察値について，それが $H_0: \mu=\mu_A$ をもつA群に属するか，$H_1: \mu=\mu_B$ をもつB群に属するかを判定する」問題を扱う方法につながりそうですが，この種の問題では，2つの可能性を対等に扱うことから，この節の仮説検定といくぶんちがった原理を適用します．「判別の問題」として論じられています．

◆**注2** 上記における対立仮説 H_1 を $\mu>\mu_1$（$\mu_1>\mu_0$）と想定できる場合については，仮説検定の方法の枠内で扱うことができます．

▷5.6　平均値の差に関する仮説検定

① たとえば X の観察値が N_1 組，Y の観察値が N_2 組求められているものとします．それを $X_I (I=1,2,\cdots,N_1)$，$Y_J (J=1,2,\cdots,N_2)$ と表わしましょう．これにもとづいて，「各観察値の観察条件のちがいが平均値に変化をもたらすか否か」を判断する問題を考えましょう．

すなわち，X の平均値 $\bar{X}$ と Y の平均値 $\bar{Y}$ の差について，差が0か否かを判断することを考えるのです．ただし，$X_I (I=1,2,\cdots,N_1)$ も $Y_J (J=1,2,\cdots,N_2)$ も観察誤差をもっていますから，平均値 $\bar{X}, \bar{Y}$ を手がかりにするにしても，判断したいのは，観察誤差を除いたときにみられる平均値 μ_X, μ_Y の差です．

5.6 平均値の差に関する仮説検定

◆5.6.1 仮説検定の論理

「命題 A が真」なら	仮説
「命題 B が真」がほぼ確実	帰結
しかるに「B が真」でなかった	事実
よって，前提「A が真」を否定するものとする	結論

したがって，仮説検定の論理について

　　命題 A を，「$\mu_X - \mu_Y = 0$」

　　命題 B を，「$T = (\bar{X} - \bar{Y})/\sigma_{\bar{X}-\bar{Y}}$ について $|T| < 1.96$」

とおきます．

　　すなわち，次の◆5.6.2 の手順を構成します．

◆5.6.2　平均値の差に関する仮説検定(1)
　　　　　　　σ_X, σ_Y は既知とする場合

X, Y の分布が正規分布で表わされる	前提
ただし，それぞれの標準偏差は既知とする	
「$\mu_X - \mu_Y = 0$」が真なら，	仮説
「$T = (X - Y)/\sigma_{\bar{X}-\bar{Y}}$ について	
$|T| < 1.96$ である」がほぼ確実	帰結
しかるに $|T| > 1.96$ だった	事実
よって，仮説を否定する．	結論
すなわち，「$\mu_X - \mu_Y = 0$」を否定する	

② この節では，観察値 X_I, Y_J の平均値に注目するものとしていますから，統計量 T は，平均値の差 $\bar{X} - \bar{Y}$ を偏差値の形にしたものを採用しているのですが，分散の方について注意が必要です．

ここでは，X の分散 $\sigma_X{}^2$ および Y の分散 $\sigma_Y{}^2$ が既知だとしていますから，

$$\sigma_{\bar{X}}{}^2 = \frac{\sigma_X{}^2}{N_1}, \quad \sigma_{\bar{Y}}{}^2 = \frac{\sigma_Y{}^2}{N_2} \qquad \text{平均値の分散}$$

$$\sigma_{\bar{X}-\bar{Y}}{}^2 = \sigma_{\bar{X}}{}^2 + \sigma_{\bar{Y}}{}^2 \qquad \text{平均値の差の分散}$$

とします．

③ 一般には σ_X, σ_Y が既知とはいいにくいので，そういう場合を考えましょう．5.5 節の場合と同様に，σ として，観察値にもとづく推定値を使えばよいのですが，その推定値の求め方に関して，2 つの場合をわけて考えます．

以下の④と⑤です．

④ 値はわかっていないが，等しいと仮定できる場合がありえます．たとえば，条件（比較しようとする条件以外の条件）をそろえて観察値を求めてあるものとすれば，$\sigma_X{}^2 = \sigma_Y{}^2$ と仮定してよいのです．

その場合には，その共通値を次の式で推定します．

$$\sigma_0{}^2 = \frac{1}{N_1 - N_2 - 2}[\sum(X_I - \overline{X})^2 + \sum(Y_J - \overline{Y})^2] \quad \text{分散の推定}$$

平均値は異なるかもしれない,よって,それぞれの平均値 $\overline{X}$, $\overline{Y}$ を使って偏差 $X_I - \overline{X}$, $Y_J - \overline{Y}$ をつくり,それらの2乗和を X の分,Y の分を含めて計算し,自由度 $N_1 + N_2 - 2$ でわる … こういう式になっています.

これを使って,

$$\sigma_{\overline{X}}{}^2 = \frac{\sigma_0{}^2}{N_1}, \quad \sigma_{\overline{Y}}{}^2 = \frac{\sigma_0{}^2}{N_2} \quad \text{平均値の分散}$$

$$\sigma_{\overline{X}-\overline{Y}}{}^2 = \sigma_{\overline{X}}{}^2 + \sigma_{\overline{Y}}{}^2 \quad \text{平均値の差の分散}$$

とします.

また,このことにともない,統計量 T の分布として,正規分布のかわりに,自由度 $N_1 + N_2 - 2$ の t 分布を使うことになります.

したがって,仮説検定の手順は,次のようにおきかえられます.

◆**5.6.3** 平均値の差に関する仮説検定(2)

分散は等しいと仮定し観察値から推定する場合

X, Y の分布が正規分布で表わされる	前提
ただし,それぞれの標準偏差は観察値から推定する	
「$\mu_X - \mu_Y = 0$」が真なら,	仮説
「$T = (\overline{X} - \overline{Y})/\sigma_{\overline{X}-\overline{Y}}$ について	
$\|T\| < T_\alpha$ である」がほぼ確実	帰結
しかるに $\|T\| > T_\alpha$ だった	事実
よって,仮説を否定する.	結論
すなわち,「$\mu_X - \mu_Y = 0$」を否定する	

⑤ **$\sigma_X{}^2 = \sigma_Y{}^2$ を仮定できないとき** ◆5.6.3のフレームにおいて $\sigma_X{}^2 = \sigma_Y{}^2$ を仮定できないときには,統計量 T の計算において,次のように,それぞれを推定して平均する形に改めます.

$$\sigma_X{}^2 = \frac{1}{N_1 - 1}\sum(X_I - \overline{X})^2, \quad \sigma_Y{}^2 = \frac{1}{N_2 - 1}\sum(Y_J - \overline{Y})^2 \quad \text{分散の推定}$$

$$\sigma_{\overline{X}}{}^2 = \frac{\sigma_X{}^2}{N_1}, \quad \sigma_{\overline{Y}}{}^2 = \frac{\sigma_Y{}^2}{N_2} \quad \text{平均値の分散}$$

$$\sigma_{\overline{X}-\overline{Y}}{}^2 = \sigma_{\overline{X}}{}^2 + \sigma_{\overline{Y}}{}^2 \quad \text{平均値の差の分散}$$

また,統計量 T の分布は,次の式で計算される自由度 ν の t 分布で近似できることを利用して決めます.

$$W_1 = \frac{\sigma_{\overline{X}}{}^2}{\sigma_{\overline{X}}{}^2 + \sigma_{\overline{Y}}{}^2}, \quad W_2 = \frac{\sigma_{\overline{Y}}{}^2}{\sigma_{\overline{X}}{}^2 + \sigma_{\overline{Y}}{}^2}$$

$$\frac{1}{\nu} = \frac{W_1{}^2}{N_1 - 1} + \frac{W_2{}^2}{N_2 - 1}$$

$N_1=N_2$ なら $\nu=N_1-1$ となります．いいかえると，上記のように自由度を決める措置は，N_1, N_2 のちがいがもたらす影響を補正するために必要となるものと理解できます．

◆ **5.6.4** 平均値の差に関する仮説検定(3)
　　　　分散は等しいと仮定せず，観察値から推定する場合

X, Y の分布が正規分布で表わされる	前提
ただし，それぞれの標準偏差は観察値から推定する	
「$\mu_X-\mu_Y=0$」が真なら，	仮説
「$T=(\bar{X}-\bar{Y})/\sigma_{\bar{X}-\bar{Y}}$ について	
$\|T\|<T_a$ である」がほぼ確実	帰結
しかるに $\|T\|>T_a$ だった	事実
よって，仮説を否定する．	結論
すなわち，「$\mu_X-\mu_Y=0$」を否定する	

⑥ 例をあげておきましょう．

例 5.6.1　　次のデータは，20 匹のラットを 10 匹ずつの 2 群にわけ，一方には普通の餌を与え，他方には，血液中の赤血球数を減らすと考えられている薬を混入した餌を与えた場合の血液 1 mm³ 中の赤血球数である．薬の効果を確認せよ．

対照群	7.97	7.66	7.59	8.44	8.08	8.05	8.35	7.77	7.98	8.11
実験群	8.06	8.09	8.05	8.45	8.51	8.04	8.27	8.15	8.16	8.42

なお，2 群のわけ方は，ランダムになされているものとする．
　実験の目的とされる条件を与える群を実験群，それと比較するための群を対照群とよぶ．

解答例　まず，観察値について平均値 μ_X, μ_Y と標準偏差 σ_X^2, σ_Y^2 を表 5.6.5 のように計算する．

表 5.6.5　例 5.6.1 のための計算

#	X	$X-\mu_X$	#	Y	$Y-\mu_Y$
1	7.97	-0.03	1	8.06	-0.16
2	7.66	-0.34	2	8.09	-0.13
3	7.59	-0.41	3	8.05	-0.17
4	8.44	0.44	4	8.45	0.23
5	8.08	0.08	5	8.51	0.29
6	8.05	0.05	6	8.04	-0.18
7	8.35	0.35	7	8.27	0.05
8	7.77	-0.23	8	8.15	-0.07
9	7.98	-0.02	9	8.16	-0.06
10	8.11	0.11	10	8.42	0.20
計	80.00	0.6750	計	82.20	0.2918
平均	8.00	0.0750	平均	8.22	0.0324

$$\mu_X = 8.00, \quad \sigma_X = 0.27$$
$$\mu_Y = 8.22, \quad \sigma_Y = 0.18$$

これによると，$\sigma_X{}^2$ と $\sigma_Y{}^2$ がかなりちがうようだから，⑤の方法を適用する．
よって，

$$\sigma_{\bar{X}}{}^2 = \frac{\sigma_X{}^2}{10} = 0.00750$$

$$\sigma_{\bar{Y}}{}^2 = \frac{\sigma_Y{}^2}{10} = 0.00324$$

$$\sigma_{\bar{X}-\bar{Y}}{}^2 = \sigma_{\bar{X}}{}^2 + \sigma_{\bar{Y}}{}^2 = 0.01074$$

を使って，X, Y の差を検定するための統計量 T は

$$T = \frac{8.22 - 8.00}{\sqrt{0.01074}}$$
$$= 2.123$$

となる．この T の棄却限界を求めるために，⑤の後半に示した計算を行なう．

$$W_1 = \frac{0.00750}{0.01074} = 0.698$$

$$W_2 = \frac{0.00324}{0.01074} = 0.302$$

$$\frac{1}{\nu} = \frac{0.698^2}{9} + \frac{0.302^2}{9} = 0.0643$$

$$\nu = \frac{1}{0.0643} = 15.55$$

よって，T の棄却限界は，自由度 15.55 に対応する t 分布表から 2.125 と求められる．
観察値にもとづく T の計算値はこれをこえていないから，平均値に差があるとはいえない．

⑦ 別の例をあげましょう．

例 5.6.2 次のデータは，10 地点でそれぞれ 2 種の稲を栽培して収穫量を比べる実験を行なった結果である．これによって，2 種の稲の収穫量に差があるといえるか．

稲の種類 A	7.97	7.66	7.59	8.44	8.08	8.05	8.35	7.77	7.98	8.15
稲の種類 B	8.06	8.09	8.05	8.45	8.51	8.04	8.27	8.15	8.16	8.42

栽培地の効果を除去するために同じ地域でそれぞれ 2 つの稲を栽培している．

◆ **注** まず，例 5.6.1 と比べて「どこが同じでどこがちがっているか」をはっきり把握すること．観察値の数値は同じ (仮想例) にしてあっても，異なる意味をもつものになっているから，当然，扱い方はかえなくてはなりません．

この例での観察値の求め方が，「20 地点を 10 地点ずつの 2 群にわけて，一方の群で種類 A，他方の群で種類 B を栽培している」という扱いではないこ

5.6 平均値の差に関する仮説検定

表 5.6.6 例 5.6.2 のための計算

#	Y	X	$Z=Y-X$	$Z-\mu_z$
1	8.06	7.97	0.09	−0.13
2	8.09	7.66	0.43	0.21
3	8.05	7.59	0.46	0.24
4	8.45	8.44	0.01	−0.21
5	8.51	8.08	0.43	0.21
6	8.04	8.05	−0.01	−0.23
7	8.27	8.35	−0.08	−0.30
8	8.15	7.77	0.38	0.16
9	8.16	7.98	0.18	−0.04
10	8.42	8.11	0.31	0.09
計	82.30	80.00	2.20	0.3850
平均	8.230	8.000	0.220	0.0428

とに注意すること.

解答例 この例では,各地点での2つの観察値は同じ条件をもっているので,各地点ごとに得られた2つのデータの差 Z_l について,差 Z_l の平均値が0か否かを検定する方法によるのが妥当である.

したがって,各対ごとに $Z=Y-X$ を計算し,その平均値と標準偏差を計算する.

$$\mu_z=0.220, \quad \sigma_z^2=0.0428$$

が得られる.よって,仮説 $\mu=0$ を検定するための統計量は

$$T=\frac{0.220}{\sqrt{0.0428/10}}=3.36$$

となる.

T に関する棄却限界は,自由度9の t 分布の5%点2.25であり,T の観察値はこれより大きい.

よって,「差が0でない」という仮説は否定される

◆**注** この問題では,対象データを求めるときに条件 X をもつデータ,条件 Y をもつデータを「対となるように計画」しているため,「各対ごとに求めた $X-Y$ の平均値が0」という仮説を検定する扱いを採用しました.

これを,仮説「X, Y の平均値の差が0」の検定として扱うのは,観察値の構造を考慮に入れていないことになります.誤った扱いというべきです.

⑧ 観察値の求め方をさらにかえた例をあげておきましょう.

例 5.6.3 10 地点でそれぞれ4種の稲を栽培した結果がある.これにもとづいて稲の種類による差および地点による差を調べよ.ただし,A 地点でよい結果を示す稲,B 地点でよい結果を示す稲 … のように,地点の効果と種類の効果の間に交互作用がありうることを考えよ.

この例では,例 5.6.1 あるいは例 5.6.2 とちがって,2つ以上の平均値を比較する

形になっています．したがって，これらの例とちがった扱いを考えることが必要です．

4.6節で説明したように，K組×N観察単位のデータについて，平均値に差がないとして計算した全分散と，各組ごとに別々の平均値を使って計算した級内分散を計算し，分散を比較する問題におきかえて扱うのが普通です．

また，データの求め方に関する注意が必要ですから，次の節で説明することにしましょう．

▶5.7 実験計画

① 5.6節であげた例5.6.1と例5.6.2では，観察値の求め方がちがっていました．そうして，そのことから，分析の進め方をかえることになりました．このことは，たいへん重要な注意点です．この節では，この点を一般化して，

　　　データの求め方(実験計画)と分析の仕方の関係

を説明しましょう．

「実験計画」という表現については，すでに求められている観察値の中から，当面する問題を考えるために使うデータを選ぶ場合も含むものと解釈してください．その意味では，「分析計画」と表現してもよいでしょうが，その場合も，「観察値がどういう方法で求められているか」を考慮に入れることが必要です．

② 観察値を求めるには，

　　　観察単位ひとつひとつに「ある条件を対応づけて」観察

します．

例5.6.1の場合については，次のようにしてあったのです．

図5.7.1 例5.6.1の場合の実験計画(1要因2水準配置(1))

観察単位	1	2	…	N_1	N_1+1	N_1+2	…	N_1+N_2
実験条件	C	C	…	C	E	E	…	E
観察値	X_1	X_2	…	X_{N_1}	Y_1	Y_2	…	Y_{N_2}
平均値	←―――― $\bar{X}$ ――――→				←―――― $\bar{Y}$ ――――→			

平均値を比較して実験条件による差を検定

観察単位に番号をつけてありますが，その番号順に「はじめのN_1個には条件C，その後のN_2個には条件Eをわりあてた」ということではありません．観察順序が結果に影響することがありえますから，

5.7 実験計画

> どの観察単位に C をわりあて，どの観察単位に E をわりあてるかを
>   ランダムに決めて観察し，
>   観察単位番号は，観察後につけかえたもの

と考えてください．

以下の例ではいちいちことわりませんが，このようにしてあります．

このことから，観察値 X_I と Y_I を比べるとき，

> 「わりあてられた条件のちがい」以外の点は条件がそろっている

ものと仮定してよいことになります．

③ 実験目的に対応してかえるべき条件を「実験条件」とよび，それ以外の条件を「環境条件」とよぶことにしましょう．② で述べた実験計画は，

> できるだけ環境条件が同一になるように観察単位を選んで
>   実験条件をわりつける

のだが，

> 環境条件が全く同じとは限らないので，ランダムに決める

ことにしたものです．

このように，環境条件が均等になるように (等質化) したとしても残る条件のちがいが結果にかたよりをもたらさないようにする処置を，

>   ランダミゼーション

とよびます (くわしくは，⑩ で説明します).

④ 例 5.6.2 の場合の実験計画を，図 5.7.1 と同様に図示してみましょう．
ただし，実験の仕方に関する説明に注意して，変更すべき点があります．

図 5.7.2 例 5.6.2 の場合の実験計画 (1 要因 2 水準配置 (2))

観察単位	大区分	1		2		⋯	N	
	小区分	1	2	1	2	⋯	1	2
実験条件		C	E	C	E	⋯	C	E
観察値		X_1	Y_1	X_2	Y_2	⋯	X_n	Y_n
観察値の差		X_1-Y_1		X_2-Y_2		⋯	X_n-Y_n	
これらが 0 か否かで効果を判定								

この実験計画では，観察単位大区分のちがいは観察結果に影響をもたらす可能性があるので，

> 各大区分ごとに，
>   実験条件 C についての観察と E についての観察を
>   対にして行なう．

という計画を採用したのです (このことから，観察単位数に関しては $N_1 = N_2$ とすることになります).

図 5.7.3 例 5.6.3 の場合の実験計画 (2 要因組み合わせ配置 (1))

```
観察単位      1   2  ⋯  KL
     条件 A の区分数 K と B の区分数 L の積に
         対応する数の観察単位を選ぶ
```

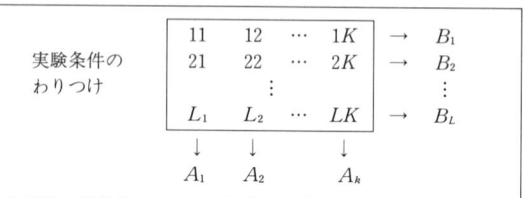

実験条件の
わりつけ

11	12	⋯	$1K$	→ B_1
21	22	⋯	$2K$	→ B_2
		⋮		⋮
L_1	L_2	⋯	LK	→ B_L

↓ ↓ ↓
A_1 A_2 A_k

2 系統の条件組み合わせ KL 組を観察単位にランダムにわりつけ, 実験後, 表のように番号をつけて整理

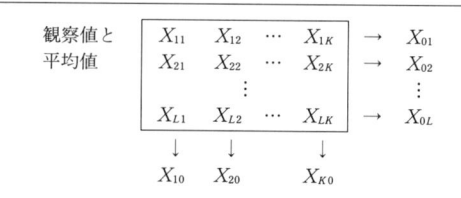

観察値と
平均値

X_{11}	X_{12}	⋯	X_{1K}	→ X_{01}
X_{21}	X_{22}	⋯	X_{2K}	→ X_{02}
		⋮		⋮
X_{L1}	X_{L2}	⋯	X_{LK}	→ X_{0L}

↓ ↓ ↓
X_{10} X_{20} X_{K0}

縦方向に求めた平均の比較で条件 A の効果
横方向に求めた平均の比較で条件 B の効果を判定

したがって,
　　各大区分ごとに差をとれば,
　　　　大区分のちがいによる影響を消去した形で,
　　　　　条件 C と条件 E の比較ができる
ことになります.
　なお, 小区分については, 結果への影響が小さいとみていますが, 小区分 1 に条件 C, 小区分 2 に条件 E と機械的にわりつけるのではありません.
　C か E かをランダムにわりつけて実験した後, 番号をつけなおしたのです. 例 5.6.1 の場合とのちがいは, 各大区分ごとに, C, E を 1 組ずつわりつけることです.
　⑤　実際の問題では, 条件が 2 区分とは限りません. また, ちがった種類の条件の組み合わせ区分を想定して比べたいことがあります.
　そういう場合の実験計画の立て方は「実験計画法」として論じられています.
　ここでは, 2 系統の条件を組み合わせる場合の基本形だけを紹介しておきます.
　2 系統の条件を, $A_1, A_2, \cdots, A_K$, および, $B_1, B_2, \cdots, B_L$ として, これまでの例と同様に実験計画を図示したのが, 図 5.7.3 です.
　この計画によって得られた「平均値の比較」によって, 2 系統の要因 A, B の効果

5.7 実 験 計 画

をみるかわりに,
　　　Aの効果をみるために,Aの区分別平均値を基準とした級内分散
　　　Bの効果をみるために,Bの区分別平均値を基準とした級内分散
を求めて,「全分散」と比べる問題とおきかえて扱うことができます.すなわち,5.1節の方法を適用するのです.

◆注　図5.7.3では,種々の平均値について,たとえば $X_{I0}=\sum M_{IJ}/N_I$ のように足しあげの対象とした添字を0とおきかえた記号を使っています.すべての添字について足しあげた $X_{00}=\sum\sum X_{IJ}/N$ については,X とかきます.

⑥　前節の例5.6.3における計画によって次の観察値が得られているものとして,2つの要因A,Bの効果を分析しましょう.

表5.7.4　例5.6.3の観察値 X_{IJ}

J＼I	1	2	3	4	計	平均
1	8.12	7.94	7.30	8.24	31.60	7.90
2	8.18	7.32	7.40	8.06	30.96	7.74
3	8.10	7.18	7.08	8.04	30.40	7.60
4	8.32	7.96	7.00	8.16	31.44	7.86
5	8.90	8.88	7.60	8.46	33.84	8.46
6	9.02	8.16	7.50	8.52	33.20	8.30
7	8.54	8.70	7.18	8.02	32.44	8.11
8	8.08	8.10	7.24	7.98	31.40	7.85
9	8.30	7.54	7.04	8.08	30.96	7.74
10	8.84	8.22	7.46	8.44	32.96	8.24
計	84.40	80.00	72.80	82.00	319.20	
平均	8.440	8.000	7.280	8.200		7.98

まず,これまでの例と同様に,
　　　全体での平均　　X_{00}　　それからの偏差 $X_{IJ}-X_{00}$ と偏差平方和 S_T
　　　Aの区分別平均　X_{I0}　　それからの偏差 $X_{IJ}-X_{I0}$ と偏差平方和 $S_W(A)$
　　　Bの区分別平均　X_{0J}　　それからの偏差 $X_{IJ}-X_{0J}$ と偏差平方和 $S_W(B)$
を計算します.計算過程と結果は,表5.7.5(a)および図5.7.5(b)のとおりです.

ここでは,一連の観察値を1列に並べた表形式のかわりに,2系統の区分を表側と表頭にわけておいた表形式に配置して,偏差を配置して示し,それらの2乗和の計算結果を表の下部に示しています.

◆注　分散の計算フォームはこれまでとかえてあります.すなわち,
　　　平均値は,基礎データの表示の方につけ加える.
　　　分散成分の計算表は,それぞれの成分ごとにわける.
　　　平均値からの偏差は「要因Aに対応する行,Bに対応する列」に配置.
　　　偏差平方和は,各表の枠外に示す.

表 5.7.5(a)　偏差平方和の計算 for 例 5.6.3

$X_{IJ} - X_{00}$

14	−4	−68	26
20	−66	−58	8
12	−80	−90	6
34	−2	−98	18
92	90	−38	48
104	18	−48	54
56	72	−80	4
10	12	−74	0
32	−44	−94	10
86	24	−52	46

$S_X = 121280$

$X_{IJ} - X_{I0}$

−32	−6	2	4
−26	−68	12	−14
−34	−82	−20	−16
−12	−4	−28	−4
46	88	32	26
58	16	22	32
10	70	−10	−18
−36	10	−4	−22
−14	−46	−24	−12
40	22	18	24

$S_{X|A} = 46240$

$X_{IJ} - X_{0J}$

22	4	−60	34
44	−42	−34	32
50	−42	−52	44
46	10	−86	30
44	42	−86	0
72	−14	−80	22
43	59	−93	−9
23	25	−61	13
56	−20	−70	34
60	−2	−78	20

$S_{X|B} = 92696$

$X_{IJ} - X_{I0} - X_{0J} + X_{00}$

−24	2	10	12
−2	−44	36	10
4	−44	18	22
0	8	−16	8
−2	40	−16	−22
26	−16	−10	0
−3	57	−23	−31
−23	23	9	−9
10	−22	0	12
14	−4	−8	2

$S_{X \times A \times B} = 17656$

図 5.7.5(b)　分析のフロー for 例 5.6.3

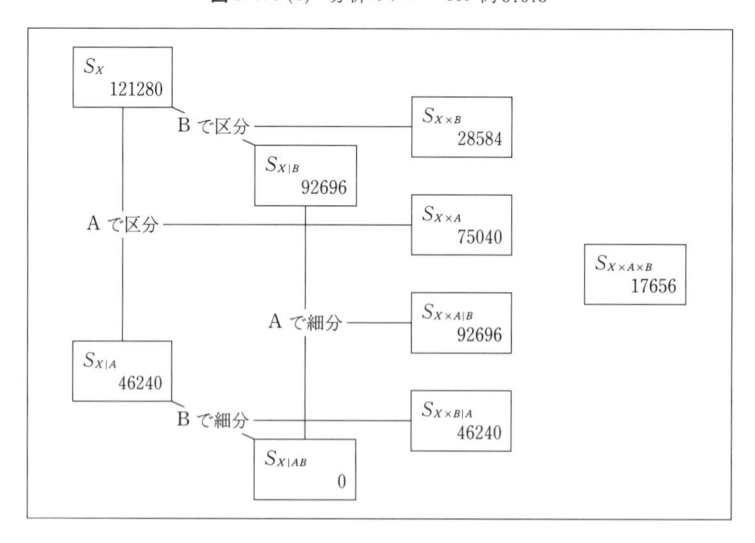

```
┌─────────────────────────────────────────────────────────┐
│  ┌─────────┐                                            │
│  │ S_X     │                                            │
│  │ 121280  │                                            │
│  └────┬────┘         ┌──────────┐                       │
│       │   B で区分 ──│ S_{X×B}  │                       │
│       │              │  28584   │                       │
│       │   ┌──────────┴┐         │                       │
│       │   │ S_{X|B}   │                                 │
│       │   │  92696    │                                 │
│    A で区分            │ S_{X×A} │                      │
│       │              │  75040   │                       │
│       │                                    ┌──────────┐ │
│       │                                    │S_{X×A×B} │ │
│       │                                    │  17656   │ │
│       │            A で細分 ─ │S_{X×A|B}│   └──────────┘ │
│       │                      │  92696  │                │
│  ┌────┴────┐                                            │
│  │ S_{X|A} │                                            │
│  │  46240  │                                            │
│  └─────────┘   B で細分 ─ │S_{X×B|A}│                   │
│                           │  46240  │                   │
│         │ S_{X|AB} │                                    │
│         │    0     │                                    │
└─────────────────────────────────────────────────────────┘
```

表 5.7.5 (c)　分散分析表 (4.7 節の形式)

総括表

要因	SS	N	分散
X	121280	40	3032
$X \times AB$	121280	40	3032
$X|AB$	0	40	3032

説明された部分

要因	SS	N	分散
$X \times AB$	121280	40	3032
$X \times A$	75040	40	1876
$X \times B$	28584	40	715
$X \times A \times B$	17656	40	441

⑦　計算結果を示すフローチャートは，4.7 節と同じ (図 4.7.2) ですから，その結果を表 4.7.4 の形式にまとめてみましょう (後で変更します)．

表 5.7.5 (c) です．

この例の場合，A で区分し，それを B で細分した場合，

　　　各細区分とも観察値数が 1 となっている

ことに注意しましょう．B で区分し，それを A で細分した場合も同じです．

このことから，両方の区分別平均値からの偏差はすべて 0 になります．このことから，フローチャートの最後の枠の数字は 0，すなわち，$S_{X|AB}=0$ となっています．

このことに注意して，以下の説明をフォローしてください．

◆**注**　このことにともなって，
$$S_{X \times B|A} = S_{X|A}, \quad S_{X \times A|B} = S_{X|B}$$
となります．左辺と右辺は，全く意味の異なる分散成分ですが，$S_{X|AB}=0$ となっていることから，値が等しくなったのです．いいかえると，これらは「特別の場合に成り立つ関係です」から，混乱を避けるためには，フローチャートの形式に対応づけて理解することが必要です．

この節では，仮説検定を適用しようと考えているのですから，第 4 章の形式の分散分析表を仮説検定用の形式に書き換えておきましょう．

分散を「偏差平方和を自由度でわった推定値」とし，検定のための F 比を示す形にするのです．

そうおきかえようとした場合，すでに注意した「$S_{X|AB}$ が 0 になっていること」が問題になります．

この問題では，表 5.7.5 (a) で

　　　残差　　$X_{IJ} - X_{I0} - X_{0J} + X_{00}$

の分散が 17656 と計算されていますが，4.7 節で説明したとおり，これは，本来「交互作用の大きさ」と解釈すべき項です．要因 A の効果と要因 B の効果は除去されており，「それらを除去したときに残った変動」ですが，要因 A と要因 B との交互作用が除去されていないので，2 つの要因の効果を除去した残差になっているとはいえないのです．いいかえると，検定法を，「誤差の評価値とみられる分散を分母にとった

表 5.7.5 (d) 分散分析表 for 例 5.6.3

区分	SS	df	MS	F
X	121280	39	3110	
$X \times A$	75040	3	25010	38.2
$X \times B$	28584	9	3180	4.86
$X \times A \times B$	17656	27	654	1

F 比の分母は交互作用の推定値だが、交互作用は存在しないと仮定すれば、これを誤差とみなしてよい…よって、それを、F 比の分母とする．

分散比を使う形」に組み立てられないのです．

しかし、この問題の実験計画では、$S_{X|AB}$ の見積もりを求められません．

そういう計画を採用したのは、

「交互作用」は存在しないと想定してよい

としたためです．この想定を入れれば、

それ以上に残差を分析できないことから、

$S_{X \times A \times B}$ を「誤差」とみなす

ことができます．

したがって、$S_{X \times A \times B}$ を自由度でわった値を誤差分散とみなして（交互作用に対応する分散でなく）F 比を求めることとするのです．

こう考えて表 5.7.5 (c) を書き換えたものが、表 5.7.5 (d) です．

以上から、要因 A, 要因 B ともに有意だと判定されました．

ここで例 5.6.3 についてまとめをしておきます．

> 例 5.6.3 の実験計画のポイント
> 　観察単位数は 40
> 　これに要因 A の 4 区分×B の 10 区分をわりあてる
> 　同一条件の観察値は 1 組ずつ
> 分　析
> 　2 要因の交互作用は存在しないと仮定すれば
> 　A の効果, B の効果を検定できる

⑧　交互作用が存在する場合には、それを推定することが必要です．

そのためには、それができるように、観察値の求め方…実験計画をたてておきます．

条件 A_I と B_J の組み合わせについて、それぞれ 2 つ以上の観察値を求めておけば、基礎データ X_{IJK} にもとづいて

$$X_{IJK} - X_{I00} - X_{0J0} + X_{000}$$

を複数求められますから、

　　　$X_{IJ0} - X_{I00} - X_{0J0} + X_{000}$ の平方和として交互作用
　　　$X_{IJK} - X_{IJ0}$ 　　　　　　　　の平方和として誤差の大きさ

をそれぞれ推定できます．すなわち、

5.7 実験計画

交互作用と,それを考慮に入れた残差を分離できることになります.

⑨ **例 5.7.1** 例 5.6.3 について 2 要因の交互作用を検出できるようにしたい,そのために,要因 B の区分数を 5 に減らして,A の 4 区分×B の 5 区分の組み合わせをそれぞれ 2 回ずつ観察値を求めるものとして次の結果を得た.これにもとづいて,要因 A の効果,要因 B の効果,交互作用の有意性を検定せよ.

表 5.7.6 例 5.7.1 の観察値 X_{IJK}

J	K	1	2	3	4	計	平均
1	1	8.12	7.94	7.30	8.24	31.60	7.90
1	2	8.18	7.32	7.40	8.06	30.96	7.74
2	1	8.10	7.18	7.08	8.04	30.40	7.60
2	2	8.32	7.96	7.00	8.16	31.44	7.86
3	1	8.90	8.88	7.60	8.46	33.84	8.46
3	2	9.02	8.16	7.50	8.52	33.20	8.30
4	1	8.54	8.70	7.18	8.02	32.44	8.11
4	2	8.08	8.10	7.24	7.98	31.40	7.85
5	1	8.30	7.54	7.04	8.08	30.96	7.74
5	2	8.84	8.22	7.46	8.44	32.96	8.24
計		84.40	80.00	72.80	82.00	319.20	
平均		8.440	8.000	7.280	8.200		7.98

> 例 5.7.1 の実験計画のポイント
> 観察単位数は 40
> これに要因 A の 4 区分×B の 5 区分を
> それぞれ 1 組ずつわりあてる
> 分 析
> A の効果,B の効果を検定できる
> 2 要因の交互作用が存在する場合それも検定できる

⑩ この例の計算手順と結果は,次の表 5.7.7 (a), 図 5.7.7 (b) および表 5.7.7 (c) に示してあります.

分析手順のフローを示す図 5.7.7 (b) を図 5.7.5 (b) と対照して,検定のために使う F 比の分母がかわった理由を把握してください.

表 5.7.7 (a) では,表 5.7.5 (a) の場合に交互作用を計算したところで,$X_{IJK}-X_{IJ0}$ の平方和を計算しています.交互作用,すなわち $X_{IJK}-X_{I00}-X_{0J0}+X_{000}$ の平方和は,ここで計算せず,他の項の計算結果から差し引き計算で求めています(表 5.7.7 (c)).

この例の場合 2 つの要因の効果とともに,それらの交互作用の大きさ $S_{X\times A\times B}$ が計

表 5.7.7 (a) 偏差平方和の計算 for 例 5.7.1

$X_{IJK} - X_{000}$

14	-4	-68	26
20	-66	-58	8
12	-80	-90	6
34	-2	-98	18
92	90	-38	48
104	18	-48	54
56	72	-80	4
10	12	-74	0
32	-44	-94	10
86	24	-52	46

$S_X = 121280$

$X_{IJK} - X_{I00}$

-32	-6	2	4
-26	-68	12	-14
-34	-82	-20	-16
-12	-4	-28	-4
46	88	32	26
58	16	22	32
10	70	-10	-18
-36	10	-4	-22
-14	-46	-24	-12
40	22	18	24

$S_{X|A} = 46240$

$X_{IJK} - X_{0J0}$

30	12	-52	42
36	-50	-42	24
37	-55	-65	31
59	23	-73	43
52	50	-78	8
64	-22	-88	14
56	72	-80	4
10	12	-74	0
31	-45	-95	9
85	23	-53	45

$S_{X|B} = 101424$

$X_{IJK} - X_{IJ0}$

-3	31	-5	9
3	-31	5	-9
-11	-39	4	-6
11	39	-4	6
-6	36	5	-3
6	-36	-5	3
-23	30	-3	2
23	-30	3	-2
27	-34	-21	-18
27	34	21	18

$S_{X|AB} = 16456$

図 5.7.7 (b) 分析のフロー for 例 5.7.1

```
┌─────────────────────────────────────────────────────────────┐
│  S_X                                                        │
│  121280                                                     │
│    │         B で区分 ──────── S_{X×B}                       │
│    │                           19856                        │
│    │                                                        │
│    │              S_{X|B}                                   │
│    │              101424                                    │
│    │                                                        │
│  A で区分 ────────────────── S_{X×A}                         │
│                                75040                        │
│                                              S_{X×A×B}      │
│                                              9928           │
│                A で細分 ──── S_{X×A|B}                       │
│                              84986                          │
│  S_{X|A}                                                    │
│  46240                                                      │
│         B で細分 ────────── S_{X×B|A}                        │
│                             29784                           │
│              S_{X|AB}                                       │
│              16456                                          │
└─────────────────────────────────────────────────────────────┘
```

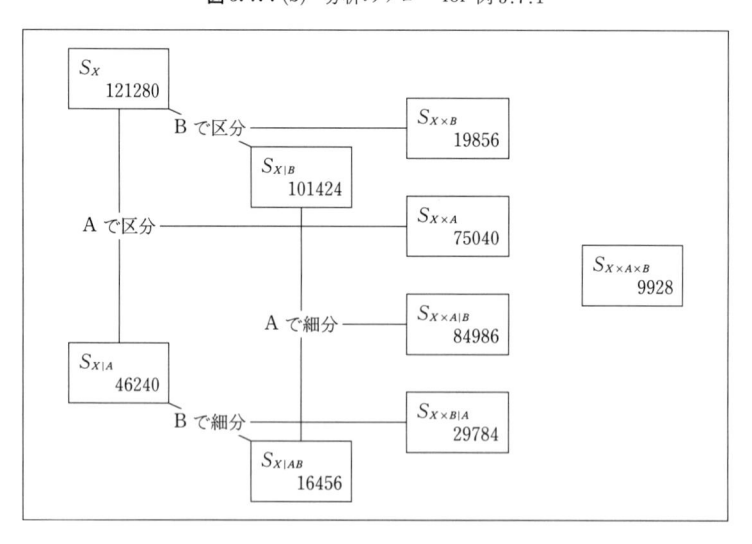

表 5.7.7 (c) 分散分析表 for 例 5.7.1

区分		SS	df	MS	F
全体	X	121280	39	3110	
要因 A	$X \times A$	75040	3	25010	30.4
要因 B	$X \times B$	19856	4	4864	5.9
交互作用	$X \times A \times B$	9928	12	827	1.0
残差	$X|AB$	16456	20	823	1

測されています．いいかえると，残差 $S_{X|AB}$ は交互作用の影響も除去された「誤差の評価値」になっています．したがって，表のように F 値を計算することになります．

表5.7.7(c)に示すように，「結果としては，交互作用は有意ではなかった」のですが，「存在すれば検出できる分析方法を適用して検出できなかった」のですから，「存在しても検出できない分析方法を適用して検出できなかった」こととは，ちがいます．

▶ 5.8 実験計画における3条件

① ここで，これまでの節で取り上げたいくつかの実験計画に関して，まとめの説明をしましょう．

Fisher の3条件とよばれている「基本原則」です．

② 例5.6.3でも例5.7.1でも，要因Aの効果を推定するために使える観察値が複数あり，要因Bの効果を推定するために使える観察値が複数あります．

これに対して，交互作用については，例5.7.1の場合複数の観察値を使えますが，例5.6.3では「同じ条件下での観察値が1つしかないために」推定できません．

したがって，要因の効果を検定するためには

   同一条件下での観察値を複数求めておくことが必要（条件1）

です．これが，実験計画において，考慮に入れるべき条件のひとつです．

各条件に対応するくりかえし数は，例5.7.1では同数にしてあります．

これは，F 検定を適用するために必要とされる前提ですが，もう一歩進めると，「観察単位数がふぞろいだと，観察値そのものでの差と，観察値数の差による影響が分離できない」ためです．

したがって，同一条件下での観察値の数はそろえておく方がよいのです．

◆ **注** 3.5節の分析では，観察値を求めた後に，その値を参照して要因A，要因Bを区分けしました．このため，各組み合わせ区分に属する観察値数は同数となるとは限りません．このちがいがあるため，3.5節の分散分析表では，決定係数による評価にとどめ，F 検定までは進まないのです．

別の言い方をすると，この節の手法では，想定された区分についてその効果を判定することを問題にしているのだから，分析の過程に入る前に定めておかねばならないのです．区分の仕方を見出すことを分析の目的とする場合とちがうことに注意しましょう．

③ また，観察値は，どの要因がわりあてられたものも，同一条件（わりあてられた要因のちがい以外の条件）下で求めるべきです．これは，当然のことです（条件2）．

しかし，実際の観察では，それをどこまで実現できるかが問題になります．実験に使う材料，方法，実験実施の環境など，大小はともかく，種々の条件が影響してきます．

実験にあたっては，できるだけこれらの条件を一定にたもつようにします．

そのようにしても残っている細かい相違については，ランダムに選ぶことによって結果に対するかたよった影響を避ける（条件3）… これが，基本的な考え方です．

これらが，②にあげた条件1と合わせて，Fisherの3条件とよばれています．

実験計画において考慮すべき3条件

1. くりかえし
   要因の効果を検定するためには同一条件下での観察値を複数求めておくことが必要．
2. 局所管理
   可能な限り条件をそろえて観察する．
3. ランダミゼーション
   制御できない差異がかたよりをもたらさないよう観察対象に対する実験条件のわりあてを「ランダム」に行なう．

「局所管理」にも限度がありますから，「ランダミゼーション」が必要です．しかし，「ランダミゼーション」によってかたよりをおさえられるにしても，実際の観察値は，かたよった結果になるので，観察値の数を増やすことが必要です．しかし「くりかえし」を増やすことによって，「局所管理」が難しくなる．だから，「ランダミゼーション」を適用する … という形で，3条件を同時に考慮して「実験を計画する」のです．

④ 観察値を求めた後の処理手順は，実験計画によって決まります．いいかえると，実験計画は，観察値の求め方を決めるとともに，観察結果の処理手順も決めるのです．

「実験の計画に問題があった」と後で気づくことがあるでしょう．その場合に，臨機応変に扱い方を考えることは「避けるべきこと」です．

「分析の過程に入ってから，判断を入れることを避ける」，すなわち，すべてを客観的な手順で進行させるという趣旨です．

「観察結果にもとづく判断を一切入れるな」とまではいいませんが，「やむをえない場合に限って認められる」扱いだと心得ましょう．乱用すると … たとえば，自説に都合のよい観察結果を選んで説明を組み立てる … これでは，実証したことにはなりません．

そこまではしなくても，「結果をみて分析方法を決める」と，こうなる可能性がありますから，注意せよということです．

5.8 実験計画における3条件

こういうことにきびしい問題分野では，実験の仕方とその結果の分析における客観性を重んじるために，次のような処置が要求されます．

> 実験と分析の手順をあらかじめはっきり決めて，
> 「計画書」(プロトコール)を用意しておき，
> それから外れたことはしない …
> 　「こうだったらこうする」という形の処理も，
> 　計画書に用意してあった範囲に限る．

たとえば薬品の効果を確かめるための実験では，このことがきびしく要求されています．

⑤　また，たとえば薬の効果を判定するためには，薬そのものの効果によって治癒した場合と，自然に治癒した場合などを識別しなければならないので，実験対象者を2群にわけ，一方の群にはその薬を投与し（実験群とよぶ），他方の群にはそれを投与しない（対照群とよぶ）状態にして経過を観察し比較します．

この場合，観察対象者には自分がどちらのケースかを知らせない，観察実施者にも相手がどちらのケースかを知らせない … こういう状態にして，経過を観察する措置を「ブラインド化」とよんでいます．「実験群すなわち効果が認められるはず，対照群すなわち効果は認められないはず」という予断に影響されないようにするための措置です．

> 　　　　　　ブラインド化
> 実験の目的から条件をかえる場合にも
> そのちがいを秘匿する形で観察を進める．

⑥　3.5節の分析では，結果をみて分析を進める形式を採用しているため客観性に欠けるという批判がありそうですが，観察値のもつ「情報を客観的に拾い出す」という原理（パーシモニイ）にもとづいて分析手法が組み立てられているのです．

この原理にもとづく分析手法を「探索的データ解析」とよんでいます．

これに対して，この章の分析手法は，想定された仮説の検証を目的とする場合にあたりますから，「検証的データ解析」とよばれます．

あらかじめ計画をたてて観察値を求める「実験」が可能な分野では，探索的データ解析の考え方を採用すべきですが，利用できる情報の範囲で考えざるをえない問題分野では，検証的データ解析の考え方を採用することになります．

一般には，まず現実を把握し，現実を説明する仮説を立てて，次に，その仮説の当否を検証するという運び方ですから，探索的手法と検証的手法を場面に応じて使いわけるのです．

> 探索の場面と検証の場面を区別する
> データの求め方も分析の仕方も
> 場面によって使いわけることが必要

◆注　探索的データ解析，検証的データ解析は，それぞれ exploratory data analysis, confirmatory data analysis とよばれています．EDA, CDA がそれぞれの略称です．

偏差，残差，誤差

　これらの用語は，それぞれややちがったニュアンスで使われています．
　ある基準値からの差を「偏差」と了解しましょう．「標準偏差」の偏差は，こういう意味です．
　基準は，データの変動を説明するために想定され，計測されます．そうして，想定された基準の有効性を計測するために，基準値からの差をみる場面では，「基準で説明されずに残った部分」という意味で「残差」という呼び方をします．基準の選び方を含めて考える場面での用語です．
　「誤差」という用語は，実験あるいは観察において制御の限界をこえる変動という意味で使われますが，制御しきれずに残った変動すなわち残差と了解してよいでしょう．統計手法の組み立てでは，残差と誤差を使いわけする必要はありませんが，仮説検定の場面では，「種々の基準に対応する残差のうち，最小のもの」，すなわち，これ以上は減らしようのない状態になったものを「誤差変動」とみなすという形で使いわけします．

問題 5

問 1 (1) 5.1～5.3 節の例示では，食費支出 X の変動要因として世帯人員 A と収入 B をそれぞれ 3 区分し，3 区分間の差をみる形でそれぞれの有意性を判定したが，分析を精密化するために，(a) A を 4 区分にする案，(b) B を 4 区分にする案のいずれか一方を取り上げて，表 5.1.2，表 5.1.4，表 5.2.3，表 5.2.4，表 5.2.5 を改めよ．

(2) A の効果をみるための F 比が 3 とおり（表 5.1.2，表 5.2.3，表 5.2.4）あるが，それぞれの意味のちがいを説明せよ．

プログラム TESTH6 を使うこと．この問題用のデータが例示用として用意されている．

問 2 12 人の被験者に対して 1 週間のダイエット処方を適用した結果，次の体重減少（ポンド）が観察された．

3.0 1.4 0.2 −1.2 5.3 1.7 3.7 5.9 0.2 3.6 3.7 2.0

(1) この結果によって，体重減少が達成されたといえるか．

(2) 1 ポンド以上の体重減少が達成されたといえるか．

注：仮説検定法に関する説明および適用のためにプログラム TESTH1～TESTH3 が用意されています．この問題では，まず，TESTH1 を使ってみましょう．

どのプログラムでも，「説明を表示しながら進行させますか」と表示されますから，H と入力してください．ひととおり説明が終わったら，使い方に応じて指定する箇所がありますから，それに応じて入力していくと，計算が進行し結果が表示されます．

問 3 プログラム TESTH2, TESTH3 も同様に使えるが，適用する場面に応じて，どれを使うかを選択することが必要となる．それぞれのプログラムの説明をよみ，各プログラムのちがいを把握せよ．また，5.5 節，5.7 節の例示について計算できることを確認せよ．

注：問 3～問 6 では，どのプログラムを使うかを示しませんから，問題ごとに判断してください．

問 4 次は，ある 60 歳の男性について，毎日の起床時の血圧と，同じ日の夕刻の血圧を調べた結果である．

表 5.A.1

起床時	133	144	135	120	138	146	152	148	126	136	142	143
夕刻	151	153	144	154	145	149	153	140	146	144	150	141

(1) これによって，起床時と夕刻の血圧に差があるといえるか．
同じ日について起床時の値と夕刻の値が対になっているが，そのことを考慮に入れて例5.6.2の扱いをするか，そのことを考慮せず例5.6.1の扱いをするかを考えよ．
(2) 例5.6.1の扱いをした理由または例5.6.2の扱いをした理由を説明せよ．

問5 夏休みに補習授業を行ない，その前後の成績を比べた結果が次の表である．

表5.A.2

学生	A	B	C	D	E	F	G	H	I	J	K	L	M	N	O
補習前	65	75	60	85	80	60	55	60	70	80	50	50	60	75	75
補習後	70	75	70	80	90	85	60	70	70	85	70	80	70	80	75

(1) これによって，補習授業の効果があったといえるか．なお，補習前後の問題の難易はほぼ同じといえるものとする．
(2) 補習前の成績が下位のもの7人についてみるとどうか．
(3) 補習前の成績が上位のもの7人についてみるとどうか．
(4) 補習が「下位のものを引き上げること」が目的だということを考慮に入れると(1)(2)(3)を通じてどういう結論を下すべきか．

問6 5.7節の例示(表5.7.4, 表5.7.6)については，プログラムTESTH5によって計算できることを確認せよ．そのために必要なデータは，例示用として用意されている．

注：以下の問いでは，プログラムTESTH6を使いますが，そのためには，仮説検定によって対比する区分を表わす変数をデータ本体とともに記録したデータセットを用意しておきます．たとえば，問7についてはデータファイルTESTH_Q7を参照してください．

問7 表5.A.3は，米の品種4種の収穫量を，ランダムに選んだ4つの圃場を使って調べた結果である．

これによって，品種による差の有無を検定せよ．

表5.A.3

圃場	1	2	3	4
品種1	934	1041	1028	935
品種2	880	963	924	946
品種3	987	951	976	840
品種4	992	1143	1140	1191

問8 4とおりの加工法による製品の強度を比較するため，それぞれ4回の実験を行なって，表5.A.4の結果を得た．

これによって，「加工法による差」が認められるか．

なお，実験に用いる材料は，同じ種類のものをランダムに選んでいるものとする．また，実験の実施順は，結果に影響しないと仮定できるものとする．

表5.A.4

実験順	加工法			
	A_1	A_2	A_3	A_4
B_1	8.12	7.94	7.30	8.24
B_2	8.18	7.32	7.40	8.06
B_3	8.10	7.18	7.08	8.04
B_4	9.02	8.16	7.50	8.52
B_5	8.32	7.96	7.00	8.16
B_6	8.90	8.88	7.60	8.46

問9 問8の実験において，実験の実施順が影響するという指摘があった．この指摘に答えるために，「加工法による差」とともに「実施順による差」の有無を検定せよ．なお，「加工法と実施順の交互作用はない」と仮定できるものとする．

問10 問9において「交互作用なし」という仮定を受け入れにくいので，実施順に関して，1回目と2回目の差，3回目と4回目の差，5回目と6回目の差はないとみなすと，「加工法4区分」，「実施順3区分」，「同じ条件でのくりかえし2回」の実験結果として扱うことができる．こうして，「加工法による差」，「実施順による差」，「交互作用」の有無を検定せよ．

問11 問8の実験計画において，表5.A.5のように材料の種類 C_1, C_2 をわりつけてあったものとする．
これによって，「加工法による差」，「材料による差」，「両者の交互作用の有無」を検定せよ．

表5.A.5

実験条件のわりあて

	A_1	A_2	A_3	A_4
B_1	C_1	C_2	C_1	C_2
B_2	C_1	C_2	C_1	C_2
B_3	C_1	C_2	C_1	C_2
B_4	C_2	C_1	C_2	C_1
B_5	C_2	C_1	C_2	C_1
B_6	C_2	C_1	C_2	C_1

実験結果

	A_1	A_2	A_3	A_4
B_1	8.32	7.74	7.50	8.04
B_2	8.38	7.12	7.60	7.86
B_3	8.30	6.98	7.28	7.84
B_4	8.82	8.36	7.30	8.72
B_5	8.12	8.16	6.80	8.36
B_6	7.80	9.08	7.40	8.66

ヒント：基礎データをAとCの組み合わせ表の形に書き換えた上，計算すればよい．

問12 問11において実験の実施順は結果に影響しないものと仮定したが，小さい影響がありうる場合を考えて，材料のわりつけ方を改めよ．
また，それにともなって，TESTH6を使うためのデータファイルTESTH_Q11を問12用に改めよ．

問13 オーブンで肉をローストするための所要時間 X を，次の2種の条件の組み合わせ6とおりについて比較する実験を行なった．
X に対する A, B の効果を分析せよ．

表5.A.6 実験条件のわりあて

	A_1	A_2
B_1		
B_2	各組み合わせについて	
B_3	5回のくりかえし	
B_4		

A_1：オーブンをプリヒートする
A_2：プリヒートしない
B_1：生肉
B_2：冷凍肉
B_3：12時間解凍
B_4：24時間解凍

表 5. A. 7 実験結果 for 要因 A_1

要因 B	5回の実験くりかえしの結果
B_1	19.59 8.03 17.78 9.54 18.54
B_2	31.05 19.47 29.97 28.56 24.88
B_3	26.20 24.41 23.00 19.74 29.10
B_4	22.43 22.40 21.71 26.16 26.72

表 5. A. 8 実験結果 for 要因 A_2

要因 B	5回の実験くりかえしの結果
B_1	21.15 17.82 23.68 18.13 26.72
B_2	25.29 28.13 25.87 26.70 26.51
B_3	22.38 21.09 29.59 21.84 26.84
B_4	24.01 24.42 23.45 21.18 22.53

問 14 仮説検定の論理における「前提」と「仮説」のちがいを説明せよ．

問 15 仮説検定の論理において「有意差あり」という語を使い，「差あり」という語を使わない理由を説明せよ．

問 16 仮説検定において「有意差あり」と判定する基準として統計量の分布の5％点を使うことが多いが，これに対して「1％点を使うと，より精密な検定を行なったことになる」という言い方は正しいか．

正しいあるいは正しくないとする理由も，簡明に述べよ．

問 17 仮説検定を適用するための観察値の求め方に関して，
(1) 「ランダミゼーション」が必要とされる理由を説明せよ．
(2) 「局所管理」が必要とされる理由を説明せよ．
(3) 「くりかえし」が必要とされる理由を説明せよ．

問 18 観察値 X の平均値 μ について $\mu=\mu_0$ または $\mu=\mu_1$ のいずれかであると想定できるものとする．この場合について
$$P(X<C)=\alpha, \qquad P(X>C)=\beta$$
をみたすように C および観察値数 N を定めうることを示せ．ただし，X の分布について正規分布 $N(\mu, \sigma)$ を想定できるものとする．また，σ は既知とする．

注：この場合は，$\mu=\mu_0$ か $\mu=\mu_1$ かを判別する問題としての扱いになる．

6 混同要因への対処

2つの要因 A, B の関係をみようとしているのだが，データの上では A, B に第三の要因 C が関与しているため A, B の関係が適正に把握できない…そういうときには，A, B の関係の有意性を検定したり，説明しようとする前に，まず，C の効果を補正することが必要です．この章では，そのための方法を説明します．

▷ 6.1 混同要因への対処

① この章では，次のような問題を扱います．

「右の表によって，甲社と乙社の給与水準を比較せよ」

甲社・乙社の比較だから，それぞれの社全体の数字すなわち 26.4，28.3 に注目し，「乙社の方が高い」といってよいでしょうか．

問題点を明らかにするために，もう少しつけ加えましょう．

表 6.1.1 3社の給与水準比較

	甲社	乙社	丙社
全体でみる	26.4	28.3	30.0
年齢区分でみる			
20歳台では	15.0	14.2	15.0
30歳台では	24.0	22.2	24.0
40歳台では	32.0	30.0	32.0
50歳台では	40.0	38.0	40.0
60歳台では	52.0	50.0	52.0

丙社の数字については後述．ミスプリントではありません．

年齢区分別にわけた数字の方をみると，どの年齢でも「甲社の方が高い」という結果になっています．

「全体でみると乙社が高く，各区分でみると甲社が高い」となっていることに注目してください．この「一見矛盾した結果」をどう理解すればよいのでしょうか．

もし年齢別の数字が集計されていなかったとすれば，「乙社の方が高いという結論が疑念をもたれることなく信じられてしまう」でしょう．

それでよいでしょうか．

② **問題点** この表には表示してありませんが,両社の従業者の年齢構成がどうなっているのかを確認することが必要です.もし,乙社の年齢構成が甲社と比べて高くなっていたとすれば,

　　高齢者(給与の高い階層)が多いという理由で,
　　同じ年齢層どうしを比べると甲社の方が高くても
　　全体でみた平均の数字は,乙社の方が高くなる.

こういうことがありえます.

例示の表の場合,両社の年齢構成は右のようになっています.このことから,表6.1.1のような数字が出てきたのです.

念のため次の計算を実行して,全体でみた平均値が年齢別の数字の平均値(ここでは年齢別人数を考慮に入れた加重平均値)として求められることを確認してください.

表 6.1.2　3 社の年齢構成

	甲社	乙社	丙社
全体でみると	100	100	100
年齢区分でみる			
20 歳台では	40	25	25
30 歳台では	20	25	25
40 歳台では	20	20	20
50 歳台では	10	15	15
60 歳台では	10	15	15

　　甲社：　$15.0 \times 40 + 24.0 \times 20 + 32.0 \times 20 + \cdots = 26.4$
　　乙社：　$14.2 \times 25 + 22.2 \times 25 + 30.0 \times 20 + \cdots = 28.3$

この種の統計表では,全体でみた平均値は,内訳区分でみた値の単純な平均値にはなっていないのが普通です.すなわち

$$\frac{15.0 + 24.0 + 32.0 + 40.0 + 52.0}{5} = 32.6$$

となっていないのです.

この場合,甲社・乙社の給与の平均値比較を,「年齢別構成のちがい」がゆがめているわけです.

③ こういう事態はこの例に限らず,よくみられます.したがって,こういう「ゆがみ」を避ける方法を一般化して考えることとしましょう.

　　比較したい指標を X (例示では給与水準),
　　比較しようとする区分を $A_1, A_2, \cdots$ (例では甲社・乙社)

としましょう.

"分析の目的"は,X と A の関係です.

しかし,X の大小に影響をもたらす他の要因 C (例では年齢)があって,この要因に関して $A_1, A_2, \cdots$ が等質とはいえない場合,X の差は,A によるものか,C によるものか判別できません.

こういう場合,C を混同要因とよびます.分析の目的が X と A の関係であり,C は目的外であっても,それが重なって観察されるがゆえに,"分析手順としては",C を考慮に入れなければならないのです.

> 被説明変数 X の値の変動に対し
> 説明要因 A がどう効くかを計測 ⇒ これが目的
> 混同要因 C も重なっているとき ⇒ ここまで含めて分析

C を無視すると，その効果が $A ⇒ X$ の効果の中に混じりこみ，正しい結論が出せません．なんらかの対応策が必要です．④以降でいくつかの対応策を説明します．

◆注　表6.1.1の例示における丙社は，どの年齢層でみても甲社と同じ給与水準になっています．しかし，表6.1.2に示すように年齢構成が異なるため，全体でみると，26.4，30.0 とちがった数字になっています．

つまり，「差がないのに差がつくられた」結果になっているのです．

④　混同要因への対処法 — 1：区分け

混同要因への対処の仕方には，2つの方向があります．

第一は

　　　　年齢構成が異なるから比較できないなら
　　　　年齢区分別にわけた数字を使え（わけていない数字は使うな）

という考え方です．一般化していうと，次のようにせよということです．

> 混同要因への対応 − 1
> 混同要因に注目して，比較対象を細区分して
> 各細区分ごとに比較する．

これが，基本的な考え方です．

この方針で分析するには，A の各区分を，C で区分けしたデータを使います．

A の効果をみるステップを，C の各区分ごとにわけて適用することになりますから，

　　　　C の構成比が A の各区分で異なるとしても，
　　　　それは，比較に関与しない

こととなります．

A と C の組み合わせ区分別に X の情報が得られるならば，これが最も簡明な扱いです．

冒頭にあげた例では，甲社の方が高いといってよいのです．年齢構成のちがいの影響を受けている「全体でみた数字」は無視してよいのです．誤解の因になるから，「全体でみた数字は表示するな」という意見も出るでしょう．

⑤　ただし，この方法ではデータを2つの要因によって細分するため，精度をたもつためには，多くのデータを要することになります．

データ数が少ないときには，細分することによって「推定値のゆがみを補正すること」と，「各区分での評価値の精度をたもつこと」とがトレードオフの関係になります

から，別の対処法 (6.3節で説明) を考えねばならないのです．

◆**注**　「ゆがみ」というコトバを「かたより」とちがう意味で使っています．かたよりとおきかえても意味が通じますが，かたよりという語は，観察値と期待値(同じ条件でくりかえし観察したときに期待される平均値)との差と定義されています．ここでいう「ゆがみ」は，差をもたらす要因が存在しているのに，それに気づかずに平均を求めたことによって起きるものですから，このテキストでは，用語をかえました．

▶ 6.2　直接法による標準化

① **混同要因への対処法—2：標準化**

混同要因へ対処する第二の考え方は

　　　　年齢構成がちがって比較できないのなら

　　　　年齢構成がそろったとしたときの数字を計算しよう

という考え方です．一般化していうと

> 混同要因への対応—2
> 混同要因の影響を補正した平均値を求め，
> それについて分析する．

ということですが，補正の仕方が問題で，いくつかの方法があります．

この節と次節で2つの方法を説明します．

② **直接法による標準化**　その1つが，以下に述べる"直接法による標準化"です．

A の区分 A_I に対応する X は，その区分に属する人々の値の平均値 $\bar{X}_I$ ですが，混同要因 C を考慮に入れねばならない状況下では，

　　　$\bar{X}_I$ が「C による細区分 C_{IJ} における平均値 X_{IJ}」の

　　　平均値であること

を考慮に入れることが必要です．

すなわち，

$$\bar{X}_I = \sum N_{IJ} X_{IJ} / N_I$$

ですから，$\bar{X}_I$ の差異について

```
    X_IJ の差異 ─┐
                 ├── X̄_I の差異
    N_IJ の差異 ─┘
```

と，意味のちがう2とおりの差異が混同されていることになります．したがって，

　　　　ある標準のウエイト N_{0J} を想定し，上の加重平均を計算しなおす

という方式で，対比できるように，平均値を補正します．すなわち，

$$\bar{X}_{I*} = \sum N_{0J} X_{IJ} / N_0$$

を対比のための指標として使うことにするのです．

この計算では

$$X_{IJ} \text{ の差異} \longrightarrow \\ N_{IJ} \text{ の差異} \text{------}\Big] \longrightarrow \overline{X}_{I*} \text{ の差異}$$

という扱いとなります．N_{IJ} の差異が影響しないようにするということです．

これを"標準化平均値"とよびます．これを使うべき状況下では，$\overline{X}_I$ は，適切な対比に使えませんから，"粗平均値"とよびます．そうして，それを補正する手順を，標準化とよびます．

◆ **注　加重平均とウエイト**　区分 K の情報 X_K の加重平均 $\overline{X} = \sum W_K X_K$ を求めるときに使うウエイト W_K の選び方については，次のような場合があります．
   a. たとえば標本調査の結果が年齢別に求められているが，調査対象者の年齢別構成が一般の年齢別構成と異なるため，それに見合う推計値にするために，ウエイトをつける場合．
   b. 2つの集団の情報を比べる場合，それぞれの構成(たとえば年齢別構成)が異なることの影響を避けるために，ある標準構成を想定して，それをウエイトとする場合．
   c. ある意図をもって定めたウエイト(たとえば，こうあるべきだという目標値)を使う場合．

③　表 6.1.1 の例示における丙社を (実在の企業ではなく)，甲社並みの給与水準，乙社並みの年齢構成をもつ仮想企業だとみましょう．すると，甲社・乙社の給与水準を比べるためには，実在の甲社のかわりに仮想した丙社を使う … それが，この節の標準化の考え方だということができます．

ただし，標準の年齢構成は，任意の年齢構成でかまいません．これを「標準」とするという観点で決めてよいのです．

④　X_{IJ} のかわりに，ある標準区分 $(I=1)$ における X_{1J} に対する相対比

$$Y_{IJ} = X_{IJ}/X_{1J}$$

を使う場合も同じ考え方で，どの区分 A_I にも共通するウエイト W_{0J} によった加重平均

$$\overline{Y}_{I*} = \sum W_{0J} Y_{IJ}$$

を求めて比較します．

$\overline{Y}$ が物価，A_I が年次区分だとすれば，品目 C_J の価格 X_{IJ} をウエイト W_{0J} (年次区分に関係しないウエイト)による物価指数を求めて年次比較をする場合にあたります．また，A_I が地域区分だとすれば地域差指数にあたります．

$\overline{Y}$ が死亡率，A_I が地域区分だとすれば，年齢区分 C_J ごとにみた死亡率の加重平均(ある標準の年齢構成を想定した加重平均)を求めて比較する場合にあたります．

このように，指数とよばれている指標は，この節で述べた標準化の方法を適用したものになっています．

⑤　この節の方法では，$C \to X$ の効果が X の比較に影響しないようになっていますが，$C \to X$ の効果そのものは，陽な形ではみていません．それが目的外だから

そうしたのであり，不要な C を表面化せず，簡明に議論できることになります．

これが，この方法の利点です．

しかし，$A \to X$ の効果が C の区分ごとに著しくちがうなら，$C \to X$ の効果分析を目的外におくこと自体が不適切だということになりますから，前節の方法でこの点を検討すべきです．

この前提をみたしているかどうかはっきりしないときにも，前節の方法による方がよいでしょう．

こういう点の検討をすましてからそれが妥当とみられる場合に，$A \to X$ の関係を要約するためにこの節の方法を使う … こう考えるべきです．

⑥ **計算手順**　表 6.2.1，表 6.2.2 は，直接法による標準化平均値の計算手順とその例示です．

表 6.2.1 直接法による標準化平均値の計算フォーム

混同要因 区分 J	基礎データ						標準化の計算			
	標準		区分1		区分2		区分1		区分2	
	N_{0J}	X_{0J}	N_{1J}	X_{1J}	N_{2J}	X_{2J}	N_{0J}	X_{1J}	N_{0J}	X_{2J}
1	N_{01}	X_{01}	N_{11}	X_{11}	N_{21}	X_{21}	N_{01}	X_{11}	N_{01}	X_{21}
2	N_{02}	X_{02}	N_{12}	X_{12}	N_{22}	X_{22}	N_{02}	X_{12}	N_{02}	X_{22}
⋮	⋮	⋮	⋮	⋮	⋮	⋮	⋮	⋮	⋮	⋮
K	N_{0K}	X_{0K}	N_{1K}	X_{1K}	N_{2K}	X_{2K}	N_{0K}	X_{1K}	N_{0K}	X_{2K}
平均	N_0	$\bar{X}_0$	N_1	$\bar{X}_1$	N_2	$\bar{X}_2$	N_0	$\bar{X}_{1*}$	N_0	$\bar{X}_{2*}$

ウエイトが異なるため比較できない粗平均　　　ウエイトをそろえて計算しなおした標準化平均

表 6.2.2 直接法による標準化平均値の計算例

混同要因 区分 J	基礎データ						標準化の計算			
	標準		区分1		区分2		区分1		区分2	
	N_{0J}	X_{0J}	N_{1J}	X_{1J}	N_{2J}	X_{2J}	N_{0J}	X_{1J}	N_{0J}	X_{2J}
1	30	14.7	(40)	15.0	(25)	14.2	30	15.0	30	14.2
2	25	23.0	(20)	24.0	(25)	22.2	25	24.0	25	22.2
3	25	31.0	(20)	32.0	(20)	30.0	25	32.0	25	30.0
4	10	38.8	(10)	40.0	(15)	38.0	10	40.0	10	38.0
5	10	50.8	(10)	52.0	(15)	50.0	10	52.0	10	50.0
平均		26.9		26.4		28.3		27.7		26.1

次の節で述べる間接法と比較するために，使わない箇所も設欄し，使わない数字を括弧書きしてあります．

例示における A_1, A_2 における粗平均値 (26.4, 28.3) が，混同効果を補正することにより，(27.1, 26.1) になりました．大小関係が逆転しています．

C の各区分別の数字については，どの区分でも

　　　A_1 での平均値 $>$ A_2 での平均値

となっていることから，混同効果，すなわち，C の区分別構成比のちがいを補正した標準化平均値は，当然

　　　　A_1 での平均値 $> A_2$ での平均値

となるのです．

　粗平均値が

　　　　A_1 での平均値 $< A_2$ での平均値

だったのは，C の区分別構成比のちがいによるものだったのです．

⑦　多くの統計資料に掲載されている平均値は，それぞれの集団区分での構成に対応する値になっています．したがって，比較するには，構成比のちがいに注意して，標準化平均値を計算しなければならないのが普通です．そういう標準化のなされた平均値が掲載されている場合もあります．たとえば賃金水準の企業間格差を比較するためには，雇用者の年齢構成の影響を補正したデータを使うべき場合がありますから標準化平均値の計算が必要となります．

　また，時系列データの場合，標準とみられる構成比を使った「指数」で表わされています．構成比自体も変化しますから，5年ごとに更新し，標準化平均を計算しなおすのが慣習になっています．この場合も，たとえば特定の年齢階層での生計に焦点をあてて分析するために「当該階層での構成比」をウエイトとする指数におきかえるという意味で「標準化平均値」を計算しなおすことも考えられます．

▶ 6.3　間接法による標準化

①　この節の方法も，前節と同じく
　　　　比較しようとする区分 A_I の
　　　　構成 N_{IJ}（混同要因 C の区分別構成）が異なっているので
　　　　各区分に対応する平均値 X_I を比較できない
　　　　その数字を補正して比較できるようにしよう

という問題を扱うものですが，次の形の"間接法"とよばれる方法を採用します．

> 混同要因への対応—3
> 　粗平均値に補正率を乗ずることによって
> 　混同要因の効果を補正する

前項の方法では，この問題に対して，結果としては必要でない（経過としては使うが）C による細分を行ない，各細区分に対応する数字 X_{IJ} を使っています．

　それが可能ならよいのですが，たとえばデータ数が少なくて，細分できないことがあります．また，細分されたデータが集計されていない場合があります．したがって，各細区分に対応する数字 X_{IJ} を使わないで X_I を補正する方法が必要です．

　このため，この節の方法が必要とされるのです．

② この方法の要点は
　a. $C \to X$ の効果を補正する補正率を求め，
　　それを，粗平均値 X_I に乗じる方針をとる形になっていること，
および
　b. 補正率を求めるために，要因 C による区分のなされていないデータを使うこと（したがって，AC の組み合わせ区分に対応する X_{IJ} を使わず，C だけで区分したデータ X_{0J} を使うこと）

であり，次のように数式表現できます．

> $\bar{X}_0 = \sum N_{0J} X_{0J} / N_0$ において
> N_{0J} のかわりに N_{IJ} を使った
> 　$\bar{X}_{0(I)} = \sum N_{IJ} X_{0J} / N_I$ を求めると
> N_{IJ} を N_{0J} におきかえたことの影響を $\bar{X}_0 / \bar{X}_{0(I)}$ で評価できる
> よって，$C = \bar{X}_0 / \bar{X}_{0(I)}$ を補正率とし
> 　$\bar{X}_I \times C$ として補正する

③ **計算手順**　この間接法による計算手順（表 6.3.1）と計算例（表 6.3.2）を，説明します．

前節の表（表 6.2.1，表 6.2.2）と比較するために，使わない箇所も設欄して，括弧書きで示してあります．

　a. ある標準的な給与水準を想定します（基礎データの 2 欄目 X_{0J}，この例では区分 0，すなわち，甲社・乙社の平均を採用しているが，それ以外でもよい）．
　b. この区分 1 すなわち甲社が，「その年齢構成」N_{1J} のもとでこの「標準賃金水準」X_{0J} を適用したら，平均賃金は 25.6 になる．

表 6.3.1　間接法による標準化平均値の計算フォーム

混同要因区分	基礎データ						標準化の計算			
	標準		区分 1		区分 2		区分 1		区分 2	
J	N_{0J}	X_{0J}	N_{1J}	X_{1J}	N_{2J}	X_{2J}	N_{1J}	X_{0J}	N_{2J}	X_{0J}
1	N_{01}	X_{01}	N_{11}	X_{11}	N_{21}	X_{21}	N_{11}	X_{01}	N_{21}	X_{01}
2	N_{02}	X_{02}	N_{12}	X_{12}	N_{22}	X_{22}	N_{12}	X_{02}	N_{22}	X_{02}
⋮	⋮	⋮	⋮	⋮	⋮	⋮	⋮	⋮	⋮	⋮
K	N_{0K}	X_{0K}	N_{1K}	X_{1K}	N_{2K}	X_{2K}	N_{1K}	X_{0K}	N_{2K}	X_{0K}
平均	N_0	$\bar{X}_0$	N_1	$\bar{X}_1$	N_2	$\bar{X}_2$	N_1	$\bar{X}_{0(1)}$	N_2	$\bar{X}_{0(2)}$

ウエイトが異なるため比較できない粗平均　　　　ウエイトをかえて $\bar{X}_0$ を計算し
この粗平均値に右の補正率を乗じて　　　　　　　なおした平均 $\bar{X}_{0(1)}$，$\bar{X}_{0(2)}$．
　$\bar{X}_{1*}$，　　$\bar{X}_{2*}$　　　　　　　　　　　　　　$\bar{X}_0$ が $X_{0(1)}$，$X_{0(2)}$ にかわった．
が標準化平均値　　　　　　　　　　　　　　　　よって，ウエイト変化の影響
　　　　　　　　　　　　　　　　　　　　　　　補正率は
　　　　　　　　　　　　　　　　　　　　　　　　$\bar{X}_0 / X_{0(1)}$，　　$\bar{X}_0 / X_{0(2)}$

6.3 間接法による標準化

表6.3.2 間接法による標準化平均値の計算例

混同要因	基礎データ						標準化の計算			
区分	標準		区分1		区分2		区分1		区分2	
J	N_{0J}	X_{0J}	N_{1J}	X_{1J}	N_{2J}	X_{2J}	N_{1J}	X_{0J}	N_{2J}	X_{0J}
1	30	14.7	40	(15.0)	25	(14.2)	40	14.7	25	14.7
2	25	23.0	20	(24.0)	25	(22.2)	20	23.0	25	23.0
3	25	31.0	20	(32.0)	20	(30.0)	20	31.0	20	31.0
4	10	38.8	10	(40.0)	15	(38.0)	10	38.8	15	38.8
5	10	50.8	10	(52.0)	15	(50.0)	10	50.8	15	50.8
平均		26.9		26.4		28.3		25.6		29.1

粗平均値 26.4 28.3
補正率 26.9/25.6=1.050 26.9/29.1=0.924
補正値 26.4×1.040=27.7 28.3×0.924=26.2

c. いいかえると，年齢構成をかえた(標準の構成 N_{0J} から甲社の構成 N_{1J} にかえた)ことによる変化が 26.9→25.6 である．
したがって，構成を N_{0J} から N_{1J} にかえたことによる影響は 25.6/26.9 である．逆にいうと，構成を N_{1J} から N_{0J} にかえたことによる補正率は 26.9/25.6 である．
d. 次に甲社についてみる．ただし，年齢構成による影響を消去したいのだから，その年齢構成 N_{1J} が N_{0J} にかわった場合を考える．
e. よって，甲社の平均賃金 $\bar{X}_1$ (甲社の年齢構成 N_{1J} のもとでの平均)に対して，年齢構成 N_{1J} を N_{0J} にかえるために，補正率 26.9/25.6 を適用して
$$\bar{X}_{1*}=26.4\times 26.9/25.6$$
とする．
f. これが甲社の値の補正値である．
g. 乙社についても同様に
$$\bar{X}_{2*}=28.3\times 26.9/29.1$$

こういう手順になっています．

④ この例の場合，
  間接法による補正結果は (27.7, 26.2)
  直接法による補正結果は (27.7, 26.1)
とほぼ一致しています．

したがって，結果としてはどちらでもよいことになりますが，間接法では，計算例中の括弧書きした数字が使われていないことを確認しましょう．各企業の雇用者の年齢別賃金の情報は使っていない … 細かい数字を使っていないのです．日本の全企業でみた年齢別賃金は統計書には掲載されていますが，企業別には区分されていない … そうだとしても，各企業の雇用者の年齢構成の情報さえあれば，粗平均を，比較可能な数字に補正できるのです．

この点が，この節の方法の利点です．

▶ 6.4 指数における標準化

① この章で説明している標準化は，種々の分野で常用されていますが，分野ごとに異なる用語が使われていることもあって，共通する手法としての位置づけが意識されていないようです．この節では，物価指数の分野を例にとって，標準化の手法一般との対応関係を示しておきましょう．

② 対比する区分が時点である場合を考えましょう．これまでの節の記号でいえば，X_I（I は区分番号）の比較ですが，時点区分の場合ですから，I のかわりに T を使い，X_T とかくことにしましょう．

この場合も，X_T を比較するために，混同要因の影響を補正しなければならないことがあります．

たとえば物価指数（総合）$\bar{X}_T$ は，種々の品目別物価の動きを総合してみるための指標であって，品目 J の価格 X_{TJ} の加重平均

$$\bar{X}_T = \sum W_{TJ} X_{TJ}$$

として計測します．ただし，この形の $\bar{X}_T$ では，各品目レベルでの物価 X_{TJ} の変化とウエイト W_{TJ} の変化とが重なるために，変化がみられても，それを物価の変動だと解釈できません．

このため，たとえば，ウエイト W_{TJ} を特定時点の状態 W_{0J} に固定して計算します．いいかえると，直接法によって，ウエイトの変化の影響を補正する形

$$\bar{X}_{T*} = \sum W_{0J} X_{TJ}$$

を使うのです．

指数ですから，$\bar{X}_{T*} / \bar{X}_0$ とし，これを「ラスパイレス方式」の物価指数とよんでいますが，要は，

　　基準時点のウエイトを使った加重平均

です．

③ この他，「パーシェ方式」の物価指数とよばれるものがあります．これは，

　　比較時点のウエイトを使った加重平均

だと説明されていますが，こちらは，補足しないとわかりにくいでしょう．

この節では，これらの指数算式が，この章で取り上げた2つの標準化方式に対応していることを説明します．

④ ラスパイレス方式の指数 I_L は，W_{TJ}, X_{TJ} などを使って

$$I_L = \frac{\sum W_{0J} X_{TJ}}{\sum W_{0J} X_{0J}} \quad \cdots\cdots \quad \text{基準時のウエイト，比較時の平均価格}$$
$$\phantom{I_L = \frac{\sum W_{0J} X_{TJ}}{\sum W_{0J} X_{0J}}} \quad \cdots\cdots \quad \text{基準時のウエイト，基準時の平均価格}$$

と表わせます．

これに対して，パーシェ方式による指数 I_P は

$$I_P = \frac{\sum W_{TJ} X_{TJ}}{\sum W_{TJ} X_{0J}} \quad \cdots\cdots \quad \text{比較時のウエイト，比較時の平均価格}$$
$$\phantom{I_P = \frac{\sum W_{TJ} X_{TJ}}{\sum W_{TJ} X_{0J}}} \quad \cdots\cdots \quad \text{比較時のウエイト，基準時の平均価格}$$

と定義されています．

これらの定義式を次のように書き換えてみましょう．

$$I_L = \frac{\sum W_{TJ} X_{TJ}}{\sum W_{0J} X_{0J}} \cdot \frac{\sum W_{0J} X_{TJ}}{\sum W_{TJ} X_{TJ}}$$

$$I_P = \frac{\sum W_{TJ} X_{TJ}}{\sum W_{0J} X_{0J}} \cdot \frac{\sum W_{0J} X_{0J}}{\sum W_{TJ} X_{0J}}$$

それぞれ右辺の第 1 項は，物価 X_{TJ} の平均値を比較する指数の形ですが，W_{TJ} の変化が重なっていますから，その影響を補正したいのです．したがって，第 2 項が補正係数だと解釈できます．

その上で，第 2 項を 6.2 節，6.4 節の計算フォームと計算例と対照してみれば，直接法，間接法における補正係数にあたることがわかります．

したがって，

　　　ラスパイレス指数は，

　　　　　直接法によってウエイトの影響を補正した価格水準指数

であり

　　　パーシェ指数は，

　　　　　間接法によってウエイトの影響を補正した価格水準指数

だと解釈できます．

⑤　このように，物価指数論という限られた分野の概念が，多くの分野に共通する「標準化の考え方」によって，理解できるのです．

表 6.4.1 本章の要約

問題の所在 区分 A_I における平均値 $\bar{X}_I$ を対比したい． それは， $$\bar{X}_I = \frac{\sum N_{IK} X_{IK}}{N_I} \quad (1)$$ となっている．したがって， $\bar{X}_I$ の差は，X_{IK} の差か，N_{IK} の差かわからない．	
[直接法] N_{IK} にかわる "ある標準の N_{0K}" を想定し (1) 式を再計算する． すなわち $$\bar{X}_{I*} = \frac{\sum N_{0K} X_{IK}}{N_0} \quad (2)$$ を求める． これが，直接法による補正値	**[間接法]** N_{IK} にかわる "ある標準の N_{0K}" を想定し， $N_{IK} \to N_{0K}$ の影響を補正するための補正率 C_I を求め，補正値 $$\bar{X}_{I*} = C_I \bar{X}_I \quad (3)$$ を求める． これが，間接法による補正値
[直接法の別解釈] $$\bar{X}_I = \frac{\sum N_{IK} X_{IK}}{N_I}$$ を $$\bar{X}_{I*} = \frac{\sum N_{0K} X_{IK}}{N_0}$$ とおきかえている．よって， $N_{IK} \to N_{0K}$ のおきかえに対応し， $\bar{X}_I \to \bar{X}_{I*}$ となる． よって，$\bar{X}_{I*}/\bar{X}_I$ が補正率となる．	**[間接法による補正率の出し方]** $$\bar{X} = \frac{\sum N_{0K} X_{0K}}{N_0}$$ に対応する $$\bar{X}_* = \frac{\sum N_{IK} X_{0K}}{N_I}$$ を計算する $N_{0K} \to N_{IK}$ のおきかえに対応し， $\bar{X} \to \bar{X}_*$ となったものである． よって，$\bar{X}/\bar{X}_*$ が補正率になる．

● 問題 6 ●

問1 プログラム XACOMP は，テキスト本文とほぼ同じ順序に，同じ例示を使って説明する形になっている．まずこれによって，本文の説明を復習せよ．また，表 6.2.2，表 6.3.2 の計算を確認せよ．

注：以下の問題中の計算にこのプログラムを使うときには，適用する手法（直接法か間接法か）を指定するとそれぞれに対応する入力画面が表示されますから，画面のガイド（入力位置を示すカーソル）にしたがって入力していきます．ただし，計算自体は簡単であり，電卓でも可能です．

問2 表 6.2.2 の計算を「区分 1 での年齢構成」を標準とみなす形に改めよ．

問3 表 6.3.2 の計算を「区分 1 での年齢別平均給与」を標準とみなす形に改めよ．

問4 (1) 物価指数(総合)は，さまざまな品目について調べた価格指数(個別指数)の加重平均であるが，各品目の購入量の変化を考慮せずに（特定年次の状態がそのままつづくと仮定して）計算している．それはなぜか．

(2) そこで仮定されている購入量(ウエイト)は，個々の世帯の属性によって区別せず，1つの共通なウエイトを想定している．そのことからくる「利用上の注意点」を指摘せよ．

問5 (1) 付表 I.1 のデータを使って，総合指数が各費目区分の指数の加重平均になっていることを確認せよ．

(2) 特定の属性をもつ世帯（たとえば世帯主の年齢が 45〜49 歳の世帯）での購入量をウエイトとして計算しなおしてみよ．

(3) (2) で行なった再計算の意義を説明せよ．

問6 (1) 付表 I.1 のデータのうち 1985 年分の総合指数について，付表 I.2 に示す 1985 年分のウエイトを使って計算しなおせ．

注：この計算によって，ウエイトを変更したことの影響を評価できる．

(2) 付表 I.1 のデータのうち 1986 年分の総合指数について，付表 I.2 に示す 1985 年分のウエイトを使って計算しなおせ．

問7 (1) 付表 J のデータを使って，2 つの地域の死亡率を比較せよ．

なお，比率も平均値の一種とみなすことができるから，本文にあげた方法をそのまま使うことができる．ただし，粗平均値，標準化平均値というかわりに，粗比率，標準化比率という呼称におきかえること．

(2) 付表 J の情報のうち地域 A, B については，年齢区分別の数字が使えない

ものとして扱え.

問8 (1) 表6.A.1(a)の形式の情報によって,賃金水準の企業規模間格差を表わす指数(大企業を100とした指数)を計算せよ.

計算には,付表D.1に含まれるデータのうち,表6.A.1(a)に該当する部分を使うものとする.

(2) (1)の結果によって賃金格差が計測されるか.計測の仕方のどこに問題があるか.

(3) 表6.A.1(c)の形の集計表によって,大企業,中企業,小企業における従業者の年齢構成を比べてみよ.もしそれに差があると,それを考慮に入れることが必要である.どのような形で考慮に入れるか.

表6.A.1(a)

企業規模	平均賃金
全体	
大	
中	
小	

表6.A.1(b)

企業規模	平均賃金 年齢別
全体	
大	
中	
小	

表6.A.1(c)

企業規模	従業員数 年齢別
全体	
大	
中	
小	

(4) 表6.A.1(b)の情報を使って,賃金の企業間格差を表わす指数を求めよ.計算には,付表D.1に含まれるデータのうち,表6.A.1(b)あるいは表6.A.1(c)に該当するものを使うものとする.

(5) 表6.A.1(b)の情報のうち網掛けの部分が利用できないものとすれば,どうするか.表6.A.1(c)は,利用できるものとする.

計算には,付表D.1に含まれるデータのうち,表6.A.1(b)および表6.A.1(c)に該当するものを使うものとする.

問9 (1) 付表D.1,付表D.2によると,大企業の平均賃金が10年間に14.75(千円)から26.40(千円)にかわっているという数字になっているが,年齢構成もかなりかわっているようである.

年齢構成の影響を補正(直接法によって)した数字を求めて比較せよ.
年齢構成の影響を間接法によって補正した数字を求めて比較せよ.

問10 (1) 表6.A.2は,女性の死亡率を未婚者と有配偶者とにわけてみた数字である.この数字をみて,"死亡率が高くなるから結婚しない"という人はいないだろう.それにしても,死亡率に差があるかどうか気になるだろうから,合理的な,そうして比較可能な数字を求めよ(付表Kの数字を利用すること).

(2) 付表Kでは,死別,離別の区分も掲載されている.

これらについても,(1)と同様の計算を適用して

表6.A.2 配偶関係別死亡率

未婚	1.71
有配偶者	3.14

(千人あたり/年)

みよ．

(3) これらの計算において，データの構造に関連して注意を要する点がある．それを指摘せよ．

> ヒント：未婚から有配偶，有配偶から死別・離別へと状態がかわること，そうして，この状態変化が「どんな年齢層で発生するか」が，結果の読み方に関連してきます．

問 11 (1) 第1章9ページのグラフ「歩くことは健康によい」では，付表 M.1 の数字のうち年齢で区分していない数字をそのまま使っている．表にある「歩く距離×年齢別人数」の情報を使って，年齢の影響を補正した上で「歩く距離と血圧の関係」を示すグラフをかけ．

(2) 同じ報告書には，年齢 40 歳台，50 歳台だけを取り上げて，歩く距離別にわけて，平均血圧を求めた付表 M.2 が掲載されている．これを使うことと，(1) で計算した数字を使うことの利点・欠点を指摘せよ．

(3) 付表 M.1 に示す女子の場合の数字について，問 10 (1) と同じ分析を行なえ．

問 12 物価指数の算式において

$$P_{IT} = \frac{X_{IT}}{X_{I0}}, \qquad Q_{IT} = \frac{W_{IT}}{W_{I0}}, \qquad U_{I0} = W_{I0} X_{I0}$$

とおき，P_{IT}, Q_{IT} の平均値を P_T, Q_T，標準偏差を σ_P, σ_Q，相関係数を ρ_{PQ}（いずれも U_{I0} をウエイトとするもの）とすると，ラスパイレス方式による物価指数 IL，パーシェ方式による物価指数 IP に対して次の関係式が成り立つことを証明せよ（ボルトキーヴィッチの関係とよばれる）．

$$\frac{IP - IL}{IL} = \rho_{PQ} \frac{\sigma_{PT}}{P_T} \frac{\sigma_{QT}}{Q_T}$$

> 注：物価指数の場合 P が価格で Q が購入量ですから，「価格が上がったものの購入量が減る」という消費行動が予想されるでしょう．その場合，$\rho < 0$．したがって，$IL > IP$ が成り立ちます．
>
> 物価指数以外の場合についても，この関係によって，直接法による標準化平均値，間接法による標準化平均値の大小関係について，言及できる場合があるでしょう．

問 13 物価指数の計算においては，西暦年数の1の桁が0または5の年にウエイトが更新される．したがって，0または5の年のデータだけをみると，同じ年のウエイトと価格の情報とが対になっていることとなる．これらの年の情報を利用して，ラスパイレス方式による指数とパーシェ方式とを計算し，比較してみよ．$IL < IP$ が成り立っているか．

7 分布形の比較

2つの区分の情報を比べるとき，それぞれの情報の特性を表わす平均値を比べるのでなく，分布形そのものを比べたいことがあります．また，平均値を比べる場合でも，分布形に関してある仮定が必要であり，それを適用する前に，観察値の分布形がその仮定と合致しているか否かを調べたいことがあります．この章では，こういう「分布形を比較する問題」を解説します．

▷ 7.0 分布形の比較

① 第2章では，変数 X の分布形の表わし方，分布形の特別なモデルである「正規分布」について説明した後，2.4節では，変数 X の分布形が「正規分布」とみなせるかどうかを判定する方法をいくつか説明しました．

しかし，分布形のモデルは，正規分布だけではありません．たとえば，一様分布も重要です．一様になるように「分布を制御する」場合が多いからです．たとえば公共施設はどの地域にも一様に配置すべきだとされますから，実際にそうなっているかを判定する手法が必要です．

分布形が一様分布か否かを判断する手段としては，ローレンツカーブが慣用されています．これについて，7.2節で説明します．また，適用上の注意に言及します．

② 正規分布あるいは一様分布以外の場合については，どうするのでしょうか．

この章では，分布形を特定せず，2組の観察値の分布形を比較する手段を組み立てうることを説明します．

「データの累積分布」と「想定されるモデル（確率分布）の累積分布」とを比べてみればよい … 理論としてはそれですむのですが，「比べる手法」は，そう簡単ではありません．正規確率紙やローレンツカーブは，想定されているモデルに「合致していれば直線になる」… このことから，適用しやすい方法になっています．

正規分布あるいは一様分布以外の場合についても，同様に適用できないか … その

観点で，正規確率紙を使う方法を一般化した「P-Pプロット」あるいは「Q-Qプロット」とよばれる方法が提唱されていることを7.2節で説明し，つづけて，それらとローレンツカーブの関係を7.3節で説明します．

③ また，よく知られている適合度検定（カイ2乗検定）について，適用上の注意点を説明します（7.4節）．

④ これらの手法は，いずれも「分布形の比較」を扱うのにもかかわらず，それらの相互関係に関する解説は多くないようです．これらの手法を適正に使いわけるために必要だと思いますから，この章を設けました．

▶ 7.1　ローレンツカーブとジニ係数

① たとえばある商品を生産しているメーカーが5社あって，それぞれの生産量が表7.1.1のようになっているとき，トップの1社が50%，上位2社までで80%のシェアーをしめていることがわかります．

このような見方は，種々の問題分野で慣用されていますが，データの分布について説明するための一般的手法として，広く使いうるものです．

したがって，順を追って，これを一般化する形で説明していきます．

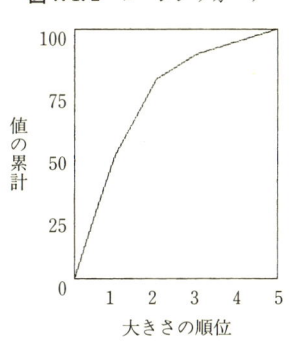

② **ローレンツカーブ**　例示したように「上位○社でXの合計の△%をしめている」という見方を採用するのですから，横軸に○すなわちXの大きさの順位，縦軸に△すなわちXの累積百分比をとったグラフをかいておけばよいことになります．したがって，

　　　基礎データを大きさの順に並べてリストし
　　　値Xの累積を求める
　　　合計が100になるよう調整する

その上で，グラフをかくという手順を経るのです．

このグラフの折れ線またはそれをスムージングしたカーブを，「ローレンツカーブ」

表 7.1.1　集中度の見方

企業	生産量	累積
A	50	50
B	30	80
C	10	90
D	5	95
E	5	100

図 7.1.2　ローレンツカーブ

とよびます.

値の大きさの順に並べ	…	50	30	10	5	5	
企業数をカウントする	…	1	2	3	4	5	横軸
また，値も累積しておく	…	50	80	90	95	100	縦軸
これをプロット							

この書き方をすると，ローレンツカーブは，上に凸な折れ線になります．

大きい方からの順位でなく，小さい方からの順位を使うと，下に凸な折れ線になります．

特別の場合ですが，一様分布，すなわち，すべてが同じ値をもつ場合は，直線となります（一様分布という表現には問題があります．次ページのコラムを参照してください）．

③ データ数が多い場合には，すべてのデータを大きさの順に並べるかわりに分布表を使って求めることができます．⑤ で説明しますが，先に計算結果を例示しておきましょう．

④ 図 7.1.3 は，図 2.3.4 に分布図の形で示した「賃金月額」（基礎データは付表 X.4）をローレンツカーブの形に表わしたものです．

また，図 7.1.4 は，$X=$「K 県の市町村別病床数」の分布をローレンツカーブに表わしたものです．

いずれも ⑤ で例示する手順でかかれるものですが，図 7.1.4 の方については考えるべき問題が残っています．その点については，7.4 節で説明します．

⑤ これまでの説明でこれらの図をかけると思いますが，データ数が多い場合などについて注意が必要です．

表 7.1.5 は，図 7.1.3 をかくために必要な計算手順を例示したものです．表の後につけた［計算手順の説明］を参照してください．

◆**注** 図 7.1.4 では，観察単位が「市町村」であり，指標は「各市町村の病床数」です．この

図 7.1.3 ローレンツカーブの例
        賃金月額

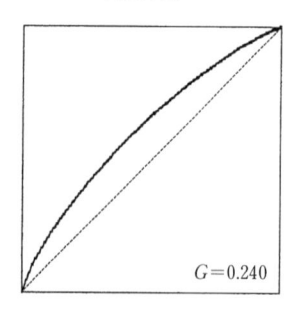

$G=0.240$

図 7.1.4 ローレンツカーブの例
        市町村の病床数

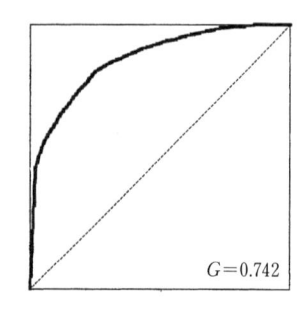

$G=0.742$

7.1 ローレンツカーブとジニ係数

場合,「市町村のサイズが著しくちがうこと」を考慮に入れる必要はないか,考慮に入れると,どういう形で扱うか… これが,残された問題です.

以上の計算過程に,「大きさの順」および「観察値の累積値」を百分比におきかえるための計算がつけ加わっています.大きさの順を「データ数でカウントして何番目まで」という説明の仕方をするか,「大きい方から何%まで」という説明の仕方をするかによって選択すればよいことです.

表 7.1.5 ローレンツカーブをかくための計算

Xの値域	度数	その累計	その百分比	値域の代表値	各区分のXの計	その累計	その百分比	超過度	超過部分の面積 高さ	幅	面積
30〜40	2.3	2.3	2.3	35	80.5	80.5	6.1	3.8	2.3	1.90	4.37
26〜30	1.8	4.1	4.1	28	50.4	130.9	9.9	5.8	1.8	4.80	8.64
24〜26	1.6	5.7	5.7	25	40.0	170.9	12.9	7.2	1.6	6.50	10.40
22〜24	2.3	8.0	8.0	23	52.9	223.8	16.8	8.8	2.3	8.00	18.40
20〜22	3.7	11.7	11.7	21	77.7	301.5	22.6	10.9	3.7	9.85	36.44
⋮	⋮	⋮	⋮	⋮	⋮	⋮	⋮	⋮			
4〜6	3.8	96.3	96.2	5	19.0	1317.3	98.6	2.4	3.7	1.20	4.56
0〜4	0.5	100.1	100.0	2	1.0	1336.3	100.0	0.0			
計	100.1				1328.2						1073.00

ジニ係数 $=1073/5000=0.214$

[計算手順の説明]

  データを分布表の形に整理する.
  観察値は(各値域内での差は無視されるが)大きさの順に並べられる.
  累積度数をカウントする.……例示の1番目のブロック
  それが各区切りの上限値の「大きさの順」である.
  各区切り内の観察値を中央値とおきかえて,観察値の合計を計算する.
  「観察値の累積値」をカウントする.……例示の2番目のブロック
  「大きさの順」を横軸,「観察値の累積値」を縦軸にとってグラフをかく.

一様分布

「変数Xの値が$A<X<B$の範囲で均等に出現する」とみられるときにXの分布を「一様分布」とよびますが,ローレンツカーブを適用する問題分野では「すべての観察単位が同じ値をもつ」ときに,均等に分布している,すなわち,「一様に分布している」という言い方がなされます.観察値がある特定値をもつと想定しているので「一様分布」という表現は不適当ですが,一様分布における幅が0になった極限の場合だと解釈してよいでしょう.

この節はローレンツカーブを統計手法のひとつと位置づけて説明していますから,必要な場合には「幅0の一様分布」という呼び方をします.

表には，さらに，ジニ係数(後述)を計算する部分(3番目のブロック)がつづいていますから，その部分については次項で説明します．

⑥ **ジニ係数(GINI 係数)**　もしすべての観察単位が同じ値をもつとすれば，ローレンツカーブは，直線になります．したがって，図7.1.6に示すように，実際のローレンツカーブと直線でかこまれた弓形の部分の面積の大小は，

　　　　観察単位のもつ値の不平等度

を表わす指標だと解釈されます．

図7.1.6　ジニ係数

このことから，

$$\text{ジニ係数} = \frac{\text{弓形の部分の面積}}{\text{三角形の面積}}$$

と定義しましょう．

この定義から，ジニ係数の値は，0と1の間となります．

⑦ **ジニ係数の計算**　表7.1.5の計算例では，

　　1番目のブロックで　度数の累積(順位)，
　　2番目のブロックで　値の累積

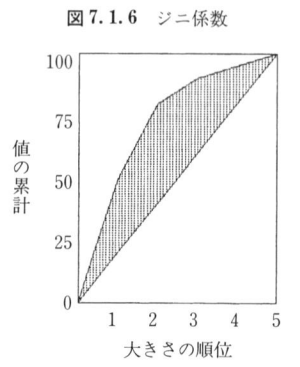

を求めています．

これらを使ってかいたローレンツカーブの左端の部分を拡大したものが，図7.1.7です．この図の弓形の部分の面積を計算する過程を，図の右側に示してあります．これが，図7.1.5の

　　3番目のブロックの「超過部分の面積」

の欄です．

⑧ **例**　1987年の労働白書には，「所得階層別にみた世帯あたり貯蓄保有高の格差をみる」という問題意識で，ジニ係数の推移を示す図7.1.8を掲載し，「縮小をつ

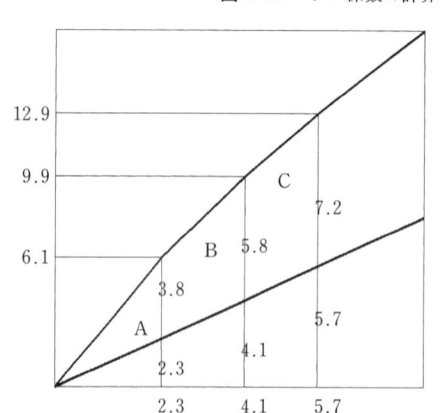

図7.1.7　ジニ係数の計算に関する説明図

横軸に「度数の累計(百分比)」
縦軸に「指標値の累計(百分比)」
　をとってローレンツカーブをかく
図の弓形の部分の面積は

　　　　　高さ　　幅　　　各台形の面積
　　A＝2.3×(0.0＋3.8)/2＝4.37
　　B＝1.8×(3.8＋5.8)/2＝8.64
　　C＝1.6×(5.8＋7.2)/2＝10.40
　　　　　　　　⋮
　　　　の合計

図7.1.8 所得階級別にみた貯蓄保有高に関するジニ係数の推移

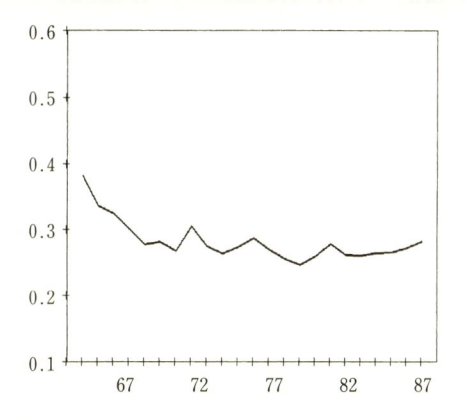

づけていた格差が拡大する方向に転じた」と説明しています．

この図に掲載されているジニ係数は，図7.1.5に例示した計算手順を「貯蓄保有高の分布のデータ」に適用すればよい… 基本的にはそうですが，実際に計算してみると問題がかくれています．7.4節および7.5節で説明をつづけます．

見出しの「所得階級別にみた…」という句に注意しておいてください．

▶ 7.2 分布形表現手段としてのローレンツカーブの位置づけ

① 第2章では，変数 X の分布形を表わすために
　　「分布図」
　　「累積分布図」
を使うことを説明しました．

また，この章では，前節で，一様分布との適合度をみるために
　　「ローレンツカーブ」
が使われることを説明しました．

この節では，これらの関係を体系づけて説明しましょう．

② **分布の表現法としての位置づけ**　ローレンツカーブは，分布の表現法として周知の「分布図」，「累積分布図」と並ぶものと位置づけることができます．まず，そのことを説明しましょう．

変数 X の分布をみるときに，次のような見方がありえます．

> a. X の各値域に包含される観察単位数の大小をみる見方
> b. X 以下の値をもつ観察単位数は○%だという見方
> c. 小さい方から○%の観察単位のもつ値は，X 以下だという見方
> d. 小さい方から○%の観察単位のもつ値の合計は，総合計の○%だという見方

　　分布は a の見方
　　累積分布は b の見方，いいかえれば，c の見方
　　ローレンツカーブは d の見方
に対応しています．

　統計学ではそれぞれの表現法を定義していますが，それを，図 7.2.1(a) のように並べてみましょう．

　各図の対応関係の説明とその数式表現を付記してありますが，要は，
　　分布図の斜線の部分の面積 P と X の関係
　　　→ 累積分布図
　　累積分布図の斜線の部分の面積 S と P の関係
　　　→ ローレンツカーブ
となっていることです．

　このことから，
　　分布図は a の見方
　　累積分布図は b または c の見方
　　ローレンツカーブは d の見方

図 7.2.1(a)　分布の表現法の関係

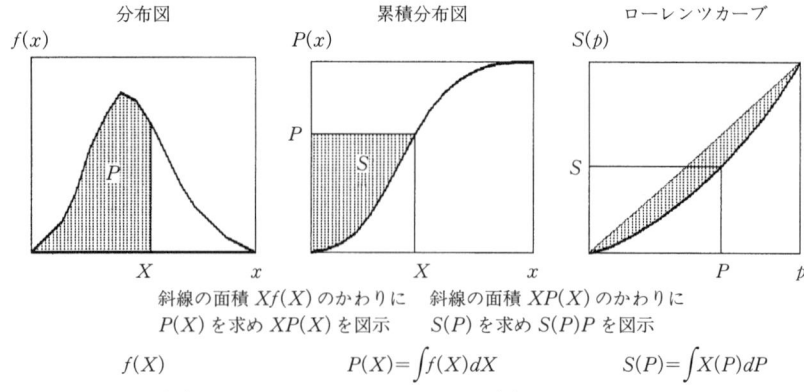

分布図	累積分布図	ローレンツカーブ
$f(x)$	$P(x)$	$S(p)$

斜線の面積 $Xf(X)$ のかわりに　　斜線の面積 $XP(X)$ のかわりに
$P(X)$ を求め $XP(X)$ を図示　　$S(P)$ を求め $S(P)P$ を図示

$$f(X) \qquad P(X)=\int f(X)dX \qquad S(P)=\int X(P)dP$$

累積分布関数 $P(X)$ は単調増加関数です．その逆関数 $X(P)$ も P に関して単調増加関数ですから，それを積分した $S(P)$ は，P に関して下に凸な単調増加関数．

7.2 分布形表現手段としてのローレンツカーブの位置づけ

に対応することが確認できます．

③ これらの表現はいずれも「分布形の表現法」ですが，観察値の分布に対して「ある標準形」が想定されているとき，その分布形と合致するか否かをみるために使うことが考えられます．

簡単に考えれば，観察値の分布と想定される標準の分布形を同じ形式で書いて比較すればよいのですが，比べやすさを考えると，これらの表現法のどれを使うか，あるいは，これらの表現法を変形して使うかが問題となります．

④ **ローレンツカーブは，一様分布との適合度をみるために使われていた**

前節で述べたとおり，ローレンツカーブは，一様分布との適合度をみるために使われていたものですが，一様分布というコトバの受けとり方に注意しましょう．

一様分布，すなわち，

　　　ある範囲の X が一定の出現確率をもつ

という意味で使われる場合と，

　　　すべての観察単位が同じ値をもつ

という意味で使われる場合があるのです．

分布形が範囲 AB で一様分布なら，累積分布は $X=A$ から $X=B$ の範囲で右上が

図 7.2.1 (b) 範囲 AB で一様分布の場合

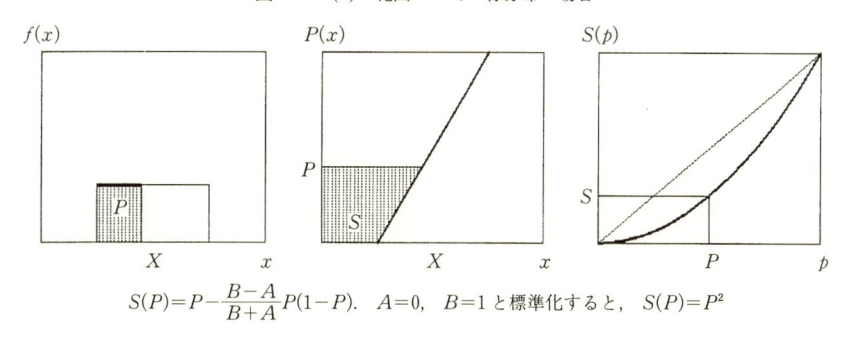

$S(P) = P - \dfrac{B-A}{B+A} P(1-P).$　$A=0,\ B=1$ と標準化すると，　$S(P) = P^2$

図 7.2.1 (c) 範囲 AB が 0 になった場合

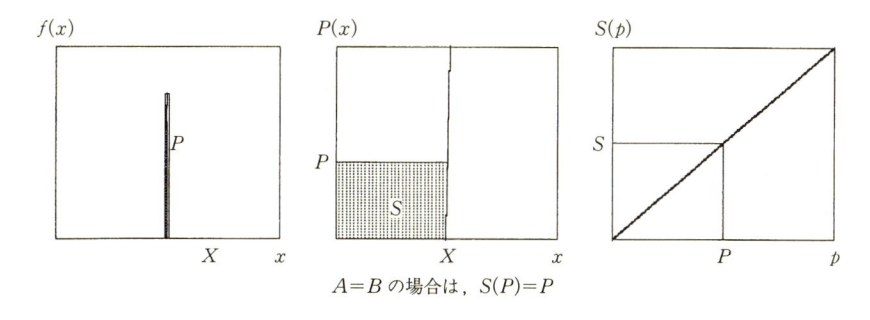

$A=B$ の場合は，$S(P)=P$

りの直線，ローレンツカーブは $(0,0)$ と $(1,1)$ を結ぶ二次曲線となります．

一様分布の散布幅が 0 になった極限，すなわち，すべての観察単位が同じ値をもつ場合には，累積分布は図のようなステップ関数，ローレンツカーブは $(0,0)$ と $(1,1)$ を結ぶ直線になります．

⑤ **ローレンツカーブは，分布形を比較する手段として使うこともできる**

通常は，図 7.2.1(c) の場合の一様分布との比較手段としてローレンツカーブが使われていますが，まず，分布形の表現や比較の手段としては，他の表現と並べうることに注意しましょう．

ある標準形と比べるためには，観察値の分布形に対応する (S, P) と標準分布に対応する (S^*, P) を 1 枚の図に重ねて比較するのです．

標準分布が一様分布，特に，幅が 0 の一様分布の場合，比較の相手が直線になるので，比較しやすいということですが，そうでない場合にも，

　　　標準とみられるグループでの累積分布が直線となるように
　　　変数を変換しておくなら，
　　　一様分布と比較する問題におきかえて扱う

ことができます．

このことを示すために例示を挿入しておきましょう．

⑥ **正規分布の適合度をみるためにローレンツカーブを使う**　　ローレンツカーブ⇔一様分布とステロタイプに考えるのでなく，たとえば正規分布との適合度をみるために使うこともできます．

次の例は，このことを示すものです．

例 7.2.1　ある変数について，観察値を偏差値におきかえた上，「標準正規分布の $k \times 10$ パーセンタイル」$(k=1, 2, \cdots, 9)$，すなわち

　　　1.28　0.84　0.52　0.25　0.00　-0.25　-0.52　-0.84　-1.28

で区切った「十分位階級区分」別に度数をカウントした結果が次の表のように得られている．

これによって，観察値の分布に対するモデルとして正規分布を想定できるか否かを調べよ．

十分位階級区分観察値数

区切りは，標準正規分布の $k \times 10$ パーセンタイルによる

階級区分	1	2	3	4	5	6	7	8	9	10
度数	2	12	10	9	9	4	5	5	5	7

　　ヒント：この表の階級区分が「正規分布のパーセンタイルに関して等間隔」になっていますから，正規分布が適合するか否かという問題を，この表の度数分布が一様か否かという問題におきかえて扱えばよいのです．

まずローレンツカーブをかくために，累積分布 P を計算します（表 7.2.2 の 4 列

目).

つづいて，図 7.2.1(b) の S で示した部分の面積を求め，それを累積百分比の形にします（表 7.2.2 の 8 列目）.

これらを縦軸，横軸にとって図示すると，ローレンツカーブが得られます．図 7.2.3 の実線です．

表 7.2.2 ローレンツカーブをかくための計算

値域	度数	累積	比率	S の計算			
X	F	ΣF	P	X	S	累積	$S(P)$
0 ～ 1	2	5	2.94	0.5	1.0	1.0	0.31
1 ～ 2	12	14	20.59	1.5	18.0	19.0	5.99
2 ～ 3	10	24	35.29	2.5	25.0	44.0	13.88
3 ～ 4	9	33	48.53	3.5	31.5	75.5	23.82
4 ～ 5	9	42	61.76	4.5	40.5	116.0	36.59
5 ～ 6	4	46	67.65	5.5	22.0	138.0	43.53
6 ～ 7	5	51	75.00	6.5	32.5	170.5	53.78
7 ～ 8	5	56	82.35	7.5	37.5	208.0	65.51
8 ～ 9	5	61	89.71	8.5	42.5	250.5	79.02
9 ～ 10	7	68	100.00	9.5	66.5	317.0	100.00

1～2列：基礎データ，3～4列：累積分布 P の計算，5～8列：$S(P)$ の計算，X は値域の中央値，S は $X \times F$.

図 7.2.3 観察値に対する $P, S(P)$ と，モデルに対する $P, S^*(P)$ の図

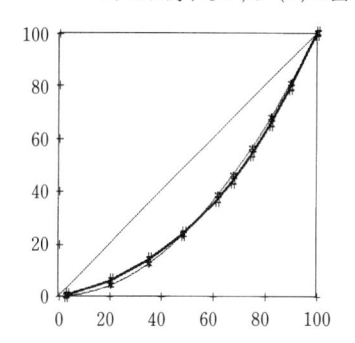

図 7.2.4 図 7.2.3 の別表現

$S(P), S^*(P)$ の差は大きい．よって，十分位階級別度数の分布は，一様とはいえない．いいかえると，基礎データの分布は正規分布だとはいえない．

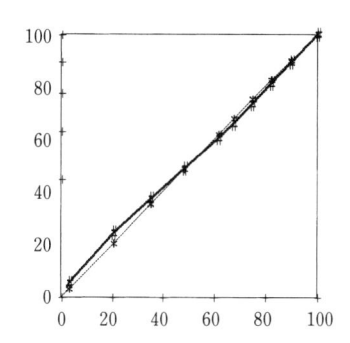

図 7.2.3 の縦軸のきざみを $\sqrt{P}$ に変換して図示すると，図 7.2.4 のように，モデルと合致するか否かを直線と比較すればよいことになる．

図には，

値域 1～10 で一様と想定したときのローレンツカーブ（放物線 $S(P) = P^2$），
すべてが同じ値をもつと想定したときのローレンツカーブ（対角線 $S(P)$

$= P$)

をあわせて示してあります.

ただし，この問題で比較するのは

　　観察値について計算した実線と

　　値域 1～10 で一様と想定したときの放物線

ですから，この図の縦軸のスケールをかえて，図 7.2.3 の放物線が直線になるようにした図をかいておく方がよいでしょう．

図 7.2.4 です．

累積分布図において縦軸を変換して，正規分布が適合するときに直線になるようにした「正規確率紙」を使うのと同様の考え方です．

⑦ **他の表現法との関係**　　ローレンツカーブでは，観察値の分布を表わす線と，モデルとして想定される直線とのへだたりをジニ係数で測っています．

図 7.2.3 における実線（観察値に対応）と対角線（均等分布）との差についてこのジニ係数を計算できますが，この問題で比較したいのは，実線（観察値に対応）と放物線（一様分布）です．

この差については，線が交差しますから，ジニ係数は適用できません．

差を評価する指標を使うなら，カイ 2 乗統計量が代案でしょう（7.4 節で考えます）．

しかし，基本的には「線と線の比較」ですから 1 つの数値で評価することを考えるよりも，線のどのあたりでくいちがっており，どのあたりで合致しているかをみるべきです．

例示の場合，P の小さい部分でくいちがっていることから，正規分布のピークがいくぶん左にうつった形，たとえば「対数正規分布」に近いことが示唆されます．

したがって，「線と線の比較」を簡明にするために，「標準とみられる線が直線になるように変換してそれと比較した」ことがポイントです．

この問題では，偏差値による階級区分の区分番号におきかえる，すなわちランク値に変換することによって，もとの数値が正規分布 ⇔ 変換値が一様分布とおきかえて扱う，その場合のローレンツカーブが放物線になる，スケールをかえた図では直線になる … こういう 2 段階の変換を適用しているのです．

ただし，そうしたいなら他の表現，たとえば累積分布図でも同じ考え方を適用できますから，それらの表現にかえてローレンツカーブを採用することの利点を考えることが必要です．

このことについては，次節で「累積分布図」の表現法を取り上げます．

▶ 7.3　累積分布図の表現法

① **正規確率紙は，累積分布図**　　2.4 節では，正規確率紙，すなわち，累積分布

7.3 累積分布図の表現法

図 7.3.1 正規確率紙の説明図

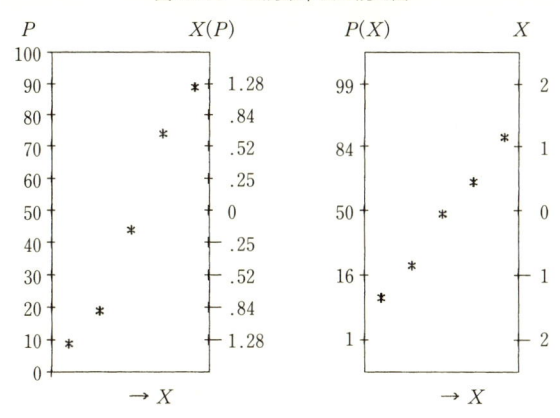

図 7.3.2 累積分布比較のための図示 (1)

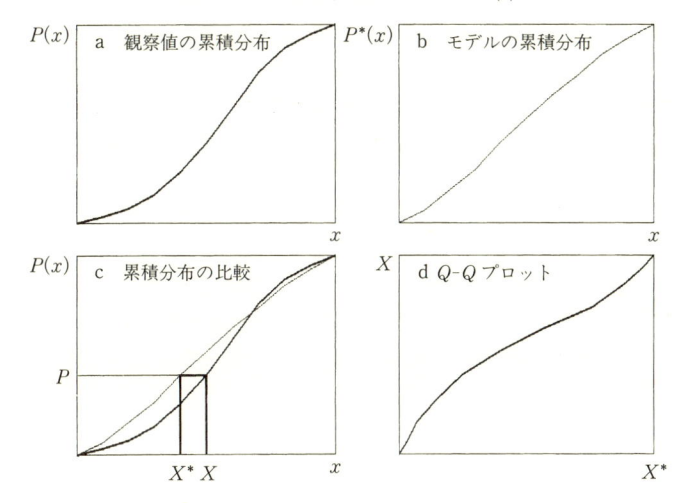

図 (の軸を「モデルが正規分布の場合に直線となるように」きざんだもの) だということを説明しました．図 7.3.1 はそこで使った説明図の再掲です．

この文における「　」と（　）は以下の説明を展開するためにつけたものです．

「正規確率紙」の説明という範囲でいえばこれでよいのですが，それを，統計手法の中に位置づけることを考えるのです．

その場合に，（　）の中を落として，正規確率紙すなわち累積分布図だということ，そして，（　）の中に記したように特殊化されたものだということに注意しましょう．

② まず，なぜそういう特殊化を行なったのでしょうか．まず，図 7.3.2 を参照しつつ正規確率紙の説明を復習してみましょう．

a. 横軸に X, 縦軸に $P(x<X)$ すなわち X 以下のデータの比率をプロットしたもの, すなわち, 観察値の累積分布図です.
b. 縦軸に $P^*(x<X)$, すなわち「分布形が標準正規分布だと想定されるときに」計算される想定値の累積分布図です.
c. 2つの図を重ね書きしたものです. P と P^* は意味のちがうものですが, 値域は 0～1 ですから, このように重ねることができます.
　この図において, 2つの線が一致するか否かをみて, 観察値の分布が想定と合致しているか否かを判断できます.
d. 横軸に X, 縦軸に X^*(図 c 中に示したもの) を図示したものです.
　この形にすれば, 「X と X^* の関係が直線か否か」をみて, 観察値の分布が想定と合致しているか否かを判断できます.

③ **Q-Q プロット**　　以上の説明における「分布形が標準正規分布だと想定されるときに」としたところを, 「分布形が想定される標準モデルだとしたときに」とおきかえて, よみなおしてください. 論旨は一切かえることなく通じます.

したがって, 図の d を分布形比較の手段と位置づけることができます.

この図を Q-Q プロットとよびます.

④ **正規確率紙を Q-Q プロット用の方眼紙とみなすことができる**　　図 d は, 図 a の縦軸を P から Q^* におきかえたものになっています. したがって, 図示に使う方眼紙としては, 縦軸に P をよむためのきざみと Q^* をよむためのきざみの両方を用意しておくことができます. そうして, P のきざみが等間隔だったものを, Q^* のきざみが等間隔になるように, きざみなおすことができます. しかし, 図 c よりも図 d の方が「分布形の比較手段として便利」ですから, 図 d の表現を使うものとすれば, この項の説明は考慮外において, 次の ⑤ のようにいえることになります.

⑤　 X と X^* の関係を図示した Q-Q プロットを「分布形の比較手段」と位置づけることができます.

X^* 軸のきざみをとるために, モデルとして想定された「累積分布」の数式表現を使うことになりますが, それが図 b のように図示されているとすれば, 図 c 中に示した作図によってよみとって図示することもできます.

観察値の累積分布のモデルとして「別の観察値の累積分布」を想定して比較することも考えられます. たとえば, 肥満度の高い人々の血圧分布を健康者の血圧分布と比べるといった問題です.

⑥ **P-P プロットも考えられる**　　図 7.3.2 の c を図 7.3.3 の c のようにおきかえることも考えられます.

こうすると, 「観察値の累積比率 P」と, あるモデルを想定したときに「期待される累積比率 P^*」の関係を示す図になります.

これを P-P プロットとよびます.

この図についても

7.3 累積分布図の表現法

観察値の累積分布と，
そのモデルとして想定される累積分布との関係を
縦軸横軸にとって図示したもの
と了解し，
それが直線になるか否かによって

図7.3.3 累積分布比較のための図示(2)

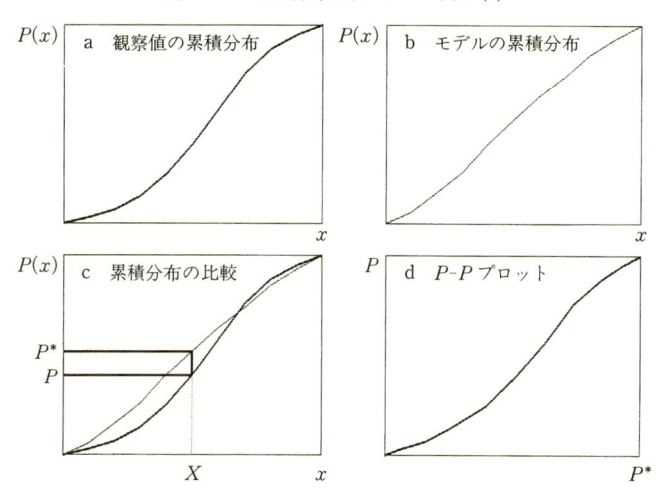

図7.3.4 累積分布と Q-Q プロット

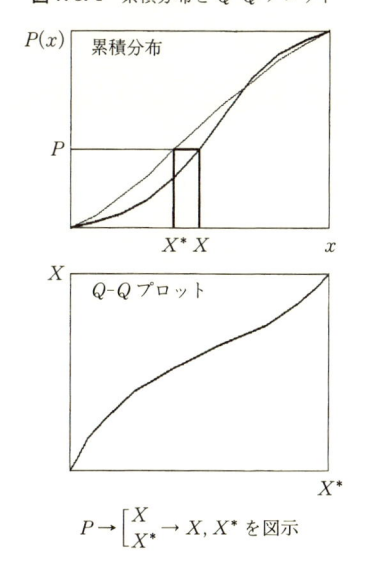

図7.3.5 累積分布と P-P プロット

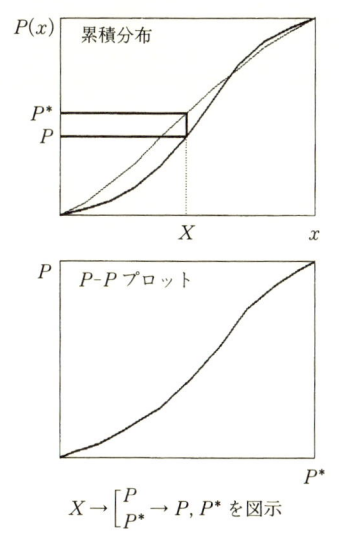

$P \to \begin{bmatrix} X \\ X^* \end{bmatrix} \to X, X^*$ を図示

$X \to \begin{bmatrix} P \\ P^* \end{bmatrix} \to P, P^*$ を図示

モデルと合致するか否かを
判断する
という使い方ができます．

⑦ 以上の説明のまとめとして，図7.3.4と図7.3.5を示しておきます．
累積分布 ⇒ Q-Q プロット の関係と，累積分布 ⇒ P-P プロット の関係を把握してください．Q-Q プロットと P-P プロットの関係については，説明をつづけます．

⑧ **Q-Q プロットと P-P プロットのちがい**　どちらも同じように使えますが，なんらかのちがいがあるはずです．ちがいをみるために，同じデータについて両方の図をかいてみましょう．

図7.3.6と図7.3.7は，同じデータ(38ページの図2.4.2)について，正規分布との適合度をみるためにかいた Q-Q プロットと P-P プロットです．

図 7.3.6　Q-Q プロット　　　　　図 7.3.7　P-P プロット

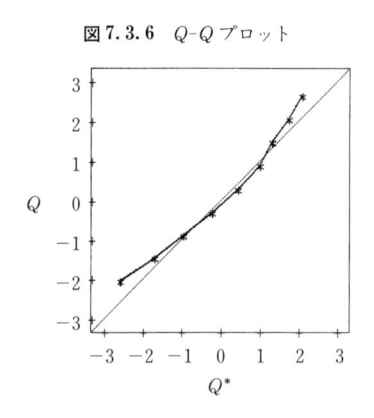

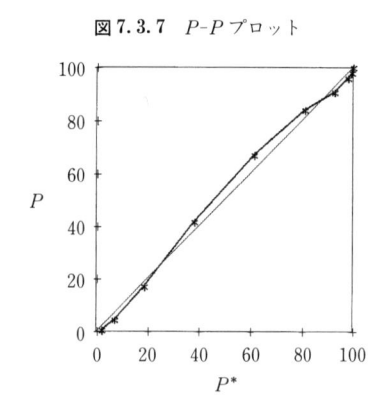

どちらでみても正規分布が適合していないといえますが，2つの図は，かなりちがう印象を与えます．

図7.3.4および図7.3.5の上下の図を比べると，

　　Q-Q プロットでは，累積分布の傾斜の小さい部分をひろげてプロットし
　　P-P プロットでは，累積分布の傾斜の大きい部分をひろげてプロットする

結果になっていることに注意しましょう．

このために，えがかれた線でみると，

　　Q-Q プロットは分布の端の部分での適合度が大きく影響する
　　P-P プロットは分布の中央部分での適合度が大きく影響する

ことになります．

これが，ちがった印象を与えた理由です．

したがって，分布の中央部での適合度を重くみるか，端の部分での適合度を重くみるかを考えてどちらの表現を採用するかを決めましょう．

7.3 累積分布図の表現法

表 7.3.8 P-P プロットのための計算と Q-Q プロットのための計算

値域の上限 X	頻度 F	累積頻度 $P=\sum F$	値域の上限 x	正規分布を想定		
				P^*	x^*	X^*
100	0.5	0.5	−2.06	1.99	−2.58	91
110	4.0	4.5	−1.47	7.09	−1.70	106
120	12.5	17.0	−0.88	18.86	−0.95	119
130	24.7	41.7	−0.30	38.34	−0.21	131
140	25.2	66.9	0.29	61.40	0.44	143
150	17.1	84.0	0.88	80.95	0.99	152
160	6.7	90.7	1.46	92.82	1.32	158
170	5.3	96.0	2.05	97.98	1.75	165
180	2.1	98.1	2.64	99.58	2.08	170
190	1.9	100.0	3.22	99.94		

列 1~2　基礎データ．これについて平均値と標準偏差を計算
列 3　　頻度の累積．観察値の大きさにつけた順位に相当
列 4　　X を偏差値 x におきかえる…ここまでは共通
列 5　　X の偏差値 x に対応する $P^*=P(x)$ を正規分布の表から求める
列 6　　P に対応する x^*：$P=P(x^*)$ を正規分布の表から求める
列 7　　x^* を基礎データのスケールで表わす
P-P プロットは，列 5 の数値と列 3 の数値をプロット → 図 7.3.5
Q-Q プロットは，列 6 の数値と列 4 の数値をプロット → 図 7.3.4
　　　　または列 1 の数値と列 7 の数値をプロット

⑨　「適合度をみる」という問題は，「形を比べる」ことになりますから，
　　形のどの部分に注目するかによって，判定がかわる
のは当然です．
　Q-Q プロットによる比較と P-P プロットによる比較で結論がかわる可能性があるのは当然のことであり，どちらを使うかは，数理の枠内で答えを期待すべきことではありません．
　要するに，1 つの指標値を使って測れるとはいえない問題です．だから，図を使うのです．
　また，「適合している」あるいは「適合していない」とわりきった答えは，できないのです．だから，比較の観点や，使えるデータに応じて，比較の仕方を選択すべきです．
　これらのことに関連したいくつかの注意点を，7.4 節で説明します．
⑩　これらの図をかくための計算例をあげておきましょう．
　これまでに説明したとおり，「正規分布か否かをみる」場合に限らず適用できるものですが，例示では，その場合を取り上げています．
　上の表 7.3.8 は，P-P プロットをかくための計算と，Q-Q プロットをかくための計算例です．両者の相違点を把握できるように対比した計算フォームにしてあります．相違点は，列 5 と列 6 です．
⑪　**ローレンツカーブと S-S プロット**　　累積分布図における 2 本の線の差を X

図 7.3.9 累積分布と S-S プロット　　　**図 7.3.10** 累積分布とローレンツカーブ

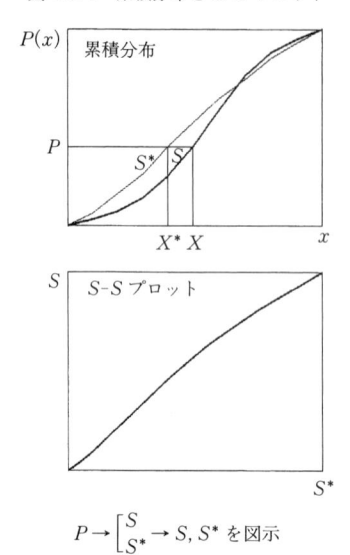

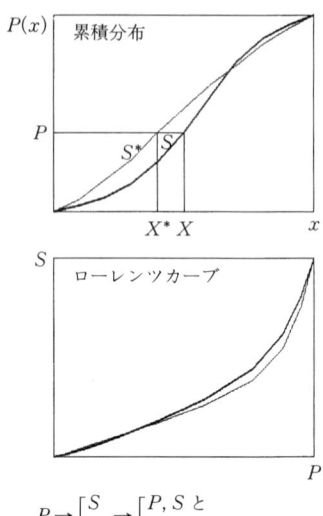

$$P \to \begin{bmatrix} S \\ S^* \end{bmatrix} \to S, S^* \text{ を図示}$$

$$P \to \begin{bmatrix} S \\ S^* \end{bmatrix} \to \begin{bmatrix} P, S \text{ と} \\ P, S^* \end{bmatrix} \text{とを重ねて図示}$$

と X^* によって測る Q-Q プロット, P と P^* によって測る P-P プロットに対するもうひとつの代案として, 図 7.3.9 のように, P までの面積すなわち「X の値を小さい方から P %までの観察単位について累積した値」(これを S と表わす) で測ることが考えられます.

S の定義から, これが, ローレンツカーブの縦軸にとった値になっていることに注意してください.

したがって, P に対応する S と S^* を求め,
　　S と P の関係 (図の太線) および
　　S^* と P の関係 (図の細線) を 1 枚の図にプロットしたものが, ローレンツカーブだと理解できます (図 7.3.10).

また, 図 7.3.9 のように
　　S と S^* の関係をプロットしたもの
を S-S プロットとよぶことにします.

⑫ S-S プロットは, 累積分布の形を比べるという目的に対して Q-Q プロット, P-P プロットと同等性をもっており, 「分布形の差を図の S で測る」ところがちがうのです. その限りでは, Q-Q プロット, P-P プロットのほかにこれを使う必要はないでしょう.

ただし, 図の S は, ローレンツカーブで使われていますから, それとの関係を考えましょう.

ローレンツカーブは

モデルとして想定された分布が一様分布なら,
　　　P, $S(P)$ の関係が二次曲線 (幅 0 の場合には直線)
になりますから,観察値の分布と一様分布を比較するために使うことができます.一般には,幅 0 の場合を想定してそれと比べるために使われていますが,幅 0 以外の場合にも適用できることに注意しましょう.

また,2 つのローレンツカーブ P-S と P-S^* を重ねて示すかわりに,S-S^* を縦軸横軸にとって,
　　　モデルに合致するか否か ⇔ 直線か否か
という見方ができるようにするという意味で S-S プロットを使うことが考えられますが,モデルとして一様分布を想定した場合はそれとの差をジニ係数で測れることを考慮に入れると,2 つのローレンツカーブ P-S と P-S^* を重ねる表わし方のほうがよいといえるでしょう.

⑬　ローレンツカーブは「一様分布と比較する手段」と位置づけられていますが,より広い場面で使うことが考えられます.

すなわち,
　　　累積分布曲線をかくとき,モデルと想定される分布形に対応する
　　　累積分布が直線になるように変換しておく
なら,その図の上で計算した面積 S を使って P と $S(P)$ の関係をローレンツカーブにかくと,同じ見方を適用できるのです.

いいかえると,「想定されたモデルを一様分布に対応させる変換ルールを適用して,観察値を変換し,変換値が一様分布になっているか否かで,モデルとのへだたりをみることができる」ことを意味します.

図 7.4.1　分布形の比較

▷ 7.4　適合度の検定

①　分布形を比べる方法として,よく使われているのは,「適合度検定」とよばれているものです.

この方法では,観察された分布形 $P(X)$ と,それに対するモデルとして想定されている分布形 $P^*(X)$ を比べるために,
　　　X の値域をいくつかに区分し
　　　各値域ごとに $Z_I = \dfrac{P_I - P_I^*}{\sqrt{P_I^*/N}}$ を求め
　　　これらの 2 乗和 $\chi^2 = \sum Z_I^2$ を計算する
のです.

これを,カイ 2 乗統計量とよびます.

各値域ごとに計算される Z_I は,当該値域に属する度

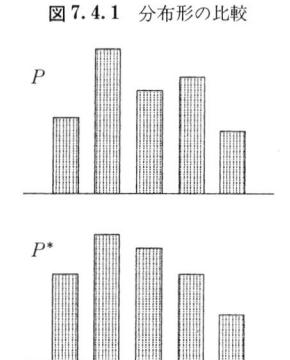

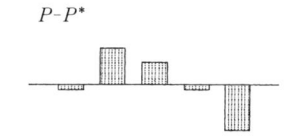

数 N_I の割合を表わす比率 $P_I=N_I/N$ について，想定される $P_I{}^*$ からの偏差 $P_I-P_I{}^*$ を，P_I の標準偏差 $\sqrt{P_I{}^*/N}$ でわった形です．

これで各値域での適合度を測り，全体でみた適合度をみるために，それらの2乗和をつくったもの… こう解釈できます．

実際の計算では，これを変形した式

$$\chi^2=\sum\frac{(N_I-N_I{}^*)^2}{N_I{}^*}, \qquad N_I=NP_I, \qquad N_I{}^*=NP_I{}^*$$

を使って計算しますが，もとの式でみるように，各値域での偏差を対等に扱って（ウエイトをつけずに）総合した形になっていることに注意しましょう．

このことから，N が大きい場合，Z_I の分布が正規分布となると期待できること，そうして，そのことから，χ^2 の分布が，自由度 $K-1$ のカイ2乗分布とよばれるものになることが証明されるのです．

◆注 このことは，「各値域での偏差を対等に扱え」ということではありません．

「分布形を比べて適合度をみる」という問題を取り上げるときに，中央部分を重視したい場合もあれば，端の部分を重視したい場合もあるでしょう．また，現実のデータでは，端の部分にはアウトライヤーが混在している可能性が高いので，その部分のウエイトを下げたい場合や，その部分を除いてみたい場合などがあるでしょう．こういう点への対応については，後述します．

② 上記の定義から，すべての値域で P_I が $P_I{}^*$ に近いなら，カイ2乗統計量は0に近い値をもちます．このことを利用して，分布形 $P(X)$ が $P^*(X)$ に近いか否かを検定することができます．すなわち

「すべての値域において $P_I=P_I{}^*$」が真なら	仮説
$P(\chi^2<C)=95\%$	帰結
しかるに，$\chi^2>C$ だった	事実
よって，仮説は棄却される	結論

ここで使った統計量 χ^2 は，上に述べたとおり，「自由度 $K-1$ のカイ2乗分布」とよばれる分布をもちますから，その分布の統計数値表をみて，棄却限界 C を定めることができます．

この統計量 χ^2 を使って適合度を検定する方法は，カイ2乗検定とよばれています．

③ この方法は，本来，特定区分に対応する構成比を比較する方法であり，分布形 $P(X)$ と $P^*(X)$ を比較する問題に適用するときには，

　　　値域を設定する
　　　想定された分布形に対応する $(P_I{}^*)$ を計算する

という過程がつけ加わってくることに注意しましょう．

この場合，値域は，「分布の形を把握するために必要な数と区切り方」にすることが必要です．

7.4 適合度の検定

また,「分布の形を比べる」ときには,位置のちがい,ひろがり幅のちがいは別に論ずるものとして,それらのちがいを調整した上で(いいかえると,偏差値におきかえて)分布形を比べるのが普通です.

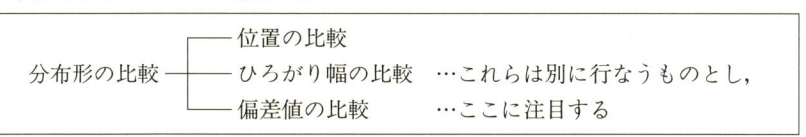

```
                  ┌── 位置の比較
分布形の比較 ──────┼── ひろがり幅の比較　…これらは別に行なうものとし,
                  └── 偏差値の比較　　　…ここに注目する
```

そうせずに比べた場合,たとえば,「分布形は同じで位置がシフトしただけ」でも,分布形が異なると結論してしまうことになります.

「分布形」を比べる問題を「選んだ値域における比率」を比べる問題として扱うことになるので,値域の選び方を考えなければなりません.

区切り方を自由に決めうるなら,たとえば,偏差値が /3/2.5/2/1.5/…/3/ のところで区切る(14区分になる)とか,/3/2/1/0/1/2/3/ のところで区切る(7区分になる)とよいでしょう.自由に決めうるのですが,決め方によって,χ^2 の値がかわるので,特に理由がなければ標準を採用しようという趣旨です.

ただし,そのためには,ひとつひとつの観察値が必要です.ひとつひとつの観察値が利用できず,分布表の形にまとめた情報しか利用できないときには,その分布表で採用している区切り方を,そのまま,採用せざるをえません.その区切り値を偏差値におきかえて使うことになります.

表7.4.2　適合度検定のための計算例

値域	度数 N	比率 P	値域 偏差値で表現	想定された分布の P^*	N^*	Nの差 D	適合度 D^2/N
90~100	5	0.5	~ −2.06	1.99	20.4	−15.4	47.3
100~110	41	4.0	−2.06~ −1.47	5.10	52.2	−11.1	3.0
110~120	128	12.5	−1.47~ −0.88	11.78	120.6	7.4	0.4
120~130	253	24.7	−0.88~ −0.30	19.48	199.4	53.6	11.3
130~140	258	25.2	−0.30~ 0.29	23.06	236.2	21.8	1.8
140~150	175	17.1	0.29~ 0.88	19.55	200.2	−25.2	3.6
150~160	69	6.7	0.88~ 1.46	11.87	121.5	−52.5	40.0
160~170	54	5.3	1.46~ 2.05	5.16	52.8	1.2	0.0
170~180	22	2.1	2.05~ 2.64	1.60	16.4	5.6	1.4
180~190	19	1.9	2.64~	0.42	4.3	15.7	11.4
計	1024	100.0		100.0			120.4

列1~3　基礎データ.これにもとづいて平均値と標準偏差を計算.
　　　　平均=126, 標準偏差=15.8
列4　　値域の区切り値を偏差値におきかえる.
列5　　標準正規分布が適合するとした場合に各値域に入る「比率」.
　　　　標準正規分布の数値表を使って求める.
列6~7　期待度数 $N \times P^*$, 度数の差 $N-N^*$.
列8　　$(N-N^*)^2/N$. その合計が,適合度をみるための統計量 χ^2.

利用できる分布表の区切り方が適正でない(たとえば最上位の区切りに度数が集中している)ときには,適正な結果が得られないことになります.

④ 例として2.4節で「正規確率紙を使って正規分布の適合性」をみた例(図2.4.2)について,この節の方法を適用してみましょう.

得られた χ^2 は1204であり,統計数値表でみた棄却限界値は9.5ですから,

「正規分布が適合する」という仮説は棄却される

という結果です.

⑤ この方法はよく使われていますが,次の点に注意しましょう.

値域の区切り方が結果に影響する

値域のどのあたりで適合し,どのあたりで適合していないかを判断できない

このことから,すでに指摘したように,できれば値域の区切り方を標準化したいのです.また,「χ^2 の内訳を表示しておき,適合していない」箇所を見わけることができるような計算フォームを採用したのです.

基本的には,χ^2 の計算値だけで適合度をみるのでなく,「P_I と P_I^* の差をみる」という問題意識にたちもどって考えましょう.その意味では,「正規確率紙へプロットする」方法,あるいは,前節であげた P-P プロットのような図示による方法の方がすぐれているといえます.

上の計算例の中に求められている P と P^* を縦軸,横軸にとってプロットすると P-P プロットをえがくことができます.また,比率 P に対応する X^* を求め,X,X^* を使って Q-Q プロットをえがくこともできます.

⑥ この節の方法は,観察値の分布を「想定されるモデル」と比較する問題に限らず,「観察された分布のうち標準とみられるもの」と比較する問題にも適用できます.この方が,適用場面が広いでしょう.

たとえば,変数 X の分布を年齢別にわけてみたとき,分布がかわるか否かを確認

表7.4.3 血圧の分布形の男女差(年齢40歳台,1975年)

値域	度数 N			期待値 N^*		偏差 $D=N-N^*$		適合度 D^2/N		
	男	女	計	男	女	男	女	男	女	計
～100	5	19	24	10.1	13.9	−5.1	5.1	2.58	1.87	4.45
100～109	41	106	147	62.0	85.0	−21.0	21.0	7.11	5.19	12.30
110～119	128	245	373	157.2	215.8	−29.2	29.2	5.42	3.95	9.37
120～129	253	375	628	264.7	363.3	−11.7	11.7	0.52	0.38	0.90
130～139	258	322	580	244.5	335.5	13.5	−13.5	0.75	0.54	1.29
140～149	175	168	343	144.6	198.4	30.4	−30.4	6.39	0.66	11.05
150～159	69	81	150	63.2	86.8	5.8	−5.8	0.53	0.39	0.92
160～169	54	53	107	45.1	61.9	8.9	−8.9	1.76	1.28	3.04
170～179	22	19	41	17.3	23.7	4.7	−4.7	1.28	0.93	2.21
180～	19	17	36	15.2	20.8	3.8	−3.8	0.95	0.73	1.68
	1024	1405	2429					27.29	19.92	47.21

したい … そのために,「全体でみたときの分布と比べる」という問題ですが,「各区分でみた分布が全体でみた分布と一致する」という仮説を検定する形で扱うことができます.

表7.4.3のように,全体でみたときの分布と一致すると仮定したときに期待される度数を計算し,「それと観察度数との偏差」をもとにして χ^2 値を計算して,「分布がかわらない」という仮説を検定するのです.

棄却限界は,カイ2乗分布の統計数値表から求めるのですが,自由度は

(分布をみるための値域の区分数 -1)×(比較区分数 -1)

とします.

$\chi^2=47.2$ です.棄却限界値は,16.9 ですから,血圧の分布は男女で異なると判定されます.計算表の「適合度」の欄で χ^2 の内訳がよみとれますから,寄与の大きい箇所について D の符号をみると,血圧 120 以下では女が多く,血圧 140 台,150 台では男が多いことがわかります.

ここでは,「平均値あるいは標準偏差のちがいを含めた比較」をしています.したがって,ここで見出された差が,たとえば「平均値のちがい」として説明されるかもしれません.たとえば,偏差値におきかえた上で,男女別比較をしてみるべきでしょう.その場合,値域区分がちがうことになるので,ここで示した扱いはできません.

章末の問題のうち,問6です.

▶7.5 ローレンツカーブにおける観察単位のサイズ差の扱い

① 7.1節で,「K県の市町村別病床数」の分布に関するローレンツカーブを示しました(図 7.5.1,図 7.1.4 の再掲)が,考えるべき問題が残っていると注意しておきました.ここで,その後をつづけましょう.

図に付記してあるように,ジニ係数は 0.74 という大きい値です.このことから,「病床数が一様に配置されているとはいえない」… そう解釈してよいでしょうか.こういう問題です.

一様という語の解釈が問題です.また,その語の解釈に応じてローレンツカーブの書き方や指標の選び方をかえることが必要です.

② 問題点を説明するために,まず,ローレンツカーブの誘導手順を要約しておきましょう.

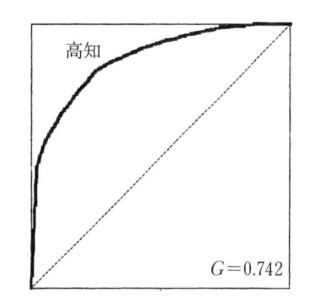

図 7.5.1 ローレンツカーブの例
市町村の病床数

$G=0.742$

◆ ローレンツカーブの書き方A

> 観察単位 (e) を
> 観察値の大きさ (X) の順に並べ
> その順位 (=観察単位数の累積) を横軸にとり
> X の累積値を縦軸にとって図示

ここで,

観察単位を大きさの順に並べるとき,

それぞれを1とカウントしています

から,その順位=観察単位数の累積と解釈できることになります.

また,このことから,ローレンツカーブが直線になったとき,「順位○%までの観察単位が○%の値をもつ」すなわち「X の分布が一様だ」という解釈が誘導されるのです.

図7.5.1の場合は,各市町村をひとつひとつの観察単位とみていますから,観察単位の大きさが異なります.このことを考えに入れることが必要です.

各観察単位をそれぞれ1つの単位として扱った場合,「ジニ係数が小さい,よって一様に分布している」という結論は,「観察単位のサイズいかんにかかわらず,同じ数だ」ということですが,これを「一様だ」という解釈につなぐと,異論が出るでしょう.

「ジニ係数が大きい,よって,一様に分布しているとはいえない」という結論に対しては,「各市町村のサイズ差が考慮されていない…大きい市町村で多く,小さい市町村では少ないのは当然だ」と批判されるでしょう.

問題とされているのは,たとえば「人口あたりでみて公平に配置されているか否か」をみることですから,この図では,問題意識に答えたことになっていないのです.一様というコトバを使うときには,こういう問題意識をもちこむことが必要とされるのです.

③ よって,観察単位のサイズ差を考慮に入れることにしましょう.

まず考えられるのは,「人口あたりでみて一様か否かをみよ」というなら,

基礎データ X をサイズ S でわって $Y=X/S$ とおきかえ,

Y についてのローレンツカーブをかく

ことでしょう.

上掲の書き方Aにおける指標 X のかわりに X/S を使うものとするのです.これが,書き方Bです.

7.5 ローレンツカーブにおける観察単位のサイズ差の扱い

図 7.5.2 人口あたり比率にして扱う $G=0.392$

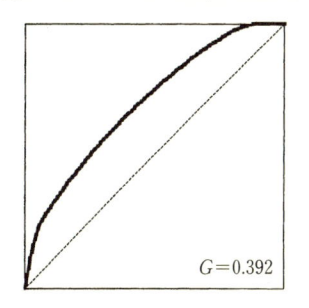

図 7.5.3 観察単位のサイズ差を考慮 $G=0.178$

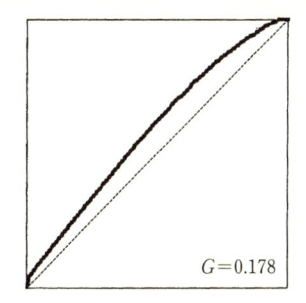

◆ ローレンツカーブの書き方 B

> 観察単位 (e) を
> 指標 $Y=X/S$ の大きさの順に並べ
> その順位 (=観察単位数の累積) を横軸にとり
> Y の累積値を縦軸にとって図示

この案に沿ってかくと，図 7.5.2 が得られます．

ほぼ直線になっています．ジニ係数も 0.392 と小さい値ですから，人口あたりでみれば，ほぼ一様に配置されていると判定できます．

これでよさそうですが，別の書き方が考えられます．

④ 次の書き方 C です．

◆ ローレンツカーブの書き方 C

> 観察単位 (e) を
> 指標 $Y=X/S$ の大きさの順に並べ
> S の値を累積した値を横軸にとり
> Y の累積値を縦軸にとって図示

「観察単位数の累積」のところを，「観察単位のサイズ S の累積」とおきかえていることがこの案の意義です．このおきかえによって

「S でみて○%の範囲に X の△%が集中している」

という見方に，自然な形で対応する表わし方になっています．

図 7.5.3 が，この書き方によったローレンツカーブです．

⑤ このように3とおりの書き方によって，著しくちがう図になるとすれば，当然どれが妥当かを考えることが必要です．

3とおりの扱い方のちがいはすでに表示してありますが，ちがった図になるところに焦点をあてれば，次ページの図 7.5.4 で説明できます．

説明図では，各市町村の情報を (X, S) を成分とするベクトルで表わしています．

図 7.5.4 観察単位のサイズ差への対応

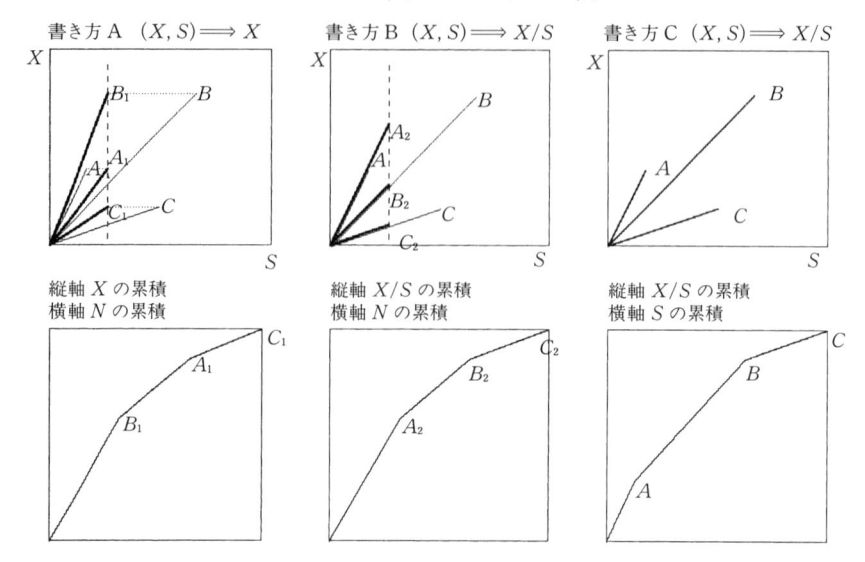

書き方 A $(X, S) \Longrightarrow X$　　　書き方 B $(X, S) \Longrightarrow X/S$　　　書き方 C $(X, S) \Longrightarrow X/S$

縦軸 X の累積　　　　　　縦軸 X/S の累積　　　　　縦軸 X/S の累積
横軸 N の累積　　　　　　横軸 N の累積　　　　　　横軸 S の累積

まず，
　　これらのベクトルを
　　X/S すなわち，ベクトルの方向角の順に
　　　加えて得られる折れ線
がローレンツカーブだと理解できることに注意しましょう．
　ただし，
　　　各観察単位の情報 X/S（ベクトルの長さ）について，ちがった扱い
をしています．
　すなわち，
　　書き方 C では，(X, S) の情報をそのままの形で扱っている
　　書き方 B では，$S =$一定の断面のところまでベクトルを伸縮している
　　書き方 A では，$S =$一定の断面へ射影した形で扱っている
のです．
　よって
　　　観察単位のサイズ差を考慮せずに扱う　………………………書き方 A
　　　観察単位のサイズ差を補正した指標を使う
　　　　　観察単位はサイズ差を考慮せず，それぞれ1つと扱う…………書き方 B
　　　　　観察単位はサイズ差に応じたウエイトを考慮して扱う…………書き方 C
という使いわけをせよということになります．
　「一様分布か否かをみる」にしても，

「一様ということの意味」を考えることが必要

であること，特に，
  サイズの異なる観察単位の情報を扱うときに，
  手法の選択を誤ると，誤読のおそれがあること
に注意しましょう．

⑥ 前項におけるサイズのかわりに，X の大小を説明する変数 Z を使って同じようにローレンツカーブをかくことが考えられます．
  説明変数 Z の大きさの順に
  被説明変数 X の値を累積してみる
この形でかいたローレンツカーブが直線になることは，
  比率 X/Z が一定だ
ということです．

したがって，ローレンツカーブをこういう場面で使うことができますが，ジニ係数については，無条件に使うことはできません．保留条件がつきます．すなわち，X が Z に対して単調増加（または減少）しているという条件です．この条件をみたしていないときは，ローレンツカーブが対角線と交わるケースがありうるからです．

▶ 7.6 基礎データの表現に関する問題

① 図 7.1.8 で例示した「貯蓄保有高のジニ係数」の推移において，基礎データの選択について考えるべき点がある … と指摘してありました．
  この節では，利用できる（利用できそうな）データをあげて，どれが採用されているかを探りつつ，基礎データの選択が結果に大きくひびくことを指摘します．
② 各世帯の貯蓄保有高以下（貯蓄保有高を X と表わす）の分布を表わす統計表というと，次の表 7.6.1 が典型です．
  これにもとづいてローレンツカーブとジニ係数を求めるには，7.1 節に示した計算フォームを適用すればよいのです．
  ただし，上位の階級区分の幅が広く，区間の上限が明示されていません．
  そのことから，各区分の代表値をどう想定するかが問題になります．特に，年次変化を調べようとすると，
  年々最上位の世帯数が多くなること
  そのため，ある年次に，区切り方が改定されること
から，計算結果に段差が現われます（図 7.6.3 の実線）．
  「区切り方を改定しなければならない，
  しかし，改定するとそのことが結果にひびく」
ということです．
③ 区切り方を表 7.6.2 の形式にした統計表があります．第 3 章で述べた 5 数要約

表7.6.1 統計調査における分布の表現(1)

年	計	貯蓄現在高階級区分別世帯数									
		0	0~9	10~19	20~29	...	400~499	500~699	700~999	1000~1499	1500
80	10000	38	86	66	100	...	979	1281	932	1032	
85	10000	79	39	56	59	...	919	1288	1340	2052	
90	10000	37	9	42	35	...	772	1480	1543	1404	2042

表7.6.2 統計調査における分布の表現(2)

年	貯蓄現在高の分布特性値				
	第1十分位値	第1四分位値	中位値	第3四分位値	第9十分位値
80	850	1651	3279	6094	10130
85	1160	2430	4550	8770	15450
90	1840	3720	7000	12780	22500

図7.6.3 図7.1.8に関する別データによる計算結果

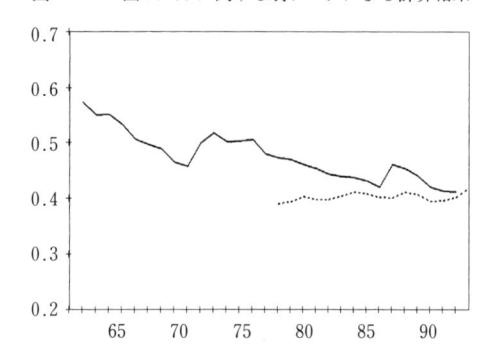

の形で表現したものです．

階級区分の区切り方が実額でなく，ランク区分によっているため，年次にかかわらない区切り方になっているのです．

区切り数が少なく，区切り幅が広いため，各区分の代表を想定しにくいという問題が残っていますが，計算結果に段差を生じるという問題は避けられます．

図7.6.3では，破線で示してあります．破線のない部分は，この形の統計表が集計されていなかった部分です．

ランク区分をもっと細かくすれば，代表値の想定がしやすくなりますが，貯蓄保有高については，この形式の統計表が集計されているのは，1978年以降です．

◆注 たとえば，コンピュータ用のデータベースに収録するとき，このような区切り方の変更に関する情報が記録されているとは限りません．

また，基本的な問題として，「区切り方が不適当であって利用しにくい」こともあります．

表 7.6.4 統計調査における分布の表現 (3)

各区分での指標値	年間収入の五分位階級				
	0～320	320～407	407～509	509～648	648～
年間収入の平均値	260.9	366.1	453.1	569.1	662.8
貯蓄現在高の平均値	285.7	385.1	513.2	661.0	1110.6

④ 図7.1.8で扱った数字は，表7.6.1，表7.6.2のどちらとも合致していません．図の見出しにある「所得階級でみた」という句は，「貯蓄保有高の分布」のデータに問題があるがゆえに，表7.6.4のデータを代用したことを示しているのです．

キイワード「年収五分位階級」，「貯蓄保有高」の両方で検索すると，表7.6.4の形の統計表がみつかるでしょう (大きい統計表の一部になっています)．

この表は貯蓄高 X の分布をみるために用意された表ですが，階級区分の基礎データが X でなく，年収 (以下これを Z とする) になっています．したがって，表7.6.1や表7.6.2のように X そのものの分布について計算したジニ係数とちがう値になりますが，7.5節で述べたように，X の変化を説明する Z を使って

Z の低い方から世帯を並べ，X のシェアーの変化をみる

形のジニ係数だと理解すれば，これを使うことができます．

また，この形の統計表を使うなら，階級区分内の世帯でみた平均値が集計されていますから，各区分の代表値を想定しなくてすみます．したがって，年々の推移を，「計算手順での想定」に影響されない形で把握できることになります．

もちろん，結果に段差が発生することはありません．

⑤ この節の例示でみたように，利用できる統計表の形式に注意することが必要です．ひとつひとつの観察単位の情報が使えるなら，こういう問題は起こらないのですが，統計調査の場合は，「統計表の形に集計された結果」の範囲で使うことになります．また，この節で例示した注意が必要となるのです．

統計学で扱う数は，具体的な意味をもつ数的情報

統計学で扱う数は，数学的な扱いをするにしても，数学で扱う数とはちがいます．それぞれの数字はある情報を表わしています．そうして，それがもつ意味を拾い出すことを考えているのです．

当然，その定義，その求め方を考慮に入れた扱い方を考えることが必要です．

一定の条件下でくりかえし観察された「きれいなデータ」ばかりではなく，それぞれ異なった条件下で観察された「よごれたデータ」を対象としなければならず，「きれいなデータを想定したきれいな方法」を適用できるとは限りません．したがって，まず，「データをきれいにする」ためのステップを適用することが必要です．統計学を適用するときに，注意すべきことです．

問題 7

【ローレンツカーブとジニ係数】

問1 (1) 次は，わが国におけるパソコン販売台数を98年の上位7社に注目して，1996〜98年について調べた結果である．

1998年における各社のシェアーを示すローレンツカーブをかき，ジニ係数を計算せよ．

表 7. A. 1

	A	B	C	D	E	F	G
1996 年	29.7	19.9	0.0	9.0	2.6	2.6	7.0
1997 年	27.1	19.9	3.4	8.6	4.8	3.4	3.1
1998 年	21.1	18.3	7.0	6.7	6.0	4.6	4.2

(%) 日経パソコン 1999 年 7 月 12 日

(2) 1996年における各社のシェアーを示すローレンツカーブをかき，ジニ係数を計算せよ．この場合，上位7社の範囲がかわる可能性があるが，このデータでは，1998年における上位7社についてみるものとしている．1996年の結果と1998年の結果を比べるとき，このことがどう影響するかを指摘せよ．

問2 (1) 次は，各県の県内総生産額（単位：百億円）を上位10県についてみたものである．これ（以下 X と表わす）について，経済活動の地域別構成の変化をみるものとする．

表 7. A. 2

	全国計	東京	大阪	愛知	神奈川	北海道	兵庫	福岡	埼玉	千葉	静岡
1980 年	24746	3971	2165	1621	1472	1086	1075	947	823	803	721
1990 年	44916	8452	3779	2910	2802	1676	1834	1547	1736	1548	1366

  a. この10県の範囲でみたローレンツカーブとジニ係数を各年次ごとに求め，比較せよ．

  b. 順位の入れかわった県があるが，そのことを無視し，1980年における X の順位を使って計算すると，1990年の結果はどうかわるか．

  c. 10年間の変化率を計算し，これを比べて「変化の大きかった県，小さかった県」を調べてみよ．

(2) (1)にあげた10県以外の37県を「その他」とみなして，(1)のb, cの計算を行なってみよ．ただし，37県の値ひとつひとつのちがいは考慮しないものと

する．いいかえれば，順位 11 以降に同じ値（37 県の合計値の 1/37 の値）をもつ県が 37 あるものとして計算すればよい．

(3) (1) にあげた 10 県以外の値を適当な資料から拾って，(2) に示した簡単化を行なわずに計算すると，結果はどうかわるか．

問3 (1) 付表 X.4 についてジニ係数を計算し，テキストの本文（表 7.1.5）に示した値が得られることを確認せよ．

(1) の計算をプログラム BUNPU2 によって行なえ．基礎データは例示用としてセットしてあるが，テキストの説明例 2（大きい方から累積）と表示されている分を使うこと．

注：大きい方から累積する表現がローレンツカーブでの慣習であるが，累積分布図などと合わせるためには，小さい方から累積する表現を採用する方がよいだろう．

【分布の表現】

問4 (1) 付表 X.4 について，分布図，累積分布図，ローレンツカーブをかけ．また，累積分布図については，正規分布と比較するための Q-Q プロットあるいは P-P プロットをかけ．すべて，プログラム BUNPU2 を使うことができる．

(2) 付表 X.4 のデータを対数変換したものについて，(1) と同じ図をかけ．

問5 (1) 付表 A のうち収入総額について，分布図，累積分布図，ローレンツカーブをかけ．また，累積分布図については，正規分布と比較するための Q-Q プロットあるいは P-P プロットをかけ．この場合，基礎データが観察単位ごとのデータだから，分布表を求める過程を含むプログラム BUNPU1 と値域の区切り方指定文を付加したデータファイル DH10VX を使うこと．

注：BUNPU1 の処理手順を「正規分布と比較する場面に特化したもの」が BUNPU4 です．この問題に限れば BUNPU4 を使うこともできます．

(2) (1) で取り上げた収入総額を対数変換した値について，付表 A の分布図，累積分布図，ローレンツカーブをかけ．また，累積分布図については，正規分布と比較するための Q-Q プロットあるいは P-P プロットをかけ．

(3) 付表 A のうち収入総額について，標準化し，データを本文 7.2 節の例 7.2.1 に示した区切り値によってランク値に変換し，そのランク値について，(1) と同じ図をかけ．プログラム BUNPU1 に含まれる変数変換機能のうち PROBIT 変換を指定すると，この変換が実行される．

注：この問いのローレンツカーブが，本文 7.2 節の例題の図 7.2.3 である．

問6 図 7.4.3 で男女の血圧の分布を比べているが，これについて，平均値と標準偏差の比較は別に行なうものとすれば，偏差値に注目して分布形を比較することが考えられる．この考え方で比較してみよ．

【基礎データの扱い方】

問7　a. 付表 B.2 は各県別にみた「一般病院・診療所病床数」である．この県別差異をみるために，ローレンツカーブをかき，ジニ係数を計算せよ．

b. 付表 B.4 は，付表 B.2 のデータを人口あたりに換算したものである．これについて，ローレンツカーブをかき，ジニ係数を計算せよ．
c. a の結果と b の結果のちがいは，どう解釈すべきか．
d. 各県の人口数(付表 B.5)をサイズとみなして，表 7.1.3 に示した方法でローレンツカーブをかき，ジニ係数を求めよ．
e. b の結果と d の結果のちがいは，どう解釈すべきか．
注：プログラム LAURENTZ を用意してあります．また，この問題用のデータのうち 1975 年分が例示用として用意されています．

【順位統計量によるジニ係数計算】

問8 (1) 5 点表示の基礎数 Q_0, Q_1, Q_2, Q_3, Q_4 を使ってジニ係数を計算する式

$$\text{ジニ係数} = \frac{1}{4} \cdot \frac{-3Q_0 - 4Q_1 + 4Q_3 + 3Q_4}{Q_0 + 2Q_1 + Q_2 + 2Q_3 + Q_4}$$

を導け．

ヒント：説明図 7.1.7 を Q_0, Q_1, Q_2, Q_3, Q_4 で書き表わせばよい．

(2) 五分位階級の区切り値 $Q_0, Q_1, Q_2, Q_3, Q_4, Q_5$ (すなわち五分位値) を使って，ジニ係数を求める計算式を導け．

(3) K 分位値 $Q_0, Q_1, Q_2, \cdots, Q_K$ を使う場合に一般化すると，次のようになることを示せ

$$\text{ジニ係数} = \frac{1}{K} \cdot \frac{\sum(2K - 4I)Q_{K-1} - (K+1)(Q_K - Q_0)}{\sum 2Q_{K-1} - (Q_K + Q_0)}$$

問9 (1) 付表 E.1 は，家計調査の年間収入の階級別世帯数のデータである．これを使って年収分布のローレンツカーブをかき，ジニ係数を計算せよ．

(2) 付表 E.2 は，年間収入の五分位階級区分の区切り値である．これを使ってローレンツカーブをかき，ジニ係数を計算せよ．ただし，Q_0 は 0，Q_5 は $Q_4 \times 2$ とみなすものとする．

(3) 付表 E.3 は，年間収入の五分位階級区分ごとにみた平均値である．これを使ってローレンツカーブをかき，ジニ係数を計算せよ．

ヒント：各階級ごとの平均値×世帯数が，その階級の世帯の合計値にあたることを利用する方法と，各階級における平均値をその階級における中位値だとみなす方法が考えられる．

(4) 年間収入十分位階級区分の区切り値を使って，問 8(3) の計算を行なえ．ただし，最下位，最上位の区分は特別の事情をもつデータが混在している可能性が高いので，これらを除いた 8 区分を八分位階級とみて計算するものとする．

【ローレンツカーブの定義に関する問題】

問10 (1) 付表 G.1 の年収区分計のデータを使ってジニ係数を計算し，本文の図 7.6.3 に示した結果が得られるか．

(2) 付表 G.2 の年収区分計のデータを使ってジニ係数を計算し，(1) の結果と

比較せよ.

(3) 本文の図 7.1.8 は，家計調査の年間収入五分位階級における平均貯蓄保有額のデータ (付表 G.2) を使って，貯蓄保有額のジニ係数を求めてその年次推移を示したものである．図示した結果が得られることを確認せよ．

注：年間収入によって順位づけして，その順に累積した貯蓄保有高についてのローレンツカーブをかく形になる．テキスト本文の説明を参照せよ．

問 11 変数 X の分布が「指数分布」すなわち次の式で表わされるものとする．
$$f(X) = \lambda e^{-\lambda X}$$
この分布について，

  累積分布が　　　　　$P(X) = (1 - \lambda e^{-\lambda X})$

  その逆関数が　　　　$X(P) = \dfrac{1}{\lambda} \log \dfrac{1}{1-P}$

  ローレンツカーブが　$S(P) = \dfrac{1}{\lambda} \dfrac{P}{1-P}$

で表わされることを示せ．

注：この問題のように，X の値の上限がない場合には，$P \Rightarrow 1$ のとき $X(P)$ あるいは $S(P)$ が ∞ になるため，ジニ係数が求められない (0 になる).

したがって，ジニ係数は，観察単位数が有限であって，指標値の上限を特定できる場合に限って適用すべきである．

また，観察単位数が有限であっても，値が 0 に近い観察単位数が多いときには，その部分の影響で，観察値の値が大きい部分の状態を反映しない結果になる．

付録 A ● 図・表・例題の資料源

図表番号	図表名	資料源	表名	FileID
図 1.3.1	人口密度の比較	1975 年国勢調査		
図 1.3.2 (a)	歩くことは健康によい	1991 年 4 月 30 日朝日新聞		
図 1.3.2 (b)	図 1.3.2 (a) 中のグラフ	1989 年国民栄養調査	付表 M	DI50
図 1.4.1	血圧の年齢別変化 (1)	1985 年国民栄養の現状	付表 L	DI10
図 1.4.2	血圧の年齢別変化 (2)	1985 年国民栄養の現状	付表 L	DI10
図 1.4.3	賃金の年齢別推移	1983 年賃金構造基本調査	付表 C	DE01
図 1.4.4	出生率の推移	人口動態統計		DA01
図 1.A.1	週休 2 日制普及率 (1)	賃金労働時間制度総合調査		
図 1.A.2	週休 2 日制普及率 (2)			
表 2.1.1	平均値, 標準偏差の計算フォーム 1 と〜	モデル例 1	付表 X.1	
表 2.1.2	平均値, 標準偏差の計算例	モデル例 2	付表 X.2	
表 2.1.3	平均値, 標準偏差の計算フォーム 2 と〜	仮想例		
図 2.2.1	賃金の分布表と分布図	モデル例 4	付表 X.4	XX01
図 2.2.2	平均値, 標準偏差とその図示	モデル例 3	付表 X.3	XX01
図 2.2.3	中位値, 四分位偏差とその図示	モデル例 3	付表 X.3	XX01
表 2.2.4	中位値, 四分位値の計算フォーム (1)	仮想例		
表 2.2.5	中位値, 四分位値の計算フォーム (2)	モデル例 3	付表 X.3	XX01
図 2.3.2	慣用されるデータ整理の方法	仮想例		
表 2.3.3 (a)	分布表	仮想例		
図 2.3.4	分布図をかくための計算と分布図	モデル例 4	付表 X.4	XX01
図 2.3.5	区分数をかえた分布図の例	仮想例		
表 2.3.6	家計調査で採用されている分布の情報表現	家計調査年報	付表 E	DK10
図 2.3.7	分布図をかくための計算と累積分布図	モデル例 4	付表 X.4	XX01
図 2.3.8 (a)	データ整理法	仮想例		
図 2.3.9	幹葉表示の表現例	仮想例		
図 2.4.2	標準正規分布と比較するための計算	モデル例 3	付表 L	DI10
図 2.4.5	正規確率紙の使用例	モデル例 3	付表 L	DI10
表 2.4.6	正規確率紙にプロットするための計算	モデル例 3	付表 L	DI10
図 2.4.8	分布形の対数変換	モデル例 4	付表 X.4	XX01
図 2.5.1	「N 個の観察値の平均値」200 組の分布図	1985 年賃金構造基本調査*		DE13
図 2.5.2	平均値の分布	1985 年賃金構造基本調査*		DE13
表 3.2.2	高次のモーメントの計算	仮想例		
図 3.4.6	賃金月額の分布比較	賃金構造基本調査	付表 C	DE03
図 3.5.1 〜図 3.5.10	県別病床数の地域差	社会生活統計指標	付表 B	DI91
図 3.6.1	ボックスプロットにおけるフェンスの表現	社会生活統計指標	付表 B	DI91

図 4.1.1	2つの要因の効果比較	家計調査モデルデータ	付表 A	DH10
図 4.1.2	区切り方をかえる	家計調査モデルデータ	付表 A	DH10
図 4.1.3	2つの要因を組み合わせる	家計調査モデルデータ	付表 A	DH10
図 4.1.4	ヒンジトレース	家計調査モデルデータ	付表 A	DH10
表 4.2.1	基準をかえて分散を計算	モデル例 2	付表 X.2	
図 4.3.1	分析のフローと偏差平方和の減少	モデル例 2	付表 X.2	
表 4.3.3	分散分析表 (計算例)	モデル例 2	付表 X.2	
表 4.3.5	分散分析表 (計算例)	モデル例 2	付表 X.2	
図 4.4.1	分析のフロー	社会生活統計指標	付表 B	DI91
表 4.4.2	人口あたり病床数の県別値の分散分析表	社会生活統計指標	付表 B	DI91
表 4.4.3	人口あたり病床数の県別値の分散分析表	社会生活統計指標	付表 B	DI91
図 4.4.4 ～4.4.5	(病床数の) 県別差異	社会生活統計指標	付表 B	DI91
図 4.6.1 ～4.6.6	食費支出の世帯人員および月収別比較	家計調査モデルデータ	付表 A	DH10
図 4.7.2	2要因による分析例	家計調査モデルデータ	付表 A	DH10
図 4.7.3	分散分析表	家計調査モデルデータ	付表 A	DH10
図 4.7.4	分散分析表	家計調査モデルデータ	付表 A	DH10
表 4.7.5	分散分析表	家計調査モデルデータ	付表 A	DH10
表 4.A.1	モデルデータ 5	モデル例 5	付表 X.5	XX01
表 4.A.2	モデルデータ 6	モデル例 6	付表 X.6	XX01
表 5.1.1 ～5.1.4	分散分析表	家計調査モデルデータ	付表 A	DH10
表 5.2.1 ～5.2.5	2要因の場合の分散分析表	家計調査モデルデータ	付表 A	DH10
例 5.5.1	平均値に関する仮説検定	仮想例		
◆5.6.2	平均値の差に関する仮説検定 (1)	仮想例		
◆5.6.3	平均値の差に関する仮説検定 (2)	仮想例		
◆5.6.4	2つの要因の効果分析	仮想例		
表 5.7.4	例 5.6.3 の観察値 X_{IJ}	仮想例		
例 5.7.1	2つの要因の効果分析	仮想例		
表 5.7.6	例 5.7.1 の観察値 X_{IJK}	仮想例		
表 5.7.7	偏差平方和の計算	仮想例		
表 5.A.1 ～5.A.8	問題5用のデータ	仮想例		
表 6.1.1	3社の給与水準比較	モデル例 7	付表 X.7	
表 6.1.2	3社の年齢構成	モデル例 7	付表 X.7	
表 6.2.2	直接法による標準化平均値の計算例	モデル例 7	付表 X.7	
表 6.3.2	間接法による標準化平均値の計算例	モデル例 7	付表 X.7	
表 7.1.1	集中度の見方	仮想例		
図 7.1.2	ローレンツカーブ	仮想例		
図 7.1.3	ローレンツカーブの例 (賃金月額)	モデル例 4	付表 X.4	XX01
図 7.1.4	ローレンツカーブの例 (市町村の病床数)	1990年地域医療施設基礎調査		DI80
表 7.1.5	ローレンツカーブをかくための計算	モデル例 4	付表 X.4	XX01
図 7.1.8	所得階級別にみた～ジニ係数の推移	貯蓄動向調査報告	付表 G.1	DK20
図 7.2.2	ローレンツカーブをかくための計算	家計調査モデル例	付表 A	XX01

付　　録　　　　　　　　　　　　　　　　197

図7.2.3〜7.2.4	観察値に対する $P, S(P)$ と，モデルに対する $P, S^*(P)$ の図	家計調査モデル例	付表A	XX01
図7.3.2	累積分布比較のための図示(1)	仮想例		
図7.3.3	累積分布比較のための図示(2)	仮想例		
図7.3.6	Q-Q プロットの例	モデル例3	付表L	DI10
図7.3.7	P-P プロットの例	モデル例3	付表L	DI10
表7.3.8	P-P プロットのための計算と〜	モデル例3	付表L	DI10
図7.3.9	累積分布と S-S プロット	モデル例3	付表L	DI10
図7.3.10	累積分布とローレンツカーブ	モデル例3	付表L	DI10
図7.4.1	分布形の比較	仮想例		
図7.4.2	適合度検定のための計算例	1985年国民栄養の現状	付表L	DI10
図7.4.3	血圧の分布形の男女差	1985年国民栄養の現状	付表L	DI10
図7.5.1	市町村別病床数の分布に関するローレンツカーブ	1990年地域医療施設基礎調査		DI80
図7.5.2	人口あたり比率にして扱う	1990年地域医療施設基礎調査		DI80
図7.5.3	観察単位のサイズ差を考慮	1990年地域医療施設基礎調査		DI80
図7.5.4	観察単位のサイズ差への対応	1990年地域医療施設基礎調査		DI80
図7.6.1	統計調査における分布の表現(1)	貯蓄動向調査報告	付表F.1	
図7.6.2	統計調査における分布の表現(2)	貯蓄動向調査報告	付表F.2	
図7.6.3	図7.1.8に関する別データによる計算結果	貯蓄動向調査報告	付表G.2	
図7.6.4	統計調査における分布の表現(3)	貯蓄動向調査報告	付表G.2	
表7.A.1		日経パソコン1999年7月12日		
表7.A.2		県民経済計算		

データを使っていない図あるいは表は，この表には含めていない．
資料源　　基礎データが掲載されている資料名，すべて国の統計調査などの報告書．
表名　　　基礎データまたはその参考データを付録Bに掲載している場合，その表名．
ファイル名　添付したデータベースに収録している場合そのファイル名．
　　　　　付録Bに掲載した範囲以上のデータをファイルに収録してある場合もある．
　　　　　基礎データを分析用に編成したファイルもある．それについては検索プログラムTBL-SRCHを使って調べること．
*　報告書に掲載されている分布表に合致するように「個別観察単位の値をジェネレート」したものである．

付録B ● 付表：図・表・問題の基礎データ

付表X.1　仮想例 (1)
付表X.2　仮想例 (2)
付表X.3　仮想例 (3) (40歳台男性の血圧)
付表X.4　仮想例 (4) (賃金月額)
付表X.5　仮想例 (5) (世帯の生計費)
付表X.6　仮想例 (6) (食費支出)
付表X.7　仮想例 (7)
付表A　　家計収支のモデルデータ
付表B　　医療施設数の県別比較 (1975年)
付表C　　年齢および平均月間所定内給与階級別労働者数 (製造業・1983年)
付表D　　企業規模別平均賃金の比較 (製造業・男・1975年および1985年)
付表E　　勤労者世帯の年間収入 (E.1 分布／E.2 五分位値／E.3 五分位階級別平均値)
付表F　　勤労者世帯の貯蓄現在高 (F.1 分布／F.2 分布特性値)
付表G　　勤労者世帯の所得階級別貯蓄現在高 (G.1 分布／G.2 分布特性値)
付表H　　勤労者世帯の年齢階級別貯蓄現在高 (H.1 分布／H.2 分布特性値)
付表I　　消費者物価指数の推移 (年平均値)
付表J　　死亡率の地域別比較 (説明用仮想データ)
付表K　　死亡率の配偶関係別比較 (女・1985年)
付表L　　血圧値の分布 (性・年齢別・1985年)
付表M　　歩行距離と血圧の関係
付表N　　身長・体重のクロス表 (男・1980年)
付表O　　県民経済計算

* それぞれの表に記した資料からの引用です．数字の定義などについては，それぞれの資料を参照してください．
* 刊行機関の組織名は，省庁再編前の呼称を使っています．
* 数字の表示桁数などをかえたものもあります．
* 数字は，それぞれに付記したファイル名で，UEDAのデータベースに収録されています．
* ファイルには，表示した範囲以外の数字を掲載している場合もあります．
* 表に付記したファイル以外に，分析用のファイルを用意してある場合もあります．

付録

付表 X.1

#	X
1	34
2	38
3	35
4	42
5	39
6	41
7	42
8	40
9	45
10	40
11	44
12	38

付表 X.2

#	X
1	40
2	38
3	50
4	52
5	48
6	46
7	58
8	44

付表 X.3

値域	度数
80～90	0
90～100	5
100～110	41
110～120	128
120～130	253
130～140	258
140～150	175
150～160	69
160～170	54
170～180	23
180～190	17
190～200	2
計	1025

［ファイルXX01］

付表 X.4

値域	度数
0～4	0.50
4～6	3.80
6～8	12.10
8～10	18.20
10～12	15.50
12～14	13.10
14～16	11.20
16～18	8.30
18～20	5.70
20～22	3.70
22～24	2.30
24～26	1.60
26～30	1.80
30～40	2.30
計	100.00

［ファイルXX01］

付表 X.5

#	世帯人員	職業	生計費
1	2	A	34
2	2	A	36
3	2	B	35
4	2	C	39
5	3	B	40
6	3	A	41
7	3	C	42
8	3	C	44
9	3	A	38
10	3	C	41
11	4	C	44
12	4	C	42
13	4	B	46
14	4	C	47
15	4	B	46

［ファイルXX 01］

付表 X.6

#	食費	収入	世帯人員
1	10	16	2
2	12	25	2
3	13	29	4
4	12	31	2
5	14	32	3
6	15	35	4
7	22	40	4
8	16	44	2
9	17	53	3
10	16	60	4

［ファイルXX 01］

付表 X.7

	A	B	C	標準
全体	26.4(100)	28.3(100)	30.0(100)	26.9(100)
20台	15.0(40)	14.2(25)	15.9(25)	14.7(30)
30台	24.0(20)	22.2(25)	15.0(25)	23.0(25)
40台	32.0(20)	30.0(20)	32.0(20)	31.0(25)
50台	40.0(10)	30.8(15)	40.0(15)	38.8(10)
60台	52.0(10)	50.0(15)	52.0(15)	50.8(10)

付表 A　家計収支のモデルデータ

ID	X1	X2	X3	X4	X5	X6	X7	X8	X9	ID	X1	X2	X3	X4	X5	X6	X7	X8	X9
1	4	399	345	329	99	50	20	103	58	35	3	387	350	327	123	87	5	31	81
2	2	912	452	402	151	40	12	58	141	36	4	1198	879	800	211	182	18	31	357
3	4	398	418	387	181	60	4	38	104	37	4	1082	1196	1128	244	71	26	140	647
4	3	546	468	437	175	71	15	32	141	38	3	264	292	270	155	46	4	9	57
5	3	517	430	382	172	0	5	16	190	39	2	600	564	477	133	40	21	92	192
6	2	400	384	377	141	53	7	40	136	40	3	901	637	576	131	18	23	102	302
7	2	1514	1794	1433	143	217	15	12	1046	41	4	678	704	657	182	24	17	39	396
8	3	694	461	434	213	37	21	20	143	42	4	223	262	242	160	22	11	6	43
9	4	2065	1288	971	236	5	32	11	687	43	5	1305	1293	1152	375	171	18	137	452
10	5	1085	837	608	214	27	29	31	307	44	5	1663	782	640	252	11	6	4	367
11	4	655	681	582	196	40	20	36	290	45	4	1210	698	602	251	59	61	31	201
12	3	846	876	771	225	55	22	64	406	46	4	469	481	427	185	2	46	48	145
13	6	791	710	595	308	18	18	80	174	47	6	769	865	745	314	14	38	80	300
14	5	766	747	664	285	11	11	51	306	48	5	945	1381	1259	186	3	19	55	996
15	4	533	449	414	202	48	20	37	107	49	5	792	852	731	312	25	22	36	337
16	4	784	631	538	226	16	11	52	233	50	6	540	687	626	322	57	38	48	161
17	3	475	391	371	166	52	14	46	93	51	2	1106	619	473	104	82	18	5	263
18	2	877	775	346	190	54	15	31	57	52	4	937	658	627	224	54	20	30	299
19	5	654	646	612	171	8	20	24	388	53	5	1092	1207	1151	268	585	37	28	232
20	4	995	836	771	272	155	33	87	224	54	5	1698	1086	982	367	132	39	56	387
21	4	1142	1036	971	227	149	24	60	512	55	4	551	552	493	212	52	16	4	208
22	7	1444	1420	1386	470	140	31	124	620	56	3	477	985	957	146	334	20	381	76
23	2	608	484	404	194	54	14	0	142	57	3	1008	955	855	273	38	46	42	455
24	3	713	454	385	231	4	14	37	100	58	4	1240	747	606	274	3	31	37	262
25	5	752	610	549	269	4	20	54	202	59	7	1226	1033	949	348	1	22	8	569
26	5	403	420	385	246	5	23	8	104	60	5	426	1776	1740	459	1151	15	0	113
27	3	637	400	369	123	19	17	54	156	61	3	1496	1068	897	326	5	10	123	434
28	4	577	517	434	207	6	8	89	124	62	3	880	778	740	240	24	13	120	344
29	4	720	589	516	155	50	28	72	211	63	4	638	709	652	270	20	14	45	302
30	2	376	354	319	160	3	9	20	127	64	4	431	422	376	153	38	19	15	151
31	4	581	437	383	225	38	17	0	103	65	3	417	396	366	141	37	14	29	145
32	3	782	621	565	284	28	21	51	182	66	5	585	652	585	218	43	14	12	298
33	3	657	961	889	175	26	15	92	581	67	2	804	459	394	77	57	11	110	138
34	5	830	566	448	276	18	24	23	107	68	3	627	422	396	160	100	20	5	111

(百円/月)　X1：世帯人員　X2：収入総額　X3：支出総額　X4：消費支出総額　X5：食費支出
　　　　　X6：被服費　X7：住居費　X8：光熱費　X9：雑費

[ファイル DH10]

付表 B　医療施設数の県別比較 (1975 年)

付表 B.1　一般病院・診療所数

```
3229,  920,  903, 1316,  775,  818, 1238, 1214, 1009, 1179, 2287, 2191, 11414, 3918,
1581,  849,  843,  557,  519, 1404, 1136, 1977, 3558, 1107,  648, 2359, 6486, 3817,
 663,  821,  476,  688, 1427, 2217, 1352,  671,  698, 1060,  633, 3678,  716, 1291,
1380,  932,  731, 1290,  376
```

付表 B.2　一般病院・診療所病床数

```
 79659, 21949, 19666, 24655, 16022, 11888, 26673, 21229, 18022, 16141, 28456, 30195,
116527, 47228, 22943, 14104, 16701, 10035,  8065, 22051, 16505, 26115, 54142, 17012,
  8712, 28141, 69933, 43937,  9058, 13838,  8424,  8744, 23550, 28061, 18055, 12098,
 14652, 19573, 18485, 65410, 13121, 21971, 24251, 16580, 14564, 23660,  4718
```

付表 B.3　人口 10 万人あたり一般病院・診療所数

```
60.49, 62.64, 65.17, 67.31, 62.88, 67.03, 62.82, 51.83, 59.42, 67.12, 47.43, 52.81,
97.78, 61.24, 66.10, 79.29, 78.79, 72.00, 66.28, 69.59, 60.81, 59.75, 60.07, 68.08,
65.75, 97.28, 78.34, 76.46, 61.53, 76.58, 81.88, 89.48, 78.65, 83.66, 86.93, 83.34,
72.61, 72.34, 78.30, 85.68, 85.47, 82.13, 80.45, 78.30, 67.37, 74.83, 36.06
```

付表 B.4　人口 10 万人あたり一般病院・診療所病床数

```
1492, 1494, 1419, 1261, 1300,  974, 1354,  906, 1061,  919,  590,  728,  998,  738,
 959, 1317, 1561, 1297, 1030, 1093,  884,  789,  914, 1046,  884, 1161,  845,  880,
 841, 1197, 1449, 1137, 1298, 1061, 1161, 1502, 1524, 1336, 2287, 1523, 1566, 1398,
1414, 1393, 1342, 1372,  452
```

付表 B.5　人口総数 (千人)

```
5338, 1469, 1386, 1955, 1232, 1220, 1971, 2342, 1698, 1756, 4821, 4149, 11674, 6398,
2392, 1071, 1070,  774,  783, 2018, 1868, 3309, 5924, 1626,  986, 2425, 8279, 4992,
1077, 1072,  581,  769, 1814, 2646, 1555,  805,  961, 1465,  808, 4293,  838, 1572,
1715, 1190, 1085, 1724, 1043
```

付表 B.6　65 歳以上人口比率

```
 6.87,  7.54,  8.55,  7.67,  8.86, 10.09,  9.15,  8.38,  8.28,  8.79,  5.31,  6.30,
 6.27,  5.27,  9.56,  9.46,  9.14, 10.13, 10.20, 10.67,  8.57,  7.88,  6.34,  9.85,
 9.33,  8.95,  6.05,  7.93,  8.54, 10.40, 11.13, 12.46, 10.65,  8.88, 10.16, 10.74,
10.55, 10.40, 12.22,  8.27, 10.75,  9.46, 10.66, 10.56,  9.49, 11.53,  6.96
```

社会生活統計指標 (総務庁統計局)
[ファイル DI91]

付表 C 年齢および平均月間所定内給与階級別労働者数（製造業，男女計，1983 年）

給与 (千円)	年齢階級							
	20～24	25～29	30～34	35～39	40～44	45～49	50～54	55～59
49	41	29	42	32	35	44	33	16
50～59	75	103	177	174	232	216	218	120
60～69	279	436	675	852	847	864	744	475
70～79	1014	1051	1757	1975	2262	2314	1713	1055
80～89	2643	1970	2913	3330	4436	4665	3224	1738
90～99	5047	2486	3096	3787	5568	5667	4097	2053
100～109	10483	2991	3045	3600	5117	5719	3854	1955
110～119	17367	3473	2594	2805	4280	4788	3461	1771
120～139	36312	13441	5834	4519	6242	7041	5693	3317
140～159	17873	22013	9265	4938	4945	5601	5096	3607
160～179	5419	20051	15417	6916	5458	5737	4836	3617
180～199	1754	12768	20017	10711	7084	6170	5203	3624
200～219	542	6128	19513	13800	9861	7594	5729	3323
220～239	205	2759	14311	15093	11435	8689	6106	2824
240～259	105	1103	8462	12822	11959	8779	5893	2415
260～279	46	436	4734	9607	10106	7468	4965	2064
280～299	8	216	2459	6892	7660	5926	3881	1667
300～349	41	226	2410	8422	11952	9305	6216	2677
350～399	—	43	515	2765	5858	5140	3329	1238
400～449	—	22	170	835	3389	3437	2112	712
450～499	—	25	71	207	1506	2240	1482	523
500～549	—	3	60	118	502	1233	1017	314
550～599	—	—	42	28	184	514	617	184
600～699	—	—	—	62	132	369	546	233
700～799	—	—	—	6	52	95	135	86
800～	—	2	—	—	5	22	46	49
合計	99254	91759	117575	114295	121105	109736	80244	41657

賃金センサス報告書（労働省）
［ファイル DE03］

付表 D 企業規模別平均賃金の比較（製造業，男）

付表 D.1 1975 年

年齢区分	平均賃金（千円）				年齢区分	従業員数（千人）			
	全体	1000 以上	100〜999	10〜99		全体	1000 以上	100〜999	10〜99
全体	135.5	147.5	132.2	122.5	全体	5864	2348	1826	1691
17 以下	64.6	65.9	65.3	62.8	17 以下	58	13	25	20
18〜19	78.6	82.5	75.9	73.5	18〜19	178	85	59	34
20〜24	93.9	96.6	92.0	91.6	20〜24	753	350	245	167
25〜29	116.1	119.3	114.4	112.7	25〜29	1059	450	356	254
30〜34	140.4	146.8	139.0	131.4	30〜34	981	425	300	255
35〜39	155.3	167.3	154.3	138.9	35〜39	853	352	261	239
40〜44	161.2	182.2	160.3	137.8	40〜44	679	250	213	216
45〜49	166.6	197.2	160.8	133.2	45〜49	534	213	154	167
50〜54	171.0	211.1	161.8	131.8	50〜54	392	152	110	129
55〜59	140.9	182.7	141.4	120.2	55〜59	207	48	60	99

付表 D.2 1985 年

年齢区分	平均賃金（千円）				年齢区分	従業員数（千人）			
	全体	1000 以上	100〜999	10〜99		全体	1000 以上	100〜999	10〜99
全体	238.4	264.0	228.4	215.6	全体	5968	2310	1888	1770
17 以下	103.3	103.6	103.5	103.2	17 以下	29	1	8	20
18〜19	123.3	129.2	120.8	119.6	18〜19	178	59	74	46
20〜24	144.5	150.3	140.0	142.0	20〜24	596	235	215	146
25〜29	178.8	186.6	171.3	176.4	25〜29	686	282	237	167
30〜34	218.2	230.4	209.8	207.4	30〜34	814	354	258	202
35〜39	254.2	272.8	246.4	234.5	35〜39	958	399	302	257
40〜44	285.9	313.4	279.4	251.3	40〜44	905	385	264	256
45〜49	299.7	342.9	294.2	250.7	45〜49	762	298	227	238
50〜54	292.3	349.5	286.2	240.9	50〜54	580	202	174	204
55〜59	259.0	321.8	258.5	219.0	55〜59	328	90	99	139

賃金センサス報告書（労働省）
［ファイル DE70］

付表 E　勤労者世帯の年間収入

付表 E.1　階級区分別世帯分布

1978年		1983年		1988年		1993年	
階級区分 万円	世帯数 万分比	階級区分 万円	世帯数 万分比	階級区分 万円	世帯数 万分比	階級区分 万円	世帯数 万分比
計	10000	計	10000	計	10000	計	10000
0〜	43	0〜	22	0〜	4	0〜	58
100〜	49	100〜	82	100〜	39	200〜	108
120〜	84	150〜	171	150〜	93	250〜	190
140〜	165	200〜	413	200〜	235	300〜	253
160〜	224	250〜	694	250〜	447	350〜	385
180〜	346	300〜	992	300〜	661	400〜	579
200〜	998	350〜	1161	350〜	799	450〜	636
240〜	1295	400〜	1113	400〜	840	500〜	747
280〜	1271	450〜	1009	450〜	877	550〜	691
320〜	1179	500〜	826	500〜	903	600〜	750
360〜	944	550〜	740	550〜	786	650〜	686
400〜	954	600〜	615	600〜	738	700〜	679
450〜	644	650〜	447	650〜	648	750〜	574
500〜	506	700〜	384	700〜	467	800〜	1058
550〜	338	750〜	283	750〜	428	900〜	698
600〜	960	800〜	418	800〜	718	1000〜	1112
		900〜	277	900〜	438	1250〜	462
		1000〜	352	1000〜	880	1500〜	334

付表 E.2　分布特性…五分位値(五分位階級の区切り値)

五分位階級	分布の五分位値				
	1973年	1978年	1983年	1988年	1993年
第1	120.6	241	331	381	484
第2	152.3	303	420	497	619
第3	187.4	372	518	618	768
第4	242.7	482	666	801	985

付表 E.3　五分位階級別平均値

五分位階級 区分	各区分での平均値				
	1973年	1978年	1983年	1988年	1993年
I	98.2	194.1	261.0	302	378
II	136.8	272.4	376.0	441	552
III	168.9	336.7	467.0	556	692
IV	212.3	420.8	585.0	700	863
V	322.6	638.8	866.0	1004	1274

家計調査年報(総務庁統計局)
[ファイル DK10, DK11b, DK12]

付表 F　勤労者世帯の貯蓄現在高

付表 F.1　階級別世帯数分布

階級区分	世帯数				階級区分	世帯数
	1973年	1978年	1983年	1988年		1993年
計	10000	10000	10000	10000	計	10000
0	96	17	42	80	0～50	212
0～10	185	43	24	14	50～150	569
10～20	362	82	78	37	150～300	969
20～30	428	130	55	54	300～450	1082
30～40	449	153	95	77	450～600	1078
40～50	]917	]316	99	41	600～750	923
50～60			117	77	750～900	724
60～80	920	431	230	128	900～1050	560
80～100	895	537	292	165	1050～1200	503
100～150	1668	1321	614	452	1200～1350	404
150～200	1072	1020	660	539	1350～1500	329
200～250	764	953	737	549	1500～1800	572
250～300	599	809	625	469	1800～2100	412
300～400	598	1182	1176	895	2100～2400	322
400～500	379	794	1029	787	2400～2700	223
500～700	300	946	1338	1358	2700～3000	237
700～1000	192	645	1184	1468	3000～3600	255
1000～1500	]166	]604	]1606	1250	3600～4200	192
1500以上				1562	4200～5100	149
不詳		15			5100～	285

付表 F.2　分布特性値…中位値，四分位値など

	分布特性値				
	1973年	1978年	1983年	1988年	1993年
第1十分位値	NA	721	1000	1430	1860
第1四分位値	NA	1324	2130	2880	4080
中位値	NA	2486	4140	5900	7850
第3四分位値	NA	4671	7470	10830	15870
第9十分位値	NA	8100	13540	19450	28340

貯蓄動向調査報告（総務庁統計局）
[ファイル DK20, DK21]

付表 G　勤労者世帯の所得階級別貯蓄現在高 (1993 年)

付表 G.1　階級別世帯数分布

貯蓄現在高階級区分	年間収入五分位階級					
	計	I	II	III	IV	V
計	10000	2000	2000	2000	2000	2000
0〜50 万円	212	154	34	19	3	4
50〜150	569	306	146	66	45	6
150〜300	969	379	257	144	139	51
300〜450	1082	343	265	239	162	72
450〜600	1078	234	259	316	202	67
600〜750	923	181	223	201	192	127
750〜900	724	83	203	189	125	124
900〜1050	560	66	130	117	137	110
1050〜1200	503	59	105	103	115	121
1200〜1350	404	27	68	88	125	95
1350〜1500	329	13	59	99	62	96
1500〜1800	572	36	86	126	131	192
1800〜2100	412	30	45	74	131	134
2100〜2400	322	10	34	44	113	121
2400〜2700	223	20	27	34	56	86
2700〜3000	237	24	4	25	46	137
3000〜3600	255	5	30	31	69	119
3600〜4200	192	18	11	25	44	94
4200〜5100	149	4	8	4	40	91
5100〜	285	9	6	56	60	153

付表 G.2　分布特性値…中位値, 四分位値など (1993)

分布特性値 (万円)	年間収入五分位階級					
	計	I	II	III	IV	V
平均値	1241	592	819	1138	1453	2192
第 1 十分位値	186	71	165	290	319	608
第 1 四分位値	408	175	335	470	552	945
中位値	785	364	611	760	1948	1670
第 3 四分位値	1587	667	1034	1370	1887	2935
第 9 十分位値	2834	1185	1680	2250	3158	4443

貯蓄動向調査報告 (総務庁統計局)
[ファイル DK20_1, DK21_1]

付表 H　勤労者世帯の年齢階級別貯蓄現在高 (1993 年)

付表 H.1　階級別世帯数分布

貯蓄現在高階級区分	年齢階級						
	30〜34	35〜39	40〜44	45〜49	50〜54	55〜59	60〜64
計	949	1423	1850	1568	1429	1310	629
0〜50 千円	11	44	36	36	7	26	1
50〜150	93	73	97	61	49	46	12
150〜300	195	137	133	167	67	74	36
300〜450	149	210	213	179	110	76	33
450〜600	100	275	193	187	145	90	13
600〜750	103	141	236	153	128	89	23
750〜900	81	109	147	111	95	91	41
900〜1050	77	80	78	108	86	81	20
1050〜1200	16	95	122	102	71	48	21
1200〜1350	21	48	104	55	65	86	13
1350〜1500	17	47	75	63	34	63	26
1500〜1800	36	55	108	114	101	100	33
1800〜2100	20	37	55	58	90	73	73
2100〜2400	8	27	54	55	94	41	25
2400〜2700	1	12	67	23	37	43	27
2700〜3000	0	7	43	19	64	41	44
3000〜3600	8	6	39	25	67	76	32
3600〜4200	4	7	16	27	41	58	34
4200〜5100	4	6	19	11	45	27	30
5100〜	5	6	14	18	33	81	93

付表 H.2　分布特性値…中位値，四分位値など

分布特性値 (万円)	年齢階級						
	30〜34	35〜39	40〜44	45〜49	50〜54	55〜59	60〜64
平均値	678	817	1101	1062	1538	1770	2559
第 1 十分位値	138	200	200	202	333	238	403
第 1 四分位値	253	378	442	410	582	635	895
中位値	487	590	766	758	1090	1266	1904
第 3 四分位値	858	1059	1404	1418	2160	2356	3573
第 9 十分位値	1456	1680	2489	2230	3335	3974	5669

貯蓄動向調査報告 (総務庁統計局)
[ファイル DK20_2, DK21_2]

付表 I　年平均物価指数の推移

付表 I.1　1980 年基準指数 (全国)

区分	指数値 (1980 年基準)							45～49歳の世帯でのウエイト
	ウエイト	1981 年	1982 年	1983 年	1984 年	1985 年	1986 年	
総合*	10000	104.9	107.7	109.7	112.1	114.4	114.7	10000
A．食　料	3846	105.3	107.2	109.4	112.5	114.4	114.6	3795
B．住　居	519	104.0	107.1	110.3	113.2	116.2	119.9	392
C．光熱・水道	628	107.7	111.5	111.2	111.0	110.6	105.1	597
D．家具・家事用品	523	104.5	105.3	106.0	106.9	107.6	107.6	450
E．被服・履物	960	104.0	107.0	109.5	112.3	116.1	118.7	1005
F．保健・医療	311	102.8	105.8	107.2	111.0	117.5	119.7	264
G．交通・通信	1113	103.4	108.7	107.8	108.8	111.1	110.3	1069
H．教　育	411	107.5	114.1	119.7	124.9	130.5	135.2	778
I．教養・娯楽	1157	105.0	107.0	109.6	111.8	114.1	115.8	1119
J．雑　費	532	104.5	106.4	110.5	113.6	114.5	116.8	531

＊　持ち家の帰属家賃を除く総合

消費者物価指数統計年報 (総務庁統計局)
[ファイル DU10]

付表 I.2　1985 年基準指数 (全国)

区分	指数値 (85 年基準)							
	ウエイト	1984 年	1985 年	1986 年	1987 年	1988 年	1989 年	1990 年
総合*	9103	98.0	100.0	100.4	100.2	100.7	103.0	106.2
A．食　料	3293	98.3	100.0	100.2	99.3	100.0	102.2	106.3
B．住　居	479	97.4	100.0	102.1	104.5	106.5	110.4	114.1
C．光熱・水道	649	100.4	100.0	95.0	88.0	85.9	85.6	87.4
D．家具・家事用品	469	99.3	100.0	100.0	99.4	98.9	99.4	99.5
E．被服・履物	804	96.7	100.0	102.2	103.3	104.5	109.1	114.3
F．保健・医療	276	94.5	100.0	101.9	103.8	104.2	105.8	106.3
G．交通・通信	1157	97.9	100.0	99.3	100.0	99.5	100.6	102.0
H．教　育	413	95.7	100.0	103.6	107.1	110.7	115.1	120.8
I．教養・娯楽	1103	98.0	100.0	101.5	102.0	102.6	105.9	109.5
J．雑　費	460	98.7	100.0	102.0	103.2	103.6	105.1	106.3

＊　持ち家の帰属家賃を除く総合

消費者物価指数統計年報 (総務庁統計局)
[ファイル DU11]

付表 J　死亡率の地域別比較

年齢区分 (歳)	全国		地域 A		地域 B	
	N	D	N	D	N	D
全体	2000	76940	50	1741	50	2587
0	40	1200	1	30	1	35
1〜4	120	240	3	6	3	12
5〜19	600	3000	18	75	15	60
20〜39	750	10500	20	250	15	180
40〜59	340	17000	6	440	10	500
60〜	150	45000	2	940	6	1800

N：人口数(千人)，D：死亡数(人)

説明用の仮想データ
[ファイル未登録]

付表 K　死亡率の配偶関係別比較(女，1985年)

年齢 区分	死亡数(人)					人口数(千人)				
	全体	有配偶	未婚	死別	離別	全体	有配偶	未婚	死別	離別
20〜24	1272	131	1048	71	20	4035	724	3284	1	16
25〜29	1558	664	739	85	69	3875	2622	1186	5	58
30〜34	2496	1609	600	78	201	4496	3871	469	17	135
35〜39	4017	2846	655	84	423	5340	4714	354	49	220
40〜44	5650	4258	696	187	498	4583	4049	224	98	210
45〜49	7644	5879	736	382	633	4144	3602	177	178	185
50〜54	11504	8497	1152	1061	772	4007	3351	174	306	172
55〜59	14828	10335	1419	2165	887	3590	2805	157	469	156
60〜64	19961	12081	1607	5188	1055	3026	2077	106	713	126
65〜69	26490	12729	1579	11030	1111	2412	1323	57	947	81
70〜74	40891	14626	1716	23266	1239	2060	834	34	1134	53
75〜79	55657	12338	1827	40190	1241	1476	387	19	1036	30
80〜84	64448	7190	1608	54493	1087	891	123	9	742	15
85〜	80930	2812	1697	75271	1060	529	28	4	488	8
計	337346	75995	17079	213551	10296	47564	30510	6254	6183	1465

人口動態調査報告(厚生省)
[ファイル未登録]

付表 L　血圧値の分布（性，年齢別，1985 年）

血圧値区分	男 20~29	30~39	40~49	50~59	60~69	70~	女 20~29	30~39	40~49	50~59	60~69	70~
~100	2	5	5	0	0	1	56	45	19	11	4	1
100~109	44	51	41	23	12	8	195	240	106	57	20	7
110~119	123	188	128	77	34	19	308	458	245	135	52	21
120~129	223	319	253	167	89	46	201	390	375	209	96	48
130~139	146	266	258	201	99	61	72	208	322	262	138	94
140~149	61	126	175	206	136	102	10	72	168	211	186	131
150~159	18	40	69	144	86	92	3	26	81	146	141	137
160~169	3	23	54	87	65	62	0	14	53	82	108	119
170~179	0	9	22	30	41	40	0	1	19	46	43	62
180~	0	5	19	36	41	41	0	6	17	53	58	65

国民栄養調査 or 国民栄養の現状（厚生省）
［ファイル DI10］

付表 M　歩行距離と血圧の関係

付表 M.1

歩数区分	年齢区分別人数分布（男）						歩数区分別血圧の平均値	
	30 歳台	40 歳台	50 歳台	60 歳台	70 歳台	計		
~2000	47	68	67	74	127	383	(347)	144.19
2000~4000	83	87	117	135	123	545	(477)	142.09
4000~6000	161	215	213	165	102	856	(760)	139.03
6000~8000	176	242	210	153	66	847	(738)	136.99
8000~10000	153	214	148	82	30	627	(554)	135.03
10000~	254	267	222	119	25	887	(742)	134.35
計	874	1093	977	728	473	4145	(3618)	135.50
年齢区分別血圧の平均値	(594) 126.76	(731) 131.53	(647) 137.26	(489) 142.85	(273) 145.86	(2734) 135.50		

注：括弧書きは，平均値計算に使われた対象者数

国民栄養調査（厚生省，1989 年）
［ファイル DI 50］

付表 M.2

歩数区分	男 40歳台 人数分布	平均血圧	男 50歳台 人数分布	平均血圧
~2000	39	134.13	48	142.40
2000~4000	58	138.79	90	138.44
4000~6000	167	133.31	167	140.16
6000~8000	164	131.65	177	140.28
8000~10000	162	131.17	118	139.61
10000~	180	131.26	102	138.59
計	770	132.48	702	139.62

国民栄養調査（厚生省，1989 年）
［ファイル未登録］

付表 N 身長と体重のクロス表（15歳以上，男，1980年）

身長	計	体重										
		~39	40~41	42~43	44~45	46~47	48~49	50~51	52~53	54~55	56~57	58~59
計	6170	39	45	84	19	215	290	397	481	543	546	534
~139	182	17	15	22	18	22	32	23	13	6	8	2
140~141	130	4	7	12	10	19	14	23	11	8	9	6
142~143	222	3	8	18	19	27	20	26	31	18	21	11
144~145	296	6	5	6	19	21	35	32	33	33	25	20
146~147	441	5	6	10	18	31	30	62	56	46	42	28
148~149	550	2	2	8	20	31	48	42	59	66	64	45
150~151	634	0	2	3	16	21	32	51	63	66	68	56
152~153	725	0	0	3	9	13	34	40	57	66	72	82
154~155	692	1	0	2	4	10	18	33	53	73	70	83
156~157	619	1	0	0	5	9	16	30	41	49	50	51
158~159	539	0	0	0	1	5	6	18	31	51	49	56
160~161	416	0	0	0	0	3	5	13	13	32	36	36
162~163	311	0	0	0	0	3	0	2	13	12	16	26
164~165	202	0	0	0	0	0	0	2	5	8	11	20
166~167	106	0	0	0	0	0	0	0	2	7	2	6
168~169	57	0	0	0	0	0	0	0	0	2	1	4
170~	48	0	0	0	0	0	0	0	0	0	2	2

身長	体重										
	60~61	62~63	64~65	66~67	68~69	70~71	72~73	74~75	76~77	78~79	80~
計	542	464	441	300	270	223	185	136	95	69	132
~139	1	2	0	1	0	0	0	0	0	0	0
140~141	1	3	1	0	0	1	0	0	0	0	1
142~143	4	4	6	3	2	1	0	0	0	0	0
144~145	21	12	10	9	4	4	0	0	1	0	0
146~147	31	25	24	7	13	2	4	1	0	0	0
148~149	48	41	25	12	11	7	7	3	2	6	1
150~151	50	49	45	20	33	21	14	7	12	2	3
152~153	77	60	56	43	32	28	17	17	4	7	8
154~155	57	60	55	49	37	24	21	14	11	4	13
156~157	67	78	51	44	33	28	18	14	6	12	16
158~159	74	40	54	25	22	26	28	20	12	7	14
160~161	41	23	45	27	32	23	25	23	13	7	19
162~163	32	32	30	28	22	24	20	13	9	14	15
164~165	20	14	19	17	11	13	15	14	11	5	17
166~167	8	10	9	6	15	12	6	5	6	2	10
168~169	6	6	5	6	2	5	3	4	2	2	9
170~	4	5	6	3	1	4	7	1	6	1	6

国民栄養調査（厚生省）
［ファイル DI 40］

付表O 県民経済計算

付表O.1 県内総生産, 1990年(億円)

```
1676,  362,  377,  709,  322,  349,  671,  948,  720,  667, 1736, 1548, 8452, 2802,
 764,  397,  389,  267,  275,  696,  641, 1366, 2910,  583,  481,  828, 3779, 1834,
 303,  281,  183,  209,  668, 1024,  496,  221,  322,  413,  202, 1547,  222,  391,
 499,  368,  287,  447,  284
```

付表O.2 県民所得, 1990年(百億円)

```
1427,  311,  316,  566,  278,  292,  536,  807,  566,  551, 1926, 1721, 5332, 2621,
 625,  308,  323,  212,  227,  606,  557, 1095, 2247,  498,  367,  727, 2998, 1543,
 341,  240,  143,  171,  525,  824,  381,  199,  270,  348,  174, 1258,  193,  336,
 442,  291,  261,  386,  245
```

付表O.3 県民1人あたり県民所得, 1990年(千円)

```
2529, 2101, 2234, 2517, 2262, 2317, 2548, 2836, 2924, 2802, 3006, 3098, 4497, 3285,
2526, 2759, 2772, 2580, 2666, 2810, 2695, 2983, 3358, 2777, 3004, 2792, 3433, 2854,
2480, 2232, 2321, 2184, 2728, 2893, 2424, 2395, 2637, 2298, 2104, 2615, 2200, 2151,
2403, 2350, 2237, 2145, 2003
```

付表O.4 県民1人あたり県民所得, 1980年(千円)

```
1661, 1285, 1321, 1588, 1434, 1388, 1475, 1575, 1659, 1600, 1685, 1703, 2396, 1862,
1556, 1707, 1639, 1596, 1523, 1660, 1577, 1683, 1869, 1638, 1692, 1808, 2040, 1734,
1454, 1417, 1423, 1370, 1618, 1770, 1480, 1417, 1578, 1415, 1450, 1731, 1447, 1315,
1468, 1448, 1377, 1269, 1201
```

付表O.5 県民1人あたり県民所得, 1970年(千円)

```
473, 368, 376, 456, 410, 414, 412, 472, 489, 521, 569, 524, 883, 702, 445, 413, 502,
468, 447, 482, 510, 581, 676, 523, 529, 618, 768, 596, 480, 502, 422, 356, 555, 588,
499, 453, 499, 478, 472, 518, 407, 395, 363, 384, 373, 307
```

社会生活統計指標(総務庁統計局)
[ファイル DL40]

付録 C ● 統計ソフト UEDA

① まず明らかなことは
　　　　統計手法を適用するためには，コンピュータが必要
だということです．計算機なしでは実行できない複雑な計算，何回も試行錯誤をくりかえして最適解を見出すためのくりかえし計算，多種多様なデータを管理し利用する機能など，コンピュータが果たす役割は大きいのです．また，統計学の学習においても，コンピュータの利用を視点に入れて進めることが必要です．
　したがって，このシリーズについても，各テキストで説明した手法を適用するために必要なプログラムを用意してあります．
② ただし，
　　　　「それがあれば何でもできる」というわけではない
ことに注意しましょう．
　道具という意味では，「使いやすいものであれ」と期待されます．当然の要求ですが，広範囲の手法や選択機能がありますから，当面している問題に対して，
　　　　「どの手法を選ぶか，どの機能を指定するか」
という「コンピュータには任せられない」ステップがあります．そこが難しく，学習と経験が必要です．「誰でもできます」と気軽に使えるものではありません．「統計学を知らなくても使える」ようにはできません．これが本質です．
③ このため「統計パッケージ」は，「知っている人でないと使えない」という側面をもっているのですが，そういう側面を考慮に入れて使いやすくする…　これは，考えましょう．たとえば，「使い方のガイドをおりこんだソフト」にすることを考えるのです．
　特に，学習用のテキストでは
　　　　「学習用という側面を考慮に入れた設計が必要」
です．
　UEDA は，このことを考慮に入れた「学習用のソフト」です．
　UEDA は，著者の名前であるとともに，Utility for Educating Data Analysis の略称です．
④ 教育用ということを意図して，
　　　○　手法の説明を画面上に展開するソフト
　　　○　処理の過程を説明つきで示すソフト

○ 典型的な使い方を体験できるように組み立てたソフト

を，学習の順を追って使えるようになっています．たとえば「回帰分析」のプログラムがいくつかにわけてあるのも，このことを考えたためです．はじめに使うプログラムでは，何でもできるようにせず基本的な機能に限定しておく，次に進むと，機能を選択できるようにする … こういう設計にしてあるのです．

⑤ 学習という意味では，そのために適した「データ」を使えるようにしておくことが必要です．したがって，UEDA には，データを入力する機能だけでなく，

　　学習用ということを考えて選んだデータファイルを収録した
　　「データベース」が用意されている

のです．収録されたデータは必ずしも最新の情報ではありません．それを使った場合に，「学習の観点で有効な結果が得られる」ことを優先して選択しているのです．

⑥ 以上のような意味で，UEDA は，テキストと一体をなす「学習用システム」だと位置づけるべきものです．

⑦ このシステムは，10年ほど前に DOS 版として開発し，朝倉書店を通じて市販していたものの Windows 版です．いくつかの大学や社会人を対象とする研修での利用経験を考慮に入れて，手法の選択や画面上での説明の展開を工夫するなど，大幅に改定したのが，本シリーズで扱う Version 6 です（第9巻に添付）．

⑧ 次は，UEDA を使うときに最初に現われるメニュー画面です．このシリーズのすべてのテキストに対応する内容になっているのです．

くわしい内容および使い方は第9巻『統計ソフト UEDA の使い方』を参照してください．

UEDA のメニュー画面

Utility for Educating Data Analysis	
1…データの統計的表現（基本）	8…多次元データ解析
2…データの統計的表現（分布）	9…地域メッシュデータ
3…分散分析と仮説検定	10…アンケート処理
4…2変数の関係	11…統計グラフと統計地図
5…回帰分析	12…データベース
6…時系列分析	13…共通ルーティン
7…構成比の比較・分析	14…GUIDE

注：プログラムは，富士通の BASIC 言語コンパイラー F-BASIC97 を使って開発しました．開発したプログラムの実行時に必要なモジュールは，添付されています．
　　Windows は，95, 98, NT, 2000 のいずれでも動きます．

索　　引

ア　行

アウトライヤー　50
アウトライヤー検出基準　61

一様分布　162, 165
　　——との適合度　169

ウエイト　151

S-S プロット　177
F 比　106

カ　行

加重平均　151
仮説検定の論理　113
仮説の棄却　116
片側検定　117
観察単位　2, 4
　　——のサイズ差　183
観察値　4, 5
間接法による標準化　153
幹葉表示　33

棄却限界　116
期待値　43
帰謬法　113
Q-Q プロット　174
級内分散　81
局所管理　5, 140

くりかえし　140
　　同じ条件下での——　6
クリーニング　51
clean なデータ　50
区分け　77, 149

傾向性　6, 88
決定係数　91
検証的データ解析　141

交互作用　96, 99
誤差　13, 142
5 数要約　56, 58
個性　14
個別性　4, 88
個別データ　4
混同要因　147

サ　行

サイズ効果　8
残差　142
残差分散　81
3 数要約　55

指数における標準化　156
実験群　141
実験計画　130
実験データ　5
ジニ係数　166
四分位値　25
　　——の計算　26, 71

四分位偏差値 25
集団 2
集団的規則性 49
集中楕円 95
自由度 107
主効果 96
情報のストック 85
情報の表現力 51
情報のフロー 85
情報表現手段 14
シンプソンのパラドックス 11
信頼区間 118

スペースフィラー 23

正規確率紙 40
正規分布 36
　　──の適合度 170
全分散 81

相殺効果 100
相乗効果 100

タ　行

第一種の過誤 114
対照群 141
第二種の過誤 116
dirtyなデータ 50
探索的データ解析 141

チェビシェフの不等式 118, 120
中位値 25
　　──の計算 26, 71
調査単位 4
直接法による標準化 150

適合度の検定 179

統計手法の論理 2

統計調査における分布の表現 188
統計的比較 2
統計データ 2
　　──の対比 52
等質化 2, 131
尖り度 53
度数分布表 21

ナ　行

2数要約 55

ハ　行

箱ひげ図 66
パーシェ方式 156
パーシモニイ 28
外れ値 50
パーセンタイル 71
反復 5

P–Pプロット 174
歪み度 53
標準化 36, 150
　　間接法による── 153
　　指数における── 156
　　直接法による── 150
標準偏差 19
　　──の計算 20
頻度原理 63
頻度分布 29

Fisherの3条件 140
フェンス 57, 69
ブラインド化 141
プロトコール 141
分散 15, 19
分散分析 84
分散分析表 91
　　──for仮説検定 106

索　引   217

——for 要因分析　106
分析結果の表示　87
分析手順の構成　84
分析手順の表示　84
分析のフロー　90
分布形　35
　——の比較　36
　——を比較する手段　170
分布図　13, 29
分布の位置　36
分布のひろがり幅　36
分布表　28

平均値　4
　——に関する仮説検定　120
　——の計算　20
　——の差に関する仮説検定　124
　——の分布　42
並行ボックスプロット　69
偏差　11, 142
偏差平方和　81
変数変換　41

ボックスプロット　57, 58, 66

ヤ　行

有意性　110
　——の検定　105
ゆがみ　8, 150

要因分析　84

ラ　行

ラスパイレス方式　156
ランダミゼーション　131, 140

両側検定　117

累積分布図　32
　——の表現法　172
累積分布表　32

ローレンツカーブ　162, 167, 177
　——の書き方　184

著者略歴

上田 尚一（うえだ・しょういち）
1927年　広島県に生まれる
1950年　東京大学第一工学部応用数学科卒業
　　　　総務庁統計局，厚生省，外務省，統計研修所などにて
　　　　統計・電子計算機関係の職務に従事
1982年　龍谷大学経済学部教授

主著　『パソコンで学ぶデータ解析の方法』I，II（朝倉書店，1990，1991）
　　　『統計データの見方・使い方』（朝倉書店，1981）

講座〈情報をよむ統計学〉1
統計学の基礎　　　　　　　　　　　　　　定価はカバーに表示
2002年9月20日　初版第1刷

著　者　上　田　尚　一
発行者　朝　倉　邦　造
発行所　株式会社　朝　倉　書　店
　　　　東京都新宿区新小川町 6-29
　　　　郵便番号　162-8707
　　　　電　話　03 (3260) 0141
　　　　FAX　03 (3260) 0180
　　　　http://www.asakura.co.jp

〈検印省略〉

© 2002〈無断複写・転載を禁ず〉　　　平河工業社・渡辺製本

ISBN 4-254-12771-5　C 3341　　　　　Printed in Japan

元統数研 林知己夫著
シリーズ〈データの科学〉1

データの科学

12724-3　C3341　　A5判　144頁　本体2600円

21世紀の新しい科学「データの科学」の思想とこころと方法を第一人者が明快に語る。〔内容〕科学方法論としてのデータの科学／データをとること―計画と実施／データを分析すること―質の検討・簡単な統計量分析からデータの構造発見へ

東洋英和大 林　文・帝京大 山岡和枝著
シリーズ〈データの科学〉2

調査の実際
―不完全なデータから何を読みとるか―

12725-1　C3341　　A5判　232頁　本体3500円

良いデータをどう集めるか？不完全なデータから何がわかるか？データの本質を捉える方法を解説〔内容〕〈データの獲得〉どう調査するか／質問票／精度．〈データから情報を読みとる〉データの特性に基づいた解析／データ構造からの情報把握／他

日大 羽生和紀・東大 岸野洋久著
シリーズ〈データの科学〉3

複雑現象を量る
―紙リサイクル社会の調査―

12727-8　C3341　　A5判　176頁　本体2800円

複雑なシステムに対し，複数のアプローチを用いて生のデータを収集・分析・解釈する方法を解説．〔内容〕紙リサイクル社会／背景／文献調査／世界のリサイクル／業界紙に見る／関係者／資源回収と消費／消費者と製紙産業／静脈を担う主体／他

統数研 吉野諒三著
シリーズ〈データの科学〉4

心を測る
―個と集団の意識の科学―

12728-6　C3341　　A5判　168頁　本体2800円

個と集団とは？意識とは？複雑な現象の様々な構造をデータ分析によって明らかにする方法を解説〔内容〕国際比較調査／標本抽出／調査の実施／調査票の翻訳・再翻訳／分析の実際（方法，社会調査の危機，「計量的文明論」他）／調査票の洗練／他

長崎シーボルト大 武藤眞介著

統計解析ハンドブック

12061-3　C3041　　A5判　648頁　本体22000円

ひける・読める・わかる――．統計学の基本的事項302項目を具体的な数値例を用い，かつ可能なかぎり予備知識を必要としないで理解できるようやさしく解説．全項目が見開き2ページ読み切りのかたちで必要に応じてどこからでも読めるようにまとめられているのも特徴．実用的な統計の事典．〔内容〕記述統計（35項）／確率（37項）／統計理論（10項）／検定・推定の実際（112項）／ノンパラメトリック検定（39項）／多変量解析（47項）／数学的予備知識・統計数値表（28項）．

柳井晴夫・岡太彬訓・繁桝算男・
高木廣文・岩崎　学編

多変量解析実例ハンドブック

12147-4　C3041　　A5判　916頁　本体30000円

多変量解析は，現象を分析するツールとして広く用いられている．本書はできるだけ多くの具体的事例を紹介・解説し，多変量解析のユーザーのために「様々な手法をいろいろな分野でどのように使ったらよいか」について具体的な指針を示す．〔内容〕【分野】心理／教育／家政／環境／経済・経営／政治／情報／生物／医学／工学／農学／他【手法】相関・回帰・判別・因子・主成分分析／クラスター・ロジスティック分析／数量化／共分散構造分析／項目反応理論／多次元尺度構成法／他

B.S.エヴェリット著　前統数研 清水良一訳

統計科学辞典

12149-0　C3541　　A5判　536頁　本体12000円

統計を使うすべてのユーザーに向けた「役に立つ」用語辞典．医学統計から社会調査まで，理論・応用の全領域にわたる約3000項目を，わかりやすく簡潔に解説する．100人を越える統計学者の簡潔な評伝も収載．理解を助ける種々のグラフも充実．〔項目例〕赤池の情報量規準／鞍点法／EBM／イェイツ／一様分布／移動平均／因子分析／ウィルコクソンの符号付き順位検定／後ろ向き研究／SPSS／F検定／円グラフ／オフセット／カイ2乗統計量／乖離度／カオス／確率化検定／偏り他

上記価格（税別）は2002年8月現在